高等学校教材

有机太阳能电池：原理、制备及表征技术

刘剑刚　梁秋菊　宋春鹏　编著

西北工业大学出版社

西　安

【内容简介】 针对有机太阳能电池日益发展的需求和高等教育教学的相关要求，作者在总结多年教学经验的基础上编写形成本书。本书主要内容包括太阳光的能量分布与太阳能的光伏转换、半导体中的光学现象、pn结、金属和半导体的接触、无机太阳能电池、有机太阳能电池基础、有机太阳能电池活性层形貌、有机太阳能电池活性层形貌表征手段和有机太阳能电池的稳定性等。

本书可用作光电子材料器件类课程的教材，也可供相关领域研究生和科研工作者参考。

图书在版编目(CIP)数据

有机太阳能电池：原理、制备及表征技术 / 刘剑刚，梁秋菊，宋春鹏编著. — 西安：西北工业大学出版社，2024.7. — ISBN 978-7-5612-9365-2

Ⅰ. TM914.4

中国国家版本馆 CIP 数据核字第 20248TA449 号

YOUJI TAIYANGNENG DIANCHI:YUANLI、ZHIBEI JI BIAOZHENG JISHU
有 机 太 阳 能 电 池：原 理、制 备 及 表 征 技 术
刘剑刚　梁秋菊　宋春鹏　编著

责任编辑：曹　江	策划编辑：杨　军
责任校对：胡莉巾	装帧设计：高永斌　李　飞

出版发行：	西北工业大学出版社
通信地址：	西安市友谊西路127号　　邮编：710072
电　　话：	(029)88491757，88493844
网　　址：	www.nwpup.com
印 刷 者：	兴平市博闻印务有限公司
开　　本：	787 mm×1 092 mm　　1/16
印　　张：	15.75
字　　数：	393 千字
版　　次：	2024 年 7 月第 1 版　　2024 年 7 月第 1 次印刷
书　　号：	ISBN 978-7-5612-9365-2
定　　价：	59.00 元

如有印装问题请与出版社联系调换

前　言

能源是人类文明进步的基础和动力,关系人类生存和发展,关乎国计民生和国家安全,对于促进经济社会发展、增进人民福祉至关重要。传统化石能源(如煤、石油和天然气)是人类主要的能源来源之一。然而,能源资源供应短缺、价格波动或其他因素导致人们对能源的需求超过了供应能力,从而引发了一系列经济、社会和环境问题。能源的开采和使用也带来了诸如气候变化、空气污染、生态环境破坏及人体健康受到影响等许多严重的环境和社会问题。因此,人们寻求、开发和利用新型可再生的清洁能源迫在眉睫。太阳能就是一种清洁、可再生的能源,具有诸多优势。首先,它是取之不尽、用之不竭的资源,不受地域限制,适用于全球各地。其次,太阳能发电过程无需燃料,不产生污染物和温室气体,对环境友好。再次,太阳能系统维护成本低,可为个人和企业节约能源开支。最后,太阳能技术不断创新,成本不断降低,已成为可靠、经济的能源选择,为可持续发展作出了积极贡献。因此,太阳能的利用是未来发展的一个重要方向。

1839年,法国科学家埃德蒙·贝可勒尔(Edmund Becquerel)从硒元素中发现了光电效应,开启了太阳能利用的篇章。1954年,贝尔实验室制备的世界上第一个太阳能电池的能量转换效率仅为6%。到目前为止,最高的单结光电能量转换效率(30.8%)是由砷化镓电池保持的。在未来的光伏产业中,有机太阳能电池以其轻薄灵活、制作成本低等特点,具有广阔的应用前景。如:为手机、平板电脑等移动便携式电子设备提供可持续的电源;将有机太阳能电池集成到建筑材料中,实现建筑物自发电,提高能源利用效率;应用于户外广告牌、灯具等领域,为公共设施提供清洁能源,降低能源消耗。

笔者针对有机太阳能电池日益发展的需求和教育体系的要求,总结多年的教学经验,编撰了本书。本书以有机太阳能电池体异质结为重点,主要阐述异质结结构与性能的关系,为有机太阳能电池的应用和加工奠定基础。本书主要分为三个部分:第一部分为第1~4章,对太阳能的基本特点、半导体中的光学现象、pn结、金属半导体接触进行简单介绍,使学生能够了解半导体基础知识。第二部分为太阳能电池的分类和基本特性,包括第5、6章,其中分别对有机和无机太阳能电池中具有代表性的电池结构进行介绍,加深学生对太阳能电池的全面了解。第三部分是有机太阳能电池体相异质结的结构调控及其与性能的关系,包括第7~9章,涵盖了有机太阳能电池活性层的形貌特点及其与性能的关系、有机太阳能电池活性层形貌表征手段、有机太阳能电池稳定性等(第9章辛景明博士参与撰写)。针对工科学生的学习特点,本书首先对半导体器件物理基础知识加以阐述,在介绍有机太阳能电池的同时引入大量工程实例,以提升学生利用理论知识解决实际问题的能力;其次,对公式的推导进行简化,重点指明公式的来源、应用前提,以及在实际问题中的应用案例;最后,同时结合目前有机太阳能电池科学的发展,介绍一些新的概念。

在编写本书的过程中,笔者参阅了国内外公开出版的相关教材、专著和文献等,谨向其作者一并表示感谢。

由于水平有限,本书难免存在不足之处,望广大读者批评指正。

编著者

2023 年 9 月

目　录

第 1 章　太阳光的能量分布与太阳能的光伏转换 ·· 1
1.1　太阳光的能量分布 ·· 1
1.2　太阳能的光伏转换与细致平衡原理 ··· 4
参考文献 ··· 7

第 2 章　半导体中的光学现象 ··· 8
2.1　半导体中的光吸收 ·· 8
2.2　半导体表面的光反射 ··· 13
2.3　表面等离子增强光俘获 ·· 16
2.4　半导体中的载流子输运 ·· 19
参考文献 ·· 29

第 3 章　pn 结 ·· 31
3.1　pn 结及其能带图 ·· 31
3.2　pn 结电流电压特性 ··· 37
3.3　pn 结电容 ·· 48
3.4　pn 结击穿 ·· 59
3.5　pn 结隧道效应 ··· 62
参考文献 ·· 64

第 4 章　金属和半导体的接触 ·· 66
4.1　金属半导体接触及其能级图 ·· 66
4.2　金属半导体接触的整流理论 ·· 72
4.3　少数载流子的注入和欧姆接触 ·· 81
参考文献 ·· 85

第 5 章　无机太阳能电池 ·· 86
5.1　引言 ··· 86

— I —

5.2 无机太阳能电池简介 ·· 86
参考文献 ··· 89

第 6 章 有机太阳能电池基础 ·· 90
6.1 有机太阳能电池的发展历史 ··· 90
6.2 有机太阳能电池的分类和结构 ··· 92
6.3 有机太阳能电池的工作原理 ··· 96
6.4 有机太阳能电池的光伏性能参数 ·· 99
参考文献 ··· 106

第 7 章 有机太阳能电池活性层形貌 ··· 111
7.1 体相异质结三相模型 ·· 111
7.2 活性层形貌调控 ··· 115
7.3 结构与性能间的关系 ·· 151
7.4 小结 ·· 161
参考文献 ··· 162

第 8 章 有机太阳能电池活性层形貌表征手段 ··· 174
8.1 溶液状态的表征 ··· 174
8.2 薄膜形貌的表征 ··· 183
8.3 成膜过程 ··· 208
8.4 小结 ·· 221
参考文献 ··· 222

第 9 章 有机太阳能电池的稳定性 ·· 229
9.1 有机太阳能电池的稳定性原理 ··· 229
9.2 提高有机太阳能电池稳定性的途径 ·· 234
9.3 有机太阳能电池稳定性的测试 ··· 240
9.4 有机太阳能电池稳定性的发展 ··· 241
参考文献 ··· 243

第1章 太阳光的能量分布与太阳能的光伏转换

太阳能是来自太阳内部被核聚变蕴藏,并能向外辐射的能量。据估计,太阳向宇宙全方位辐射的总能量流为 4×10^{26} J/s。其中,向地球输送的光和热可达 2.5×10^{18} cal/min (1 cal=4.186 8 J),相当于燃烧 4×10^8 t 煤所产生的能量。一年中,从太阳辐射到地球表面的总能量,相当于人类现有各种能源在同期所提供能量的上万倍。

可以说,太阳能是地球和大气能量的源泉,太阳能的光伏转换便源于此。在讨论太阳能光伏器件能量之前,本章简要介绍太阳光的能量分布以及太阳能的光伏转换与细致平衡原理等问题。

1.1 太阳光的能量分布

1.1.1 太阳光的吸收峰

在太阳光谱中存在着一系列吸收峰,如图1-1所示。当太阳光辐射透过大气层时,将有一部分光被大气层吸收和散射,因此到达地球表面的太阳光辐射被减弱。波长短于300 nm 的光谱被氧气(O_2)、臭氧(O_3)和氮气(N_2)去除,而水蒸气(H_2O)和二氧化碳(CO_2)主要吸收红外光谱。H_2O 的吸收峰出现在900 nm、1 100 nm、1 400 nm 和1 900 nm 处,而 CO_2 的吸收峰出现在1 800 nm 和2 600 nm 处。

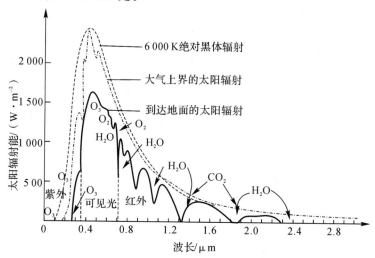

图1-1 太阳光的能量分布与吸收峰

太阳光辐射在大气层中的衰减,可以用大气质量(Air Mass,AM)进行描述。常用的大气质量为 AM1.5,其中 1.5 是大气质量系数。太阳能电池光伏参数的标准测试条件定义如下:

(1)大气质量为 AM1.5;

(2)太阳光辐射为 1 000 W/m²;

(3)环境温度为(25±1)℃。

太阳能电池标准的测试条件为 AM1.5,对应的地面-太阳仰角到达地面的辐照强度为 970 W/m²。为了方便起见,对 AM1.5 进行归一化后,太阳光辐射强度为 1 000 W/m²。AM0 是指地球大气层外接收的太阳光谱,AM1 表示太阳光谱辐射从垂直于地面方向入射的光谱,AM2 对应的地面-太阳仰角 $\theta=29.9°$。

大气层会使约 15% 的太阳光成为散射光,在高纬度地区和阴雨天气较多的地区,散射光的比例更高。散射光谱不是以平行光束到达地面的,而是从各个角度到达的,难以通过折射或聚焦控制,因而不利于太阳能电池的发电。粗糙的表面比平整的表面更适合吸收散射光,因此在晶体 Si 太阳能电池中通常进行表面织构,有利于提高其转换效率。

1.1.2 太阳光的辐射强度

转换效率是太阳能电池的最主要光伏参数,它可以由下式表示:

$$\eta = \frac{P_{max}}{E_{tot} A} \times 100\% \quad (1-1)$$

式中:P_{max} 为测量得到的最大输出功率,A 为太阳能电池的面积,E_{tot} 为总的太阳光辐射强度。由式(1-1)可以看到,太阳能电池的转换效率与光辐射强度直接相关。

一般而言,太阳光辐射可以分为 3 种辐射强度,即 6 000 K 的黑体辐射,以及辐射强度分别为 136.6 mW/cm² 和 100 mW/cm² 的 AM0 和 AM1.5 辐射。值得注意的是,AM1.5 的实际辐射强度为 96.3 mW/cm²。图 1-2 示出了太阳光的辐射光功率随波长的变化。

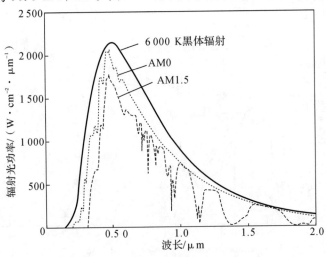

图 1-2 太阳光的辐射光功率随波长的变化

1.1.3 太阳光谱的能量分布

太阳光谱的能量分布可以根据黑体辐射定理进行确定。黑体辐射的光谱能量密度是辐射电磁波频率的函数,由普朗克辐射定理可以得到辐射能量密度为

$$u(T) = \int_0^\infty u_\nu(\nu, T) d\nu \tag{1-2}$$

式中

$$u_\nu(\nu, T) d\nu = \frac{8\pi h}{c^3} g \frac{\nu^3}{\exp[h\nu/(kT)] - 1} d\nu \tag{1-3}$$

式中:h 为普朗克常量,c 为真空中的光速。

利用光在空间中传播的能量密度,可以得出黑体辐射的功率密度为

$$E(T) = \frac{c}{4} u(T) = \frac{c}{4} \int_0^\infty u_\nu(\nu, T) d\nu \tag{1-4}$$

与此相对应,辐射到地球上的辐射功率由太阳表面温度的黑体光谱分布得出:

$$P_s = \pi r_d^2 \left(\frac{r_s}{r_{se}}\right) g \frac{c}{4} \int_0^\infty u_\nu(\nu, T_s) d\nu \tag{1-5}$$

式中:T_s 为太阳表面的温度,r_d 为地球半径,r_s 为太阳半径,r_{se} 为太阳与地球之间的距离。

在实际应用中,也可以将式(1-3)改为对辐射电磁波波长的微分形式,即

$$u_\lambda(\lambda, T) d\lambda = \frac{8\pi c}{\lambda^5} g \frac{1}{\exp[h\nu/(kT)] - 1} d\lambda \tag{1-6}$$

式(1-3)和式(1-6)都可以用来表示光谱分布的总能量:

$$u(T) = \int_0^\infty u_\lambda(\lambda, T) d\lambda = \int_0^\infty u_\nu(\nu, T) d\nu \tag{1-7}$$

图 1-3 为以辐射波长为微分量的光谱能量密度等温变化曲线。

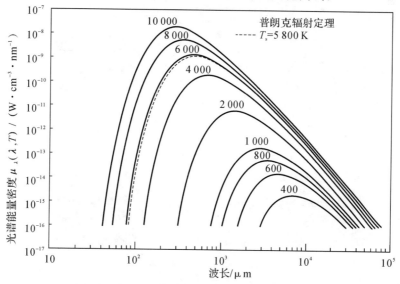

图 1-3 以辐射波长为微分量的光谱能量密度等温变化曲线

1.1.4 太阳能电池的光谱响应

太阳能电池的光谱响应可以用来检测不同波长的光子能量对短路电流的贡献,它被定义为从单一波长的入射光所获得的短路电流,并对最大电流进行归一化处理。和光子收集效率可分为外收集效率和内收集效率一样,光谱响应也可分为外光谱响应和内光谱响应。其中,外光谱响应可定义为

$$(SR)_{ext} = \frac{I_{sc}(\lambda)}{qA\varphi(\lambda)} \tag{1-8}$$

式中:$I_{sc}(\lambda)$ 为太阳能电池的短路电流,q 为电子电荷,A 为太阳能电池面积,$\varphi(\lambda)$ 为入射光子流密度。内光谱响应则被定义为

$$(SR)_{int} = \frac{I_{sc}(\lambda)}{qA(1-s)[1-r(\lambda)]\varphi(\lambda)[e^{-\alpha(\lambda)W_{opt}}-1]} \tag{1-9}$$

式中:s 为线遮光系数,$r(\lambda)$ 为光反射率,$\alpha(\lambda)$ 为光吸收系数,W_{opt} 为太阳能电池的光学厚度。

1.2 太阳能的光伏转换与细致平衡原理

1.2.1 太阳能的光伏转换

太阳能的光伏转换是指将太阳光的能量转化为半导体太阳能电池的导带化学势 μ_C 和价带化学势 μ_V。导带化学势相当于电子准费米能级,即 $\mu_C = E_{FC}$。而价带化学势相当于空穴准费米能级,即 $\mu_V = E_{FV}$,如图 1-4 所示。在光照条件下,太阳能电池吸收光子能量,电子从低能量的价带顶跃迁到高能量的导带底。为了使光生电子有足够的时间被外电极所吸收,要求光生电子维持在导带底的时间足够长。

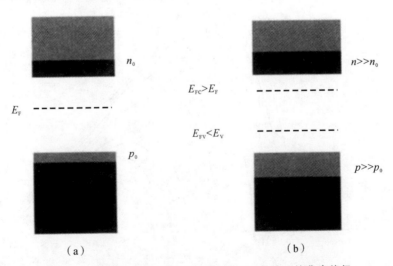

图 1-4 半导体在热平衡(a)和准平衡(b)条件下的费米能级

对于一个二能级系统,化学势增量可用吉布斯自由能表示,即

$$G = n\Delta\mu \tag{1-10}$$

式中:n 为光生电子数,而 $\Delta\mu$ 为导带化学势与价带化学势的差,即

$$\Delta\mu = \mu_C - \mu_V = E_{FC} - E_{FV} \tag{1-11}$$

由于化学势差 $\Delta\mu$ 依赖于太阳能电池吸收的光子能量 $E(h\nu)$,因此它也被称为辐射化学势。在没有入射光照的热平衡状态,化学势差 $\Delta\mu=0$。如果初始的价带顶完全被电子填满,初始的导带底完全空缺,此时将光子能量转换为化学势 μ_C 和 μ_V 最有效。在光生电子和空穴分别被正、负电极收集后,会形成光生电压 V_{ph},并满足下式:

$$qV_{ph} = \Delta\mu = \mu_C - \mu_V = E_{FC} - E_{FV} \tag{1-12}$$

由于太阳能的光伏转换只能利用比半导体禁带宽度大的光子能量,这些光子能量增加了化学势差,但增加的内能不多。实际上,太阳能电池内能的增加和温度的升高,将会降低其转换效率。因此,太阳能电池的设计应充分考虑其散热功能,需要和太阳能电池温度有很好的热接触。

1.2.2 细致平衡原理

利用细致平衡原理可以在理论层面描述太阳能电池的光伏过程,对其可以在热平衡状态下和非热平衡状态下进行讨论。所谓热平衡状态是指没有温差、光照、电场和磁场等外界影响的状态,此时半导体的所有特性均与时间无关。而非热平衡状态是指半导体受到外界影响(如光照、外加电场和磁场以及温度变化等)的状态。

光伏器件的一个基本物理限制条件来自细致平衡原理。太阳能电池在吸收太阳光辐射能量的同时,也向周围环境进行自发辐射,它同样也会向外面发射红外光子。细致平衡原理要求在热平衡状态下,太阳能电池受到光照吸收的光子数与太阳能电池自发辐射的光子数一样多。下面从热平衡状态和非热平衡状态两种情形对太阳能光伏转换的细致平衡问题进行讨论。

1. 热平衡状态下的细致平衡

在热平衡状态下,太阳能电池与环境辐射处于热平衡状态,标准测试条件的环境温度为 25 ℃。在这一温度下,太阳能电池和环境辐射都会发射出以红外波段为主的电磁波,达到细致平衡的要求。假定环境辐射也是一种黑体辐射,则环境光子通量为

$$\beta_a(E, T_a) = \frac{2}{h^3 c^2} \frac{E^2}{\exp(E/kT) - 1} \tag{1-13}$$

式中:T_a 为环境温度,h 为普朗克常量,E 为光子能量。

如果将式(1-13)对太阳光辐射的立体角进行积分,可以得到太阳能电池垂直接收到的环境光子通量,即

$$b_a(E, T_a) = \frac{2F_a}{h^3 c^2} \frac{E^2}{\exp(E/kT_a) - 1} \tag{1-14}$$

式中:F_a 为环境几何因子。

如果太阳能电池从周围环境吸收的每一个光子都能转换成电子,则受激光谱吸收的电

流为
$$J_{abs}(E) = q[1-R(E)]a(E)b_a(E,T) \qquad (1-15)$$

式中：$R(E)$ 为反射系数，$a(E)$ 为太阳能电池吸收光子能量 E 的概率。

若太阳能电池与环境辐射处于热平衡状态，则其温度 T 与环境温度 T_a 相等。此时，除了有太阳能电池的受激吸收，还有太阳能电池的自发辐射。这样，自发辐射光电流为
$$J_e(E) = q[1-R(E)]\varepsilon(E)b_a(E,T) \qquad (1-16)$$

式中：$\varepsilon(E)$ 为太阳能电池自发辐射发出能量为 E 的光子的概率。

由以上的讨论可知，在热平衡状态下的受激吸收光电流与自发辐射光电流相等，于是可以得到细致平衡原理的表达式：
$$a(E) = \varepsilon(E) \qquad (1-17)$$

根据细致平衡原理，在热平衡状态下，电子从基态跃迁到激发态的概率与电子从激发态弛豫到基态的概率相等。

2. 非热平衡状态下的细致平衡

在太阳光照射下，太阳能电池接收到的光子通量为
$$b_s(E,T_s) = \frac{2F_s}{h^3c^2}\frac{E^2}{\exp(E/kT_s)-1} \qquad (1-18)$$

太阳辐射和环境辐射使太阳能电池产生光吸收，其光电流为
$$J_{abs}(E) = q[1-R(E)]a(E)[b_s(E,T_s)+b_a(E,T_a)] \qquad (1-19)$$

根据黑体辐射的普朗克定律，光照下太阳能电池自发辐射的光子角通量为
$$\beta_e(E,\Delta\mu,T_a) = \frac{2n_s^2}{h^3c^2}\frac{E^2}{\exp[(E-\Delta\mu)/kT_a]-1} \qquad (1-20)$$

式中：n_s 为半导体的折射率，$\Delta\mu$ 为化学势差。对自发辐射的光子角通量进行积分，可以得到光照下的自发辐射光子通量为
$$b_e(E,\Delta\mu,T_a) = \frac{2n_s^2 F_e}{h^3c^2}\frac{E^2}{\exp[(E-\Delta\mu)/kT_a]-1} \qquad (1-21)$$

式中：F_e 为自发辐射几何因子。因此，光照下自发辐射的光电流为
$$J_e = q[1-R(E)]\varepsilon(E)b_e(E,\Delta\mu,T_a) \qquad (1-22)$$

如果细致平衡原理成立，则有
$$a(E) = \varepsilon(E) \qquad (1-23)$$
$$\Delta\mu = 0 \qquad (1-24)$$

于是，光照下的净光电流为式(1-19)与式(1-22)之差，即
$$\begin{aligned}J_{net}(E) &= J_{abs}-J_e(E)\\&= q[1-R(E)]a(E)[b_s(E,T_s)+b_a(E,T_a)-b_e(E,\Delta\mu,T_a)]\end{aligned} \qquad (1-25)$$

如果用收集效率描述载流子被外电极所收集的概率，则光电流 J_{ph} 可由下式表示：
$$J_{ph} = q\int_0^\infty \eta_c(E)[1-R(E)]a(E)b_s(E,T_s)dE \qquad (1-26)$$

式中：$\eta_c(E)$ 为载流子的收集效率。一般而言，所有 $E > E_g$ 的光子都可以使电子从价带顶跃迁到导带底，以实现本征吸收。但是，如果一个光子只能激发一个电子，则吸收率满足：

$$a(E) = \begin{cases} 1, & E > E_g \\ 0, & E < E_g \end{cases} \quad (1-27)$$

如果载流子得到完全分离，没有发生自发辐射的载流电子都可以被电极收集进入外电路，则收集效率满足：

$$\eta_c(E) = 1 \quad (1-28)$$

由此可知，光生电流依赖于材料的禁带宽度 E_g 和太阳光谱的能量 E，E_g 越小光生电流值越大。

参 考 文 献

[1] 熊绍珍，朱美芳. 太阳能电池基础与应用. 北京：科学出版社，2009.

[2] LUQUE A. 光伏技术与工程手册. 王文静，李海玲，周春兰，等译. 北京：机械工业出版社，2019.

[3] 方俊鑫，陆栋. 固体物理学教材在中国的发展历程. 上海：上海科学技术出版社，1981.

[4] 王文静，李海玲，周春兰，等. 晶体硅太阳能电池制造技术. 北京：机械工业出版社，2011.

[5] 熊绍珍，朱美芳. 太阳能电池基础与应用. 北京：科学出版社，2009.

[6] 杨德仁. 太阳电池材料. 北京：化学工业出版社，2009.

[7] 狄大卫，曹邵阳，李秀文. 太阳能电池工作原理、技术和系统应用. 上海：上海交通大学出版社，2010.

[8] FAN Z, RAZAVI H, DO J, et al. Three-dimensional nanopillar-array photovoltaics on low-cost and flexible substrates. Nature Materials, 2009, 8(8)：648-653.

[9] ATWATER H A, POLMAN A. Plasmonics for improved photovoltaic devices. Nature Materials, 2010, 9(3)：205-213.

[10] CATCHPOLE K R, POLMAN A. Design principles for particle plasmon enhanced solar cells. Applied Physics Letters, 2008, 93(19)：3.

[11] CHIU C W, SHYU F L, CHANG C P, et al. Coulomb scattering rates of excited carriers in moderate-gap carbon nanotubes. Physical Review B, 2006, 73(23)：235407.

[12] 刘恩科，朱秉升，罗晋生. 半导体物理学. 北京：国防工业出版社，1994.

[13] 杨德仁. 太阳电池材料. 北京：化学工业出版社，2006.

[14] 彭英才，傅广生. 低维量子器件物理. 北京：科学出版社，2014.

[15] 陈虹. 模型预测控制. 北京：科学出版社，2013.

[16] 孟庆巨，刘海波，孟庆辉. 半导体器件物理. 北京：科学出版社，2005.

第 2 章 半导体中的光学现象

半导体中的光学现象是指在光照射条件下发生在半导体表面和体内的光与半导体之间相互作用的各种光学过程,如光吸收、光发射、光电导、光反射、光透射与光散射等。就光吸收而言,半导体中存在着多种吸收过程,如能带之间的本征吸收、子带之间的吸收、同一带内的自由载流子吸收、激子吸收、杂质吸收以及晶格振动吸收等,这些过程从不同角度反映了电子或声子的不同跃迁机制。

本章主要讨论与太阳能电池相关的基本吸收过程,即电子从价带跃迁到导带的本征吸收。发生本征吸收的必要条件是光子能量必须大于或者等于半导体的禁带宽度。除了光吸收之外,半导体表面的光反射和光俘获过程,也对太阳能电池的光伏特性有着十分重要的影响,本章也将用适当篇幅对此进行介绍。

2.1 半导体中的光吸收

当具有确定波长的光入射到半导体中时,基于光与其中的电子、激子、晶格振动、杂质以及缺陷的相互作用,会产生光的吸收现象。在各种吸收中,本征吸收是一种最主要的吸收过程,它是太阳能电池产生光伏效应的前提条件。

2.1.1 本征吸收

本征吸收是指电子吸收光子能量后从价带跃迁到导带的过程,很显然,只有当光子能量大于或等于半导体的禁带宽度时,即

$$h\nu \geqslant E_g \tag{2-1}$$

时才可能产生本征吸收现象。这就说明,在本征吸收光谱中存在一个长波限,波长大于此长波限时则不能产生本征吸收。因此,与长波限所对应的波长应满足下式:

$$\lambda = \frac{ch}{E_g} \tag{2-2}$$

式中:h 为普朗克常量,c 为真空中的光速。

固体物理指出,电子从价带到导带的跃迁必须遵从一定的选择定则。如果波矢为 k 的电子吸收光子后跃迁到波矢为 k' 的状态,那么 k 和 k' 必须满足准动量守恒关系式:

$$\hbar k' - \hbar k = 光子动量 \tag{2-3}$$

式中:$\hbar = h/(2\pi)$。由于光子的动量为 h/λ,与能带中电子的动量相比是很小的,所以式

(2-3)可以近似写成

$$k = k' \tag{2-4}$$

描述半导体光吸收能力的物理量是光吸收系数 α。通过对半导体的反射率、透射率以及厚度的测量,可以得到半导体的光吸收系数。根据光在半导体中进行多次反射和透射的叠加原理,在不考虑干涉的条件下,透射率 T、反射率 R 与光吸收系数 α 三者之间的关系可由下式表示:

$$T = \frac{(1-R)^2 \exp(-\alpha d)}{1 - R^2 \exp(-2\alpha d)} \tag{2-5}$$

式中:d 为半导体层的厚度。当光反射较弱而光吸收较强时,式(2-5)可简化为

$$T = (1-R)^2 \exp(-\alpha d) \tag{2-6}$$

由此得到

$$\alpha = \frac{1}{d} \ln \frac{(1-R)^2}{T} \tag{2-7}$$

式(2-7)的物理意义是很明显的,即随着半导体层厚度的增加,光吸收系数会线性减小。而随着半导体材料反射率的减小,光吸收系数会显著增加,这对改善太阳能电池的光伏性能十分有利。换句话说,为了提高太阳能电池的转换效率,应尽量减少太阳能电池表面的光反射。

2.1.2 直接带隙半导体的光吸收

在 GaAs、GaInP、CdTe 和 Cu(In、Ga)Se$_2$ 等直接带隙半导体中,光吸收导致的电子跃迁过程必须保证能量守恒与动量守恒。图 2-1 示出了直接带隙半导体的光子吸收过程。每个在价带中的能量为 E_1 和动量为 P_1 的电子初态都与在导带中的能量为 E_2 和动量为 P_2 的末态相关联。由于电子的动量是守恒的,因此末态的动量与初态的动量相同,即 $P_1 = P_2 = P$。

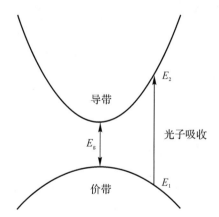

图 2-1 直接带隙半导体的光子吸收过程

能量守恒定律表明,吸收的光子能量为

$$h\nu = E_2 - E_1 \tag{2-8}$$

假设半导体具有抛物线状能带,则有

$$E_V - E_1 = \frac{P^2}{2m_h^*} \qquad (2-9)$$

$$E_2 - E_C = \frac{P^2}{2m_e^*} \qquad (2-10)$$

式(2-9)和式(2-10)中,m_e^* 和 m_h^* 分别为电子与空穴的有效质量。将式(2-8)～式(2-10)结合起来,可以得到

$$h\nu - E_g = \frac{P^2}{2}\left(\frac{1}{m_e^*} + \frac{1}{m_h^*}\right) \qquad (2-11)$$

其直接跃迁系数为

$$\alpha(h\nu) \approx A^*(h\nu - E_g)^{1/2} \qquad (2-12)$$

式中:A^* 是与材料性质有关的参量。在某些半导体材料中,选择跃迁定则不允许 $P=0$ 处的跃迁存在,但允许 $P \neq 0$ 处的跃迁发生。在这种情形中则有

$$\alpha(h\nu) \approx \frac{B^*}{h} \qquad (2-13)$$

式中:B^* 同样是与材料性质相关的常数。

2.1.3 间接带隙半导体的光吸收

在 Si 和 Ge 这类间接带隙半导体中,由于导带底不位于布里渊区中心($k=0$)处,因此电子的动量守恒必须要求光子吸收过程要有声子的参与。图 2-2 示出了间接带隙半导体的光子吸收过程。声子辅助光吸收要么是吸收声子,要么是发射声子。当吸收声子时,吸收系数为

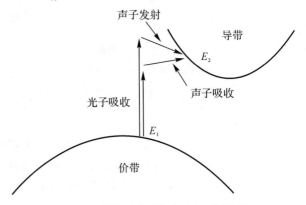

图 2-2 间接带隙半导体的光子吸收过程

$$\alpha_a(h\nu) = \frac{A(h\nu - E_g + E_{ph})^2}{e^{E_{ph}/kT} - 1} \qquad (2-14)$$

式中:E_{ph} 为声子的能量。当发射声子时,吸收系数为

$$\alpha_e(h\nu) = \frac{A(h\nu - E_g - E_{ph})^2}{1 - e^{E_{ph}/kT}} \qquad (2-15)$$

由于以上两个过程都可能发生,因此有

$$\alpha(h\nu) = \alpha_a(h\nu) + \alpha_e(h\nu) \qquad (2-16)$$

由于间接吸收过程同时需要声子和电子才能发生,故吸收系数不但依赖于填满的电子初态密度和空的电子末态密度,而且依赖于具有所需要能量的声子。因此,与直接跃迁相比,间接跃迁的吸收系数相对较小。这意味着,光在间接带隙半导体中比在直接带隙半导体中穿透的距离要深。无论是在直接带隙半导体中,还是在间接带隙半导体中,尽管上述跃迁

机制是主要的,但都包含了很多其他光子吸收过程。例如,当光子能量足够高时,没有声子的辅助,在间接带隙半导体中也可能发生直接跃迁。

此外,其他吸收机制,如电场作用下的吸收、禁带中的局域态吸收,以及发生在导带和价带的简并效应等也将起到一定的作用。这样,半导体的光吸收系数就是所有吸收系数的总和,即有

$$\alpha(h\nu) = \sum_i \alpha_i(h\nu) \tag{2-17}$$

2.1.4 几种主要半导体材料的光吸收

1. Si、Ge 与 GaAs 单晶材料

Si 与 Ge 都是单元素的间接带隙半导体,GaAs 是二元系的直接带隙半导体。图 2-3 示出了以上 3 种半导体材料的本征吸收光谱。由图 2-3 可以看出以下几个明显特点:① 各吸收谱线都有一个与禁带宽度 E_g 相对应的能量阈值。当光子能量小于 E_g 时,吸收系数很快下降,形成本征吸收边;当光子能量大于 E_g 时,吸收系数快速上升,而后渐趋平缓。② 值得注意的是,当光子能量进一步增加时,Si 与 Ge 的光吸收呈现出一个明显的拐点,吸收系数又快速上升。研究指出,这种在较高光子能量处光吸收的快速上升,反映了电子从间接跃迁向直接跃迁的转变。③ 由图 2-3(b)还可以看出,Si 的吸收系数小于 GaAs 的吸收系数,这是由于间接带隙 Si 的跃迁概率比直接带隙 GaAs 的跃迁概率小很多。但是,当光子能量大于 3.4 eV 时,Si 发生直接跃迁,吸收系数又明显上升,直至与 GaAs 的吸收系数相当。④ 由图 2-3(a)所示的 Ge 的光吸收特性可以看到,半导体的光吸收谱是与温度直接相关的,这是由于禁带宽度与温度之间具有如下关系,即

$$E_g(T) = E_g(0) + \beta T \tag{2-18}$$

式中:β 是温度系数,为一负值。当温度为 0 K 时,Si 与 GaAs 的禁带宽度分别为 1.17 eV 和 1.519 eV,而在室温下二者的禁带宽度分别为 1.12 eV 和 1.42 eV。当温度升高时,禁带宽度减小,吸收光谱发生红移,这一现象从 Ge 的吸收光谱中可以十分清楚地看到。

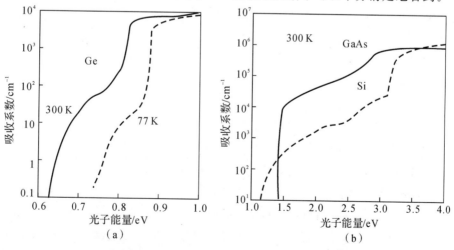

图 2-3 单晶 Ge(a)和单晶 GaAs(b)的光吸收系数

2. α-Si:H、μc-Si:H 与 c-Si 薄膜材料

以 α-Si:H 和 μc-Si:H 为主的薄膜材料在 Si 基薄膜太阳能电池中发挥着重要作用，图 2-4 示出了 α-Si:H、μc-Si:H 和 c-Si 三种薄膜材料的光吸收系数与入射光子能量的关系。由图 2-4 可以看出，当光子能量低于 1.5 eV 时，α-Si:H 的光吸收系数较小。当光子能量超过 1.5 eV 后，光吸收系数急速上升。尤其是当光子能量大于 2.0 eV 之后，其吸收系数将大于 μc-Si:H 和 c-Si。μc-Si:H 作为一种微晶粒，镶嵌于 α-Si:H 基质中的两相结构材料中，其光吸收特性密切依赖于结构参数。从图 2-4 中易于看出，μc-Si:H 具有良好的长波吸收，与 c-Si 相接近。而且在 1.0 eV 附近还略高于 c-Si，这是因为 μc-Si:H 中的内应力使光学跃迁选择定则放宽的缘故。而在光子能量高于 1.7 eV 的范围，μc-Si:H 的光吸收系数明显高于 c-Si，这是由于 μc-Si:H 中存在非晶相。

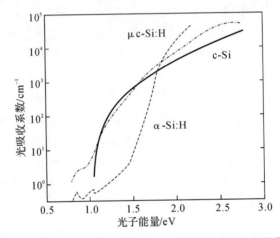

图 2-4 α-Si:H、μc-Si:H 和 c-Si 三种薄膜材料的光吸收系数

3. CuInSe$_2$、CdTe 与 CdS 化合物材料

CuInSe$_2$ 是一种直接带隙材料，其禁带宽度在 1.04～1.67 eV 范围内连续可调。CuInSe$_2$ 具有良好的光吸收特性，其可见光吸收系数高于 10^5 cm^{-1}，非常适合于太阳能电池的薄膜化，并具有较高的能量转换效率；CdTe 也是一种直接带隙材料，其禁带宽度大约为 1.5 eV。在所有的 II～VI 族化合物半导体材料中，CdTe 具有十分独特的物理性质，它具有最大的平均原子序数、最小的形成焓、最低的熔点、最大的晶格常数和最高的离子性。由图 2-5 可以看到，在光子能量大于 1.6 eV 后，CdTe 的吸收系数陡峭上升，因此其适合于制作薄膜太阳能电池；CdS 是一种具有直接带隙性质的宽带隙半导体，其禁带宽度为 2.5 eV，所以在

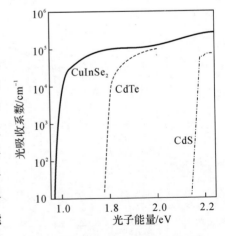

图 2-5 CuInSe$_2$、CdTe 和 CdS 化合物材料的光吸收系数

蓝光波段有较好的光吸收特性。由 CdS 与 CdTe 相结合制作的 CdTe/CdS 异质结太阳能电池,其转换效率高达 18% ~ 20%。

2.1.5 巧叠层太阳能电池中的自由载流子吸收

导带或价带中的载流子在吸收光子能量后会跃迁到导带或价带更高的空能态上去,这种发生在同一带内的光吸收现象被称为自由载流子吸收,图 2-6 示出了导带和价带中的自由载流子吸收过程。一般来说,这种光吸收只有在光子能量与半导体材料的禁带宽度大体相当时才会显著,这是因为自由载流子的吸收系数随波长的增加而变大,且有

$$\alpha_{fc} \propto \lambda^{\gamma} \tag{2-19}$$

式中:$1.5 < \gamma < 3.5$。在单结太阳能电池中,自由载流子吸收不会影响电子-空穴对的产生,因此可以被忽略。然而,自由载流子吸收过程在叠层太阳能电池中是需要考虑的。这是因为,在这种太阳能电池中,带隙较宽的太阳能电池位于带隙较窄的太阳能电池上面,能量较低而不能被顶电池吸收的光子会透射到底电池中,并在那里被吸收。这意味着,在叠层太阳能电池中会发生一定数量的自由载流子吸收,穿透到下一个太阳能电池中的光子数量会减少,因而将影响太阳能电池的光伏性能。

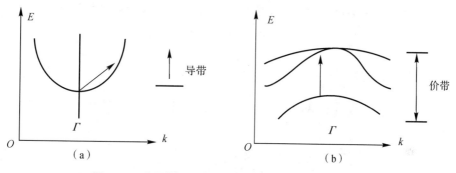

图 2-6 半导体导带和价带中的自由载流子吸收过程

2.2 半导体表面的光反射

当光入射到半导体表面时,将产生光吸收、光反射和光透射。光在表面的反射,会使透入表面的光子数少于入射光子数,反射光的百分比取决于光的入射角度和材料的折射率。对于 Si 材料,反射光约占 30%。为了提高太阳能电池的转换效率,必须尽可能地减少光反射。为此,人们提出了几个技术方案,以改善太阳能电池的光伏性能,例如对表面进行织构、生长减反射膜、沉积透明导电层和制作光子晶体等。

2.2.1 绒面结构

一般地,人们将利用表面织构方法获得的半导体表面称为"绒面"。所谓表面织构,通常是利用碱性溶液的各向异性腐蚀,使半导体表面形成具有金字塔式的造型。这种结构可以

使照射到半导体表面的光进行多次反射,从而使光得到重复利用,以此提高太阳能电池的转换效率。图2-7(a)是在织构的Si(100)表面发生的两次光反射现象示意图。光在A面和B面的两次光反射,增加了光在半导体内部的有效光程,也就是说增加了入射光被吸收的机会,从而减少了反射。图2-7(b)示出了具有绒面结构Si片表面的反射率随波长的变化,可以看出在400~800 nm的波长范围内,其反射率低至15%以下。

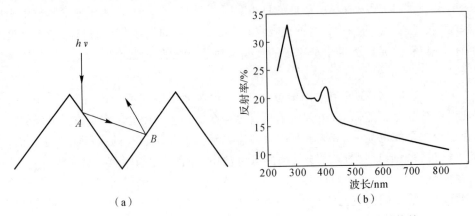

图2-7 Si(100)绒面结构中的两次光反射示意图和具有绒面片结构的
Si片表面的反射率

2.2.2 减反射覆盖层

增加光吸收的另一项重要措施是应用减反射膜。半导体表面覆盖一定厚度的减反射膜后,其反射率为

$$R = \frac{r_1^2 + r_2^2 + 2r_1 r_2 \cos 2\theta}{1 + r_1^2 r_2^2 + 2r_1 r_2 \cos 2\theta} \tag{2-20}$$

式中

$$r_1 = \frac{n_0 - n_1}{n_0 + n_1}, \quad r_2 = \frac{n_1 - n_2}{n_1 + n_2} \tag{2-21}$$

式中:n_0、n_1 和 n_2 分别为空气、减反射膜和半导体的折射率。θ 则由下式给出:

$$\theta = \frac{2\pi n_1 d_1}{\lambda_0} \tag{2-22}$$

当 $n_1 d_1 = \frac{\lambda_0}{4}$ 时,反射率 R 具有最小值,即

$$R_{\min} = \left(\frac{n_1^2 - n_0 n_2}{n_1^2 + n_0 n_2}\right)^2 \tag{2-23}$$

图2-8示出了没有覆盖减反射膜与覆盖折射率分别为1.0和2.3减反射膜时的Si片表面的反射率与波长的关系。可以看出,当覆盖 $n=1.9$ 的减反射膜时,在600 nm波长处产生最小的反射,其值可接近于零。表2-1给出了制作单层或多层减反射膜所用材料的折射率。

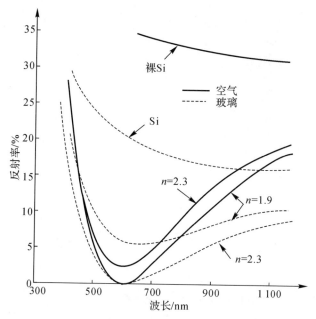

图 2-8 Si 表面的反射率随波长的变化曲线

表 2-1 制备减反射膜所用材料的折射率

材 料	折射率	材 料	折射率
MgF_2	1.3~1.4	Si_3N_4	约 1.9
SiO_2	1.4~1.5	TiO_2	约 2.3
Al_2O_3	1.8~1.9	Ta_2O_5	2.1~2.3
SiO	1.8~1.9	ZnS	2.3~2.4

2.2.3 透明导电层

透明导电层的利用对提高太阳能电池的转换效率也至关重要,对它的基本要求是应具有高的光透射率和高的电导率。对于 Si 基薄膜太阳能电池,还要求透明导电薄膜具有可与入射光波长相比拟的绒面结构,以实现对入射光的有效光散射,图 2-9(a)(b)分别示出了具有绒面电极的 n-i-p 和 p-i-n 的太阳能电池剖面结构。最具有代表性的透明导电薄膜有 ITO(In_2O_3:Sn)、FTO(SnO_2:F) 和 AZO(ZnO:Al) 等。

ITO 具有电化学稳定性好、易于加工、光透过率高和导电性能优异等特点,是最常用的透明导电薄膜。在优化工艺参数的条件下,所制备的 ITO 薄膜的电阻率为 3.7×10^{-3} $\Omega \cdot cm$,550 nm 波长的光透过率高达 93.3%。FTO 具有良好的化学稳定性,可以在高温氧化气氛中使用,因此也被广泛用作太阳能电池的透明导电层。AZO 具有储量丰富、生产成本低、无毒性和易于实现掺杂的优点,因此也在薄膜太阳能电池中占有一席之地。

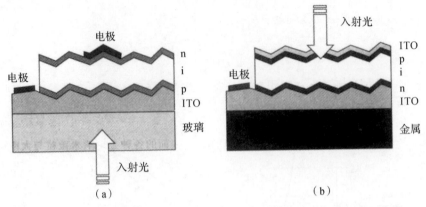

图 2-9 具有绒面电极的 n-i-p(a) 和 p-i-n(b) 的太阳能电池剖面结构示意图

2.2.4 光子晶体

光子晶体是由两种折射率相差较大的介质材料按空间周期性排列形成的一种新型人工光学或电磁波材料,其周期为波长量级。从晶格维度上分,光子晶体可分为一维、二维和三维的。光子晶体不仅在制作高 Q 值微腔激光器和低损耗光波导方面具有重要应用,而且可以获得良好的表面陷光效果,因而在高效率太阳能电池制作方面也有着潜在应用。图 2-10(a)(b) 分别示出了在阳极钻平台上生长的具有不同高度的 CdS 纳米柱阵列结构和光反射率特性。由图 2-10(b) 可以看出,当太阳能电池表面没有 CdS 纳米柱阵列时,其光反射率高达 60%。而当制作有 CdS 纳米柱阵列时,其光反射大幅度减小,而且随着纳米柱高度的增加,其反射率将进一步降低。

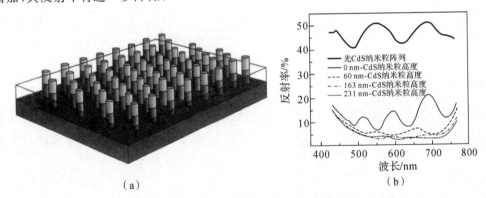

图 2-10 具有不同高度的 CdS 纳米柱阵列和反射率与波长的关系

2.3 表面等离子增强光俘获

2.2 节主要介绍了减少光反射和增加光吸收的几项技术措施。除了上述方法之外,人们又提出了一种新型的陷光技术,即利用纳米金属微粒在太阳能电池表面产生的等离子增强作用,由它们对入射光进行散射和俘获,以此达到增加光吸收的目的,这种表面陷光技术对改善薄膜太阳能电池的光伏特性具有重要意义。

2.3.1 表面等离子光俘获方式

一般而言,表面等离子是由沉积在光伏器件表面的各种金属纳米微粒与太阳能电池表面发生相互作用产生的。大体可以分为以下两种类型:一种是利用金属纳米微粒与半导体材料界面产生导电电子的激发形成局域表面等离子,另一种则是在金属纳米微粒层与半导体材料界面产生表面等离子激元。发生在薄膜太阳能电池表面的等离子光俘获主要有以下 3 种方式:①以金属纳米微粒作为亚波长散射单元,自由地俘获从太阳光入射到半导体薄膜的平面光波,并使其耦合到吸收层中,如图 2-11(a)所示;②以金属纳米微粒作为亚波长天线,使入射光以近场等离子形式耦合到半导体薄膜中,以有效地增加光吸收截面,如图 2-11(b)所示;③让光吸收层背面的波纹状金属薄膜耦合太阳光,使其在金属/半导体界面成为表面等离子激元模式,或使其在半导体平板表面成为波导模式,从而使入射光转换成半导体中的光生载流子,如图 2-11(c)所示。采用以上 3 种光散射或光俘获技术,可以使光伏器件的吸收层厚度大大减小,但光吸收系数仍保持不变。

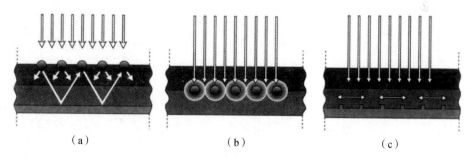

图 2-11 薄膜太阳能电池中的表面等离子光俘获示意图

2.3.2 纳米微粒的等离子光散射

纳米微粒在半导体表面的光散射效应,是利用紧密排列的纳米微粒阵列作为共振散射元,将入射光耦合到单晶 Si、非晶 Si、量子阱以及 GaAs 太阳能电池中所观测到的表面等离子增强的光散射现象。Catchpole 等研究了金属纳米微粒的形状与尺寸对光耦合效率的影响。图 2-12(a)示出了具有不同形状和尺寸的纳米微粒的光散射率与光波长的关系。可以看出,随着微粒尺寸的减小,其光散射率增大。尤其是局域在半导体层表面的偶极子,由于它们具有较大的动量,可以有效增强近场耦合作用,因此具有较大的光散射率。对于非常接近于 Si 衬底表面的一个点偶极子,有 96% 的入射光被散射到 Si 衬底中。图 2-12(b)是利用简单的一级散射模型,由计算得到的等离子散射光程增强倍数与散射到衬底的占比之间的关系。对于在 Si 表面上的直径为 100 nm 的 Ag 半球状粒子,其光散射率获得了近 30 倍的增大。

进一步的研究证实,发生在半导体薄膜表面的光散射,不仅与金属纳米微粒的尺寸和形状有关,而且与衬底材料的类型等诸多因素有关。因此,为了能使表面等离子光散射和光俘获最佳化,应在纳米微粒的种类、形状、尺寸、表面格栅衍射以及耦合波导模式等方面综合考虑。

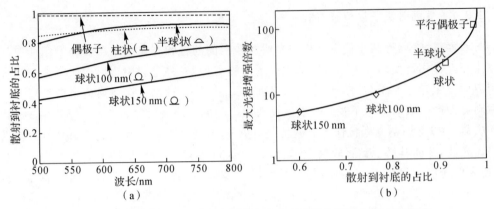

图 2-12 半导体表面金属纳米微粒的光散射特性和形状与尺寸的关系

2.3.3 纳米微粒的等离子光聚焦

发生在薄膜太阳能电池中共振等离子体激发的主要作用,是利用金属纳米微粒周围的强局域场增加基质半导体材料的光吸收。具体而言,纳米微粒有效充当了一个"天线"效应,并以一个局域在表面的等离子模式存储入射的光能。这些所谓的"天线",对于载流子扩散长度较小的半导体材料是非常有用的,它可以使光生载流子在接近于 pn 结附近的区域被有效收集。为了能够使半导体薄膜有效地产生等离子增强光吸收和光聚集,应使其光吸收速率大于经典延迟物理时间的倒数,这种高吸收速率现象已在许多有机半导体和直接带隙半导体经实验中观测到。表 2-2 列出了一些主要金属纳米微粒的等离子波长。

表 2-2 一些主要金属纳米微粒的等离子波长

金属纳米微粒	等离子波长/nm	金属纳米微粒	等离子波长/nm
Pd	约 250	Y	约 430
Ag	约 390	Au	约 525
Ba	~400	Pt	约 230
Eu	约 380	Cu	约 210
Ca	约 500	Cs	>700

2.3.4 表面等离子激元的光俘获

表面等离子激元是沿着金属背接触和半导体吸收层界面传播的电磁波,它可以有效地在半导体层中俘获并传导入射光。在 800~1 500 nm 的波长范围,等离子激元的传播长度范围为 10~100 μm。图 2-13 示出了在 Si/Ag、GaAs/Ag 和有机薄膜/Ag 三种不同的界面,由表面等离子激元引起的光吸收特性与波长的依赖关系。可以看出,在 600~870 nm 的波长范围内,GaAs/Ag 界面具有较高的光吸收率,这是由于 GaAs 材料具有适宜的禁带宽度和直接带隙性质。其中，600 nm 为 GaAs/Ag 界面的表面等离子激元的共振波长，870 nm 是与 GaAs 的 1.42 eV 禁带宽度相对应的光吸收波长；在 Si/Ag 界面，光吸收率远低于 GaAs/Ag 界面，在 700～1 150 nm 波长范围有相对较大的光吸收率，这是由于 Si 是一种间接带隙半导体材料；对于有机薄膜/Ag 界面，在小于 650 nm 的波长范围内具有很高的光吸收率，这是由于有机聚合物材料自身具有较大的光吸收系数和低介电常数。

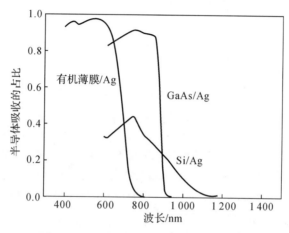

图 2-13　不同材料与 Ag 界面的光吸收特性

2.4　半导体中的载流子输运

载流子输运是指在光照、电场、磁场和温度等外场作用下，发生在半导体材料或器件中的一个重要物理过程。在光照射下，半导体中将产生电子-空穴对，即所谓的光生载流子；在电场作用下，载流子将发生定向漂移运动，并产生漂移电流。在存在浓度梯度的情况下，载流子将发生扩散运动，并产生扩散电流；有载流子的产生，必有载流子的复合，这是非平衡载流子输运的一个基本物理属性。

载流子的漂移速度、迁移率、寿命、扩散系数、扩散长度和复合速率是表征载流子输运性质的几个重要物理参数。为了提高太阳能电池的转换效率，光伏材料应具有高的漂移迁移率、大的扩散长度、长的寿命和低的复合速率，这就需要能够制备出高质量的半导体材料与优化的器件结构。本节将对发生在半导体中的载流子产生、漂移、扩散、复合与收集等问题进行具体分析与讨论。

2.4.1　光照下的载流子产生

在一定温度下，半导体中的载流子浓度是一定的，这种处于热平衡状态下的载流子浓度称为平衡载流子浓度。当用适宜波长的光照射半导体时，只要该光子的能量 $h\nu$ 大于半导体的禁带宽度 E_g，光子就能够将价带中的电子激发到导带上去，并产生一个电子-空穴对。这样，导带会比平衡时多出一部分电子，价带比平衡时多出一部分空穴，通常把这部分多出的电子和空穴称为非平衡载流子。图 2-14 示出了光照下非平衡载流子的产生过程。可以看出,当 $h\nu < E_g$ 时,不能激发产生电子-空穴对。

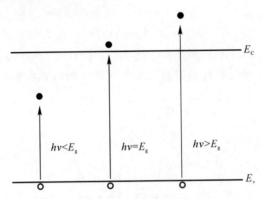

图 2-14 光照下非平衡载流子的产生过程

当 $h\nu = E_g$ 时,价带电子会从价带跃迁到导带中,形成一个电子-空穴对。而当 $h\nu > E_g$ 时,光生电子可以被激发到导带中更高的能量状态上去。

前面已经指出,光吸收系数决定了材料或器件产生电子-空穴对的能力。如果定义光在半导体中沿光照方向的 x 处,单位时间和单位体积内由光吸收产生的电子-空穴对数目为载流子的产生率 $G(x)$,则有

$$G(x) = I_0 g_{\text{e-h}} (1-R) \alpha e^{-\alpha x} \tag{2-24}$$

式中:I_0 为入射光的强度,R 为光反射系数,α 为光吸收系数,$g_{\text{e-h}}$ 为一个光子激发产生一个电子-空穴对的概率。

对于太阳光,在半导体中沿光照方向 x 处光生载流子的产生率 $G(x)$ 可由下式给出:

$$G(x) = \int_{v>v_g}^{\infty} (1-R) \alpha \varphi_{\text{ph}} e^{-\alpha x} dv \tag{2-25}$$

式中:φ_{ph} 为太阳光的光子流密度分布。由式(2-24)和式(2-25)可以看出,光生载流子的产生率 $G(x)$ 与距离 x 呈负指数依赖关系,即随着距离的增加,载流子的产生率将急剧减小。

2.4.2 外场作用下的载流子输运

2.4.2.1 外加电场下的载流子漂移

在电场作用下,半导体中的电子沿着与电场相反的方向漂移,空穴沿着与电场相同的方向漂移,由此形成漂移电流。一方面,载流子从电场中不断获得能量而加速,因而漂移速度与电场强度直接相关;另一方面,载流子在半导体中因受到偏离周期势场的畸变势散射作用,损失其自身能量或改变原来的运动方向,这将使载流子的漂移速度不会无限增大。图2-15给出了外加电场下电子与空穴的漂移过程。

对于一个恒定的外加电场,载流子漂移速度 v_0 与电场强度 ε 成正比例关系,即

$$v_0 = \mu \varepsilon \tag{2-26}$$

式中:μ 为载流子迁移率。从原理上讲,迁移率 μ 是电场强度 ε 的函数,但在弱电场下迁移率与电场无关。对于太阳能电池,通常是在低电场条件下工作,可视其为一常数。

电子浓度为 n 的漂移电流密度为

$$J_{n(漂)} = -qnv_D = qn\mu_n\varepsilon \tag{2-27}$$

式中：μ_n 为电子迁移率。空穴浓度为 p 的漂移电流密度为

$$J_{p(漂)} = qpv_D = qp\mu_p\varepsilon \tag{2-28}$$

式中：μ_p 为空穴迁移率。n 型和 p 型半导体的电导率分别由下式给出：

$$\sigma_n = nq\mu_n, \quad \sigma_p = pq\mu_p \tag{2-29}$$

当电子和空穴都对电导产生贡献时，则有

$$\sigma = q(n\mu_n + p\mu_p) \tag{2-30}$$

而对于本征半导体则有

$$\sigma = n_i q(\mu_n + \mu_p) \tag{2-31}$$

式中：n_i 为本征载流子的浓度。

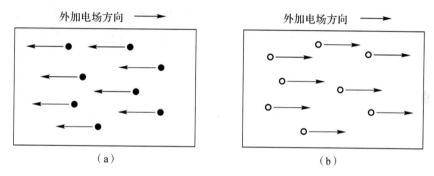

图 2-15　外加电场下电子与空穴的漂移过程
(a)电子；(b)空穴

2.4.2.2　载流子迁移率

迁移率是表征半导体材料中载流子输运特性的一个重要物理量。制约载流子迁移率的主要因素是半导体中散射机制的存在，如电离杂质散射、晶格振动散射和中性杂质散射等。而在各种散射机制中，电离杂质散射和声子对迁移率的散射是两种最主要的散射过程，前者在低温下起主导作用，而后者在高温下起支配作用。在光伏器件中，为了提高其转换效率，要求材料尽可能具有高的载流子迁移率，因为这样可以使更多的光生载流子发生分离和收集。表 2-3 汇总了一些主要半导体材料的载流子迁移率值。

表 2-3　一些主要光伏材料的载流子迁移率值

材　料	迁移率/($cm^2 \cdot V^{-1} \cdot s^{-1}$)		材　料	迁移率/($cm^2 \cdot V^{-1} \cdot s^{-1}$)	
	电子	空穴		电子	空穴
Si	1 350	500	CdSe	600	65
Ge	3 900	1 900	CdS	210	18
GaAs	8 000	100~3 000	PbSe	1 020	930
InAs	22 600	150~200	PbS	550	600

在弱电场条件下,载流子的迁移率与电场强度、杂质浓度、温度以及载流子的平均漂移速度直接相关。对于 Si 材料,迁移率可由下式给出:

$$\mu = \mu_{\min} + \frac{\mu_0}{\left(\dfrac{N}{N_{\text{ref}}}\right)^\alpha} \tag{2-32}$$

式 2-32 中各参数的具体数值见表 2-4。

表 2-4 式(2-32)中各物理参数的具体数值

	$\mu_{\min}/(\text{cm}^2 \cdot \text{V}^{-1} \cdot \text{s}^{-1})$	$\mu_0/(\text{cm}^2 \cdot \text{V}^{-1} \cdot \text{s}^{-1})$	$N_{\text{ref}}/\text{cm}^{-3}$	α
电子	232	1180	8×10^{16}	0.9
空穴	130	379	8×10^{17}	1.25

在强电场条件下,载流子迁移率随电场强度的增大而增加。载流子漂移速度达到饱和后,迁移率将随之减小。对于少数载流子,平均漂移速度与电场的关系可由下式给出:

$$v = \frac{\mu_{\min}}{1 + \left[1 + \left(\dfrac{\mu_{\text{if}}\varepsilon}{v_{\text{sat}}}\right)^\beta\right]^{\frac{1}{\beta}}} \tag{2-33}$$

式中:μ_{if} 为载流子的低场迁移率。关于参数 β 的取值,对于电子 $\beta=1$,对于空穴 $\beta=2$,v_{sat} 为饱和漂移速度。

GaAs 中的载流子迁移率与 Si 有所不同。由于在 GaAs 中存在"速度过冲"现象,所以迁移率可由下式给出:

$$\mu_n = \frac{\mu_{\text{if}}\varepsilon + v_{\text{sat}}(\varepsilon \mid \varepsilon_0)^\beta}{1 + (\varepsilon \mid \varepsilon_0)^\beta} \tag{2-34}$$

式中:$\varepsilon_0 = 4 \times 10^3$ V/cm。关于 β 的取值,对于电子 $\beta=4$,对于空穴 $\beta=1$。v_{sat} 可由下式给出,即

$$v_{\text{sat}} = 11.3 \times 10^6 - 1.2 \times 10^4 T \tag{2-35}$$

式中:T 为绝对温度。

前面已说明,载流子迁移率与温度和掺杂浓度具有密不可分的关系。在低温下,强烈的杂质散射制约着迁移率。而在高温下,晶格振动散射将对迁移率产生重要影响。图 2-16(a)(b)分别示出了载流子迁移率随温度和掺杂浓度的变化。

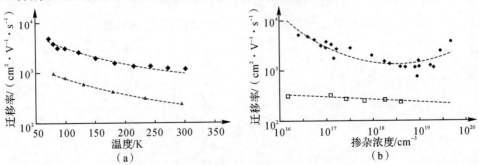

图 2-16 载流子迁移率随温度和掺杂浓度的变化

2.4.2.3 浓度梯度下的载流子扩散

当半导体中的载流子浓度在空间分布不均匀时,将发生扩散运动。载流子由高浓度向低浓度发生扩散,这是它们的另一种重要输运方式。当光照射到半导体材料表面时,由于它对光的吸收是沿入射方向衰减的,在距离表面一定范围内将产生大量的电子与空穴,进而形成从表面向内部的不均匀载流子分布。在浓度梯度的作用下,载流子将发生扩散运动,其扩散电子流密度为

$$J_{n(扩)} = qD_n \frac{\mathrm{d}\Delta n}{\mathrm{d}x} \tag{2-36}$$

类似地,扩散空穴流密度为

$$J_{p(扩)} = -qD_p \frac{\mathrm{d}\Delta p}{\mathrm{d}x} \tag{2-37}$$

式(2-36)和式(2-37)中:D_n 和 D_p 分别为电子与空穴的扩散系数,Δn 和 Δp 分别为由光照产生的非平衡电子数和非平衡空穴数。图 2-17 给出了在浓度梯度作用下电子与空穴的扩散运动过程。

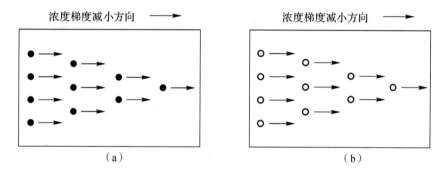

图 2-17 浓度梯度下电子与空穴的扩散过程
(a)电子;(b)空穴

2.4.2.4 载流子连续性方程

由于外电场的引入、表面与体内的差别以及掺杂的浓度梯度等因素,非平衡载流子的分布通常是不均匀的。此时,载流子的漂移运动和扩散运动同时存在,并成为一对矛盾的统一体。利用载流子连续性方程可以描述光照下载流子的产生、电场作用下载流子的漂移、浓度梯度下载流子的扩散和非平衡载流子的复合等输运过程。

1. 电流密度方程

假设在半导体的 x 方向有一均匀的外电场作用,当非平衡载流子同时进行扩散与漂移运动时,由电子与空穴构成的电流密度分别为

$$J_n = qD_n \frac{\mathrm{d}\Delta n}{\mathrm{d}x} + qn\mu_n \varepsilon \tag{2-38}$$

$$J_p = -qD_p \frac{\mathrm{d}\Delta p}{\mathrm{d}x} + qp\mu_p \varepsilon \tag{2-39}$$

利用爱因斯坦关系式:

$$\frac{D}{\mu} = \frac{kT}{q} \tag{2-40}$$

总的电流密度方程可分为

$$J = J_n + J_p = q\mu_n \left(n\varepsilon + \frac{kT}{q}\frac{d\Delta n}{dx}\right) + q\mu_p \left(p\varepsilon - \frac{kT}{q}\frac{d\Delta p}{dx}\right) \tag{2-41}$$

2. 非稳态连续性方程

在光照下产生的非平衡载流子不仅是距离 x 的函数,而且是时间 t 的函数。单位面积内电子浓度和空穴浓度的变化率分别为

$$\frac{\partial n}{\partial t} = \frac{1}{q}\nabla J_n(x) + G_n - U_n \tag{2-42}$$

$$\frac{\partial p}{\partial t} = \frac{1}{q}\nabla J_p(x) + G_p - U_p \tag{2-43}$$

式(2-42)和式(2-43)中:G_n 和 G_p 分别为电子与空穴的产生率,U_n 和 U_p 分别为电子与空穴的复合率。考虑到电场是位置的函数,一维非平衡载流子的连续性方程可由下式给出:

$$\frac{\partial n}{\partial t} = G_n - U_n + n\mu_n \frac{\partial \varepsilon}{\partial x} + \mu_n \varepsilon \frac{\partial n}{\partial x} + D_n \frac{\partial^2 n}{\partial x^2} \tag{2-44}$$

$$\frac{\partial p}{\partial t} = G_p - U_p - p\mu_p \frac{\partial \varepsilon}{\partial x} - \mu_p \varepsilon \frac{\partial p}{\partial x} + D_p \frac{\partial^2 p}{\partial x^2} \tag{2-45}$$

3. 稳态连续性方程

在稳态情形下,有

$$\frac{\partial n}{\partial t} = \frac{\partial p}{\partial t} = 0 \tag{2-46}$$

即载流子浓度不随时间而变化。假设材料均匀掺杂,其禁带宽度、载流子迁移率和扩散系数均与位置无关,于是

$$\mu_n \varepsilon \frac{dn}{dx} + D_n \frac{d^2 n}{dx^2} + G_n - U_n = 0 \tag{2-47}$$

$$\mu_p \varepsilon \frac{dp}{dx} - D_p \frac{d^2 n}{dx^2} - G_p + U_p = 0 \tag{2-48}$$

4. 少数载流子的扩散方程

考虑一种较简单的情形,即电场很弱($\varepsilon \approx 0$)。此时,与扩散电流相比,漂移电流可以忽略不计。在小注入条件下,n 型半导体的复合项为

$$U_n = \frac{p_n - p_{n0}}{\tau_p} = \frac{\Delta p_n}{\tau_p} \tag{2-49}$$

p 型半导体的复合项为

$$U_p = \frac{n_p - n_{p0}}{\tau_n} = \frac{\Delta n_p}{\tau_n} \tag{2-50}$$

式(2-49)和式(2-50)中:p_n 和 n_p 分别为 n 区中的空穴浓度和 p_n 区中的电子浓度,p_{n0} 和 n_{p0} 分别为 n 区中的平衡空穴浓度和 p 区中的平衡电子浓度,Δp_n 和 Δn_p 分别为 n 区中的

非平衡空穴浓度和 p 区中的非平衡电子浓度，τ_n 和 τ_p 分别为非平衡电子和空穴的寿命。对式(2-47)和式(2-48)，可以简化为少数载流子的扩散方程。对于 n 型半导体，有

$$D_p \frac{d^2 \Delta p_n}{dx^2} - \frac{\Delta p_n}{\tau_p} + G_p(x) = 0 \tag{2-51}$$

对于 p 型半导体，有

$$D_n \frac{d^2 \Delta n_p}{dx^2} - \frac{\Delta n_p}{\tau_n} + G_n(x) = 0 \tag{2-52}$$

上述方程是分析和讨论太阳能光伏电池光伏性能的基本方程。

2.4.3 非平衡载流子的复合

前面已经说明，在光照下半导体中将产生非平衡载流子，从而使半导体处于非平衡状态。光照消失之后，非平衡状态的载流子将通过复合又回到各自的平衡状态。通常，电子与空穴的复合机制有两类，即辐射复合与非辐射复合。辐射复合是光吸收的逆过程，电子与空穴的复合能量以发射光子的形式释放；对于非辐射复合，释放的能量则以发射声子的形式交给晶格，其直接效果是升高晶格温度。下面对发生在半导体中的各种非平衡状态载流子的复合过程进行简单讨论。

2.4.3.1 辐射复合

辐射复合往往发生在直接带隙半导体中。导带中的电子向下跃迁与价带中的空穴相遇，二者通过复合使电子-空穴对消失，同时发射一个光子。图 2-18 示出了半导体中电子与空穴的直接复合过程。在直接带隙半导体中，复合过程没有动量变化，因而直接复合概率比较大。复合率 R 与载流子浓度 n 和 p 成正比，即

$$R = r_{rad} n p \tag{2-53}$$

式中：r_{rad} 为电子与空穴的辐射复合概率。在热平衡时，导带电子浓度为 n_0，价带空穴浓度为 p_0，此时的复合率为

$$R_0 = r n_0 p_0 \tag{2-54}$$

与此同时，在热平衡时复合率等于产生率，即有

$$G_0 = R_0 \tag{2-55}$$

当有外场作用时，载流子产生率增大，复合率也随之增大，此时半导体达到一个新的非平衡稳态。当外场消失后，只有热产生率，此时复合率大于产生率，非平衡载流子浓度发生衰减。这样，净复合率可写为

$$U = R - G_0 = r_{rad}(np - n_i^2) \tag{2-56}$$

式中：n_i 为本征载流子浓度。

对于 p 型半导体，净辐射复合率可表示为

$$U_{rad} = \frac{n - n_0}{\tau_{n,rad}} \tag{2-57}$$

类似地，对于 n 型半导体则有

$$U_{rad} = \frac{p - p_0}{\tau_{p,rad}} \tag{2-58}$$

在实际的太阳能电池中,辐射复合显得并不那么重要。然而,在讨论理想电池的极限效率时,辐射复合是不可忽略的一个重要因素。

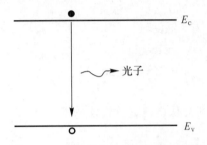

图 2-18　电子与空穴的直接复合过程

2.4.3.2　SRH 复合

SRH(Shockley Read Hall)复合是一种通过禁带中的复合中心完成非平衡载流子复合的间接复合过程。尤其是像 Si 与 Ge 这类间接带隙半导体,由于它们的导带底与价带顶不在 k 空间同一位置,带间直接复合概率极小。因此,通过复合中心的间接复合将成为非平衡载流子的主要复合过程:导带中的电子首先被禁带中的缺陷或陷阱能级俘获,该能级再俘获价带中的空穴。其后,二者通过缺陷或陷阱能级复合而消失。图 2-19 示出了电子与空穴的 SRH 复合过程。其净复合率由下式表示:

$$U_{SRH} = \frac{np - n_i^2}{\tau_{n,SRH}(p + p_t) + \tau_{n,SRH}(n + n_t)} \quad (2-59)$$

式中:$\tau_{n,SRH}$ 和 $\tau_{p,SRH}$ 分别为电子与空穴的寿命,n_t 和 p_t 分别为电子与空穴的准费米能级与缺陷能级重合时对应的电子与空穴浓度。$\tau_{n,SRH}$ 和 $\tau_{p,SRH}$ 可分别由下式给出:

$$\tau_{n,SRH} = \frac{1}{v_n \sigma_n N_t}, \quad \tau_{p,SRH} = \frac{1}{v_p \sigma_p N_t} \quad (2-60)$$

式中:v_n 和 v_p 分别为电子与空穴的热平均运动速度,σ_n 和 σ_p 分别为电子与空穴的俘获截面。

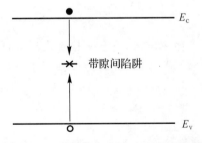

图 2-19　电子与空穴的 SRH 复合过程

2.4.3.3　俄歇复合

当载流子由高能级向低能级跃迁,发生电子与空穴复合时,将多余的能量传递给另一个载流子,使这个载流子被激发到更高的能量状态。当它重新跃迁到低能级时,多余的能量时常以声子形式放出,这种复合过程就是人们所熟知俄歇复合。这是一种典型的非辐射复合。图 2-20 示出了电子与空穴的俄歇复合过程。俄歇复合的逆过程是碰撞电离,是电子-空穴对的产生过程。一个处于高能态的电子碰撞晶格中的原子,将价带中的电子激发到导带,产生一个电子-空穴对,然后该电子回落到导带底,碰撞电离的产生率正比于高能态电子与空穴的浓度。

在热平衡状态,俄歇复合与碰撞电离相平衡。在小注入条件下,俄歇复合寿命由下式表示:

$$\tau = \frac{1}{r_{\text{aug,n}} n_0^2 + (r_{\text{aug,n}} + r_{\text{aug,p}}) n_i^2 + r_{\text{aug,p}} p_0^2} \quad (2-61)$$

式中:$r_{\text{aug,n}}$ 和 $r_{\text{aug,p}}$ 分别为电子与空穴的俄歇复合系数,n_0 和 p_0 分别为平衡电子与空穴的浓度。对于 n 型半导体,带间俄歇复合的电子寿命为

$$\tau_{\text{aug,n}} = \frac{1}{r_{\text{aug,n}} N_A^2} \quad (2-62)$$

类似地,对于 p 型半导体,带间俄歇复合的空穴寿命为

$$\tau_{\text{aug,p}} = \frac{1}{r_{\text{aug,p}} N_D^2} \quad (2-63)$$

式(2-62)和式(2-63)中:N_A 和 N_D 分别为半导体中的受主与施主掺杂浓度。对于高掺杂、窄带隙、强注入或高温条件下的半导体,俄歇复合过程将是主要的复合方式。

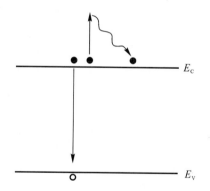

图 2-20 电子与空穴的俄歇复合过程

2.4.3.4 表面复合

除了体内复合之外,非平衡载流子复合也受表面状态的影响。晶体在表面的周期性中断将产生大量悬挂键、表面损伤以及杂质吸附等,它们都可能在禁带中引入缺陷态。与体内的缺陷态相同,表面或界面的缺陷面也会对电子和空穴的复合产生重要作用。其表面复合率可由下式给出:

$$U_s = \int_{E_V}^{E_C} \frac{np - n_i^2}{[p + n_i e^{(E_i - E_t)/kT}]/S_n + [n + n_i e^{(E_t - E_i)/kT}]/S_p} \rho_s(E_t) dE_t \quad (2-64)$$

式中:E_t 为陷阱能级;$\rho_s(E_t)$ 是表面态的态密度分布;S_n 和 S_p 具有速度的量纲,分别为电子与空穴的有效表面复合速率。在太阳能电池中,表面复合对短路电流有直接影响。因此,减少表面与界面复合是使太阳能电池获得高效率的一个重要因素。

2.4.3.5 载流子寿命

除了载流子迁移率之外,载流子寿命是影响太阳能电池转换效率的另一个重要物理参数。如果同时考虑到辐射复合、俄歇复合与 SRH 复合对载流子寿命的贡献,则载流子寿命可由下式表示:

$$\frac{1}{\tau} = \frac{1}{\tau_{rad}} + \frac{1}{\tau_{aug}} + \frac{1}{\tau_{SRH}} \tag{2-65}$$

式中:τ_{rad}、τ_{aug} 和 τ_{SRH} 分别是由辐射复合、俄歇复合和 SRH 复合所确定的载流子寿命。

较长的载流子寿命 τ 可以增加载流子的扩散长度 L,二者具有以下关系:

$$L = \sqrt{D\tau} \tag{2-66}$$

式中:D 为载流子的扩散系数。在光伏器件中,大的载流子扩散长度有利于光生载流子的分离和收集。换言之,为了提高太阳能电池的转换效率,应尽可能增大载流子的扩散长度,因此具有低缺陷密度、高质量半导体材料的制备至关重要。

由俄歇复合确定的寿命与掺杂浓度直接相关,对于具有施主掺杂和受主掺杂的情形,分别有

$$\frac{1}{\tau_{n,SRH}} = \left(\frac{1}{2.5 \times 10^{-3}} + 3 \times 10^{-13} N_D\right) \left(\frac{300}{T}\right)^{1.77} \tag{2-67}$$

$$\frac{1}{\tau_{p,SRH}} = \left(\frac{1}{2.5 \times 10^{-3}} + 11.76 \times 10^{-13} N_A\right) \left(\frac{300}{T}\right)^{0.57} \tag{2-68}$$

式中:N_D 和 N_A 分别为施主和受主掺杂浓度。

此外,在俄歇复合存在的情形下,电子与空穴寿命分别与电子和空穴浓度有关,且有

$$\frac{1}{\tau_{aug,n}} = 1.83 \times 10^{-31} p^2 \left(\frac{T}{300}\right)^{1.18} \tag{2-69}$$

$$\frac{1}{\tau_{aug,p}} = 2.78 \times 10^{-31} n^2 \left(\frac{T}{300}\right)^{0.72} \tag{2-70}$$

式中:n 和 p 分别为电子与空穴浓度。

除了掺杂度和载流子浓度之外,太阳能电池的晶片厚度也对载流子寿命有一定影响,并且可以由下式表示:

$$\frac{1}{\tau_{eff}} = \frac{1}{\tau_{SRH}} + \frac{2d}{A}S \tag{2-71}$$

式中:τ_{eff} 为载流子的有效寿命,d 为晶片厚度,S 为表面复合速度,A 为器件面积。图 2-21(a)(b)分别示出了单晶 Si 太阳能电池在不同载流子寿命下转换效率随晶片厚度的变化和在不同表面复合速度 S 下转换效率与载流子寿命的关系。

2.4.4 光生载流子的收集

为了进一步加深对太阳能电池光伏性能的了解,需要对光电流的产生与输运过程进行分析。在光照条件下,假设每个入射光子在 pn 结有源区都产生一个电子-空穴对,则可以分别得到稳态条件下 pn 结的 n 区和 p 区载流子的扩散方程。n 区的空穴扩散方程和 p 区的电子扩散方程分别为

$$D_p \frac{d^2 p_n}{dx^2} - \frac{p_n - p_{n0}}{\tau_p} + 2\varphi_0 e^{-ax} = 0 \quad (2-72)$$

$$D_p \frac{d^2 n_p}{dx^2} - \frac{n_p - n_{p0}}{\tau_n} + 2\varphi_0 e^{-ax} = 0 \quad (2-73)$$

在 pn 结处，单位面积的电子和空穴电流分量分别为

$$J_p = -qD_p \frac{dp_n}{dx} \mid x = x_j \quad (2-74)$$

$$J_n = qD_n \frac{dn_p}{dx} \mid x = x_j \quad (2-75)$$

光子收集效率 η_c 可定义为在光照条件下 pn 结的光产生电流与入射光子之比，即

$$\eta_c = \frac{J_p + J_n}{q\varphi_0} \quad (2-76)$$

式中：φ_0 为入射光子通量。φ_0 的大小直接影响着太阳能电池的短路电流密度、开路电压和转换效率，而它则由构成 pn 结的半导体材料的性质决定。换言之，为了获得较大的载流子收集效率，应进一步提升材料的生长质量，最大限度地减少载流子复合中心的各种缺陷。

收集效率受少数载流子扩散长度和吸收系数的影响。为了能够更多地收集光生载流子，希望其有尽可能大的扩散长度，在某些太阳能电池中，通过杂质梯度可以建立自建场，以提升载流子的收集效率。就吸收系数来说，大的光吸收系数导致表面层内的有效收集，而小的光吸收系数使光子向深处穿透，这使得太阳能电池的衬底对载流子的收集作用更为重要。GaAs 太阳能电池属于前者，而 Si 太阳能电池属于后者。

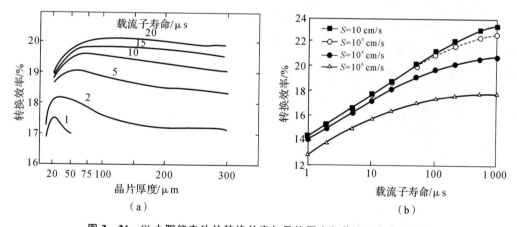

图 2-21 Si 太阳能电池的转换效率与晶片厚度和载流子寿命的关系

参 考 文 献

[1] 方俊鑫，陆栋. 固体物理学. 上海：上海科学技术出版社，1981.
[2] LUQUE A, HEGEDUE S. 光伏技术与工程手册. 王文静，李海玲，周春兰，等，译. 北京：机械工业出版社. 2011.

[3] 熊绍珍,朱美芳. 太阳能电池基础与应用. 北京:科学出版社,2009.

[4] 彭英才,于威,等. 纳米太阳能电池技术. 北京:化学工业出版社,2010.

[5] 杨德仁. 太阳能电池材料. 北京:化学工业出版社,2009.

[6] SANII F, GILES F P, SCHWARTZ R J, et al. Contactless nondestructive measurement of bulk and surface recombination using frequency-modulated free carrier absorption. Solid-State Electron, 1992, 35: 311.

[7] CHIAO S C, ZHOU J L, MACLEOD H A. Optimized design of an antireflection coating for textured silicon solar-cells. Appl Optics, 1993, 32: 5557.

[8] GREEN M. 太阳能电池:工作原理、技术和系统应用. 狄大卫,曹邵阳,李秀文,等,译. 上海:上海交通大学出版社,2010.

[9] ZHAO E J, ZHANG W J, LIN J, et al. Preparation of ITO thin films applied in nanocrystalline silicon solar cells. Vacuum, 2011, 86: 290.

[10] FAN Z Y, RAZAVI H, DO J W, et al. Three-dimensional nanopillar-array photovoltaics on low-cost and flexible substrates. Nat Mater, 2009, 8: 648.

[11] 彭英才,马蕾,沈波,等. 表面等离子增强太阳能电池及其研究进展. 微纳电子技术,2013,50:9.

[12] ATWATER H A, POLMAN A. Plasmonics for improved photovoltaic devices. Nat Mater, 2010, 9: 205.

[13] CATCHPOLE K R, POLMAN A. Design principles for particle plasmon enhanced solar cells. Appl Phys Lett, 2008, 93: 3.

[14] CHIU C W, SHYU F L, CHANG C P, et al. Coulomb scattering rates of excited carriers in moderate-gap carbon nanotubes. Phys Rev B, 2006, 73: 5.

[15] 刘恩科,朱秉升,罗晋生. 半导体物理学. 4版. 北京:国防工业出版社. 1994.

[16] 杨德仁. 太阳能电池材料. 北京:化学工业出版社. 2006.

[17] 彭英才,傅广生. 新概念太阳能电池. 北京:科学出版社. 2014.

[18] 孟庆巨,刘海波,孟庆辉. 半导体器件物理. 北京:科学出版社. 2005.

第 3 章 pn 结

在前面几章中,分别研究了 n 型及 p 型半导体中载流子的浓度和运动情况,认识了体内杂质均匀分布的半导体在热平衡状态和非平衡状态下的一些物理性质,如果把一块 p 型半导体和一块 n 型半导体[如 p 型硅(p-Si)和 n 型硅(n-Si)]结合在一起,在两者的界面处就形成了所谓的 pn 结,其中的杂质分布显然是不均匀的。这种有 pn 结的半导体将具有什么性质呢?这是本章所要讨论的主要问题。

pn 结是很多半导体器件(如结型的晶体管、集成电路等)的心脏,了解和掌握 pn 结的性质具有很重要的实际意义。

本章主要讨论 pn 结的几个重要性质,如电流电压特性、电容效应、击穿特性等。

3.1 pn 结及其能带图

3.1.1 形成和杂质分布

在一块 n 型(或 p 型)半导体单晶上,用适当的工艺方法(如合金法、扩散法、生长法、离子注入法等)把 p 型(或 n 型)杂质掺入其中,使这块单晶的不同区域分别具有 n 型和 p 型的导电类型,在两者的界面处就形成了 pn 结。图 3-1 为其基本结构示意图。下面简单介绍两种常用的形成 pn 结的典型工艺方法及制得的 pn 结中杂质的分布情况。

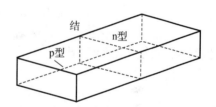

图 3-1 pn 结基本结构示意图

1. 合金法

图 3-2 为用合金法制造 pn 结的过程,把一小粒铝放在一块 n 型单晶硅片上,加热到一定的温度,形成铝硅的熔融体,然后降低温度,熔融体开始凝固,在 n 型硅片上形成一层含有高浓度铝的 p 型硅薄层,它与 n 型硅衬底的界面处即为 pn 结(这时称其为铝硅合金结)。

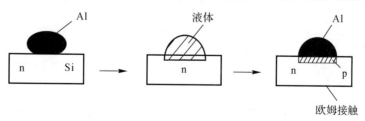

图 3-2 合金法制造 pn 结的过程

合金结的杂质分布如图3-3所示,其特点是:n型区中施主杂质浓度为N_d,而且均匀分布;p型区中受主杂质浓度为N_a,也是均匀分布的。在交界面处,杂质浓度由N_a(p型)突变为N_d(n型),具有这种杂质分布的pn结称为突变结。设pn结的位置在$x=x_j$处,则突变结的杂质分布可以表示为

$$\left. \begin{array}{l} x<x_j, N(x)=N_A \\ x>x_j, N(x)=N_D \end{array} \right\} \quad (3-1)$$

实际的突变结,两边的杂质浓度相差很多,例如n区的施主杂质浓度为10^{16} cm^{-3}而p区的受主杂质浓度为10^{19} cm^{-3},通常称这种结为单边突变结(这里是p$^+$n结)。

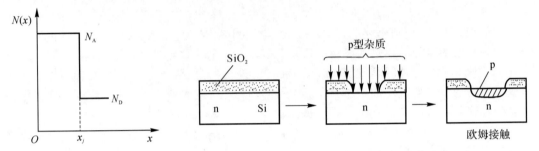

图3-3 突变结的杂质分布　　　　图3-4 扩散法制造pn结的过程

2. 扩散法

图3-4表示用扩散法制造pn结(也称扩散结)的过程。它是在n型单晶硅片上,通过氧化、光刻、扩散等工艺制得pn结。其杂质分布由扩散过程及杂质补偿决定。在这种结中,杂质浓度从p区到n区是逐渐变化的,通常称为缓变结,如图3-5(a)所示。设pn结位置在x_j,则结中的杂质分布可表示为

$$\left. \begin{array}{l} x<x_j, N_A>N_D \\ x>x_j, N_D>N_A \end{array} \right\} \quad (3-2)$$

在扩散结中,若杂质分布可用$x=x_j$处的切线近似表示,则称为线性缓变结,如图3-5(b)所示。因此线性缓变结的杂质分布可表示为

$$N_D - N_A = \alpha_j (x - x_j) \quad (3-3)$$

式中:α_j是$x=x_j$处切线的斜率,称为杂质浓度梯度,它决定于扩散杂质的实际分布,可以用实验方法测定。但是对于高表面浓度的浅扩散结,$x=x_j$处的斜率很大,这时扩散结用突变结来近似,如图3-5(c)所示。

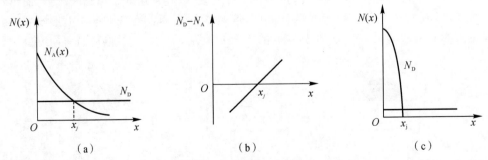

图3-5 扩散结的杂质分布
(a)扩散结;(b)线性缓变结近似;(c)突变结近似

综上所述，pn 结的杂质分布一般可以归纳为两种情况，即突变结和线性缓变结。合金结和高表面浓度的浅扩散结（p^+n 结或 n^+p 结）一般可认为是突变结。而低表面浓度的深扩散结，一般可以认为是线性缓变结。

3.1.2 空间电荷区

考虑两块半导体单晶，一块是 n 型，一块是 p 型。在 n 型中，电子很多而空穴很少；在 p 型中，空穴很多而电子很少。但是，在 n 型中的电离施主与少量空穴的正电荷严格平衡电子电荷，而 p 型中的电离受主与少量电子的负电荷严格平衡空穴电荷。因此，单独的 n 型和 p 型半导体是电中性的。当这两块半导体结合形成 pn 结时，由于它们之间存在着载流子浓度梯度，导致了空穴从 p 区到 n 区、电子从 n 区到 p 区的扩散运动。对于 p 区，空穴离开后，留下了不可动的带负电荷的电离受主，这些电离受主，没有正电荷与之保持电中性。因此，在 pn 结附近 p 区一侧出现了一个负电荷区。同理，在 pn 结附近 n 区一侧出现了由电离施主构成的一个正电荷区，通常就把在 pn 结附近的这些电离施主所存在的区域称为空间电荷区，如图 3-6 所示。

空间电荷区中的这些电荷产生了从 n 区指向 p 区，即从正电荷指向负电荷的电场，称为内建电场。在内建电场的作用下，载流子做漂移运动。显然，电子和空穴的漂移运动方向与它们各自的扩散运动方向相反。因此，内建电场起到了阻碍电子和空穴继续扩散的作用。

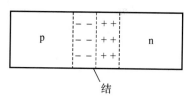

图 3-6 pn 结的空间电荷区

随着扩散运动的进行，空间电荷逐渐增多，空间电荷区也逐渐扩展；同时内建电场逐渐增强，载流子的漂移运动也逐渐加强。在无外加电压的情况下，载流子的扩散和漂移最终将达到动态平衡，即从 n 区向 p 区扩散多少电子，同时就将有同样多的电子在内建电场作用下返回 n 区，因而电子的扩散电流和漂移电流的大小相等、方向相反而互相抵消。对于空穴，情况完全相似。因此，没有电流流过 pn 结，或者说流过 pn 结的净电流为零。这时空间电荷的数量一定，空间电荷区不再继续扩展，保持一定的宽度，其中存在一定的内建电场。一般称这种情况为热平衡状态下的 pn 结（简称为平衡 pn 结）。

3.1.3 结能带图

平衡 pn 结的情况可以用能带图表示。图 3-7(a)表示 n 型、p 型两块半导体的能带图，图中 E_{Fn} 和 E_{Fp} 分别表示 n 型和 p 型半导体的费米能级。当两块半导体结合形成 pn 结时，按照费米能级的意义，电子将从费米能级高的 n 区流向费米能级低的 p 区，空穴则从 p 区流向 n 区，因而 E_{Fn} 不断下移，且 E_{Fp} 不断上移，直至动态平衡时为止。这时 pn 结中有统一的费米能级 E_F，pn 结处于平衡状态，其能带如图 3-7(b)所示。事实上，E_f 随着 n 区能带一起下移，E_{Fp} 则随着 p 区能带一起上移。能带相对移动的原因是 pn 结空间电荷区中存在内建电场。随着从 n 区指向 p 区的内建电场不断增加，空间电荷区内电势 V_{Cr} 由 n 区向 p 区不断降低，而电子的电势能 $-qV(x)$ 则由 n 区向 p 区不断升高。所以，p 区的能带相对 n 区上移，而 n 区的能带相对 p 区下移，直至费米能级处处相等时，能带才停止相对移动，pn 结达到平衡状态。因此,pn 结中费米能级处处相等恰好说明每一种载流子的扩散电流和漂移电流互相抵消,没有净电流通过 pn 结。这一结论还可以由电流密度方程式推出。

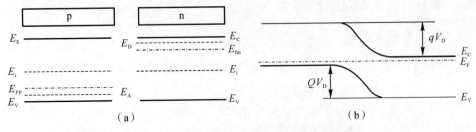

图 3-7 p 型、n 型半导体以及 pn 结的能带图
(a) p、n 型半导体的能带图;(b) 平衡 pn 结的能带图

首先考虑电子电流,流过 pn 结的总电子电流密度 J_n 应等于电子的漂移电流密度 $nq\varepsilon\mu_n$ 与扩散电流密度 $qD_n\dfrac{dn}{dx}$ 之和,(假定电场沿 i 方向,n 只随 x 变化)即

$$J_n = (J_n)_{漂} + (J_n)_{扩} = nq\mu_n\varepsilon + qD_n\dfrac{dn}{dx}$$

因 $D_n = \dfrac{k_0 T\mu_n}{q}$,则

$$J_n = nq\mu_n\left[E + \dfrac{k_0 T}{q}\dfrac{d}{dx}(\ln n)\right] \quad (3-4)$$

又因为 $n = n_i\exp\left[\dfrac{E_F - E_i}{k_0 T}\right]$ 所以

$$\ln n = \ln n_i + \dfrac{E_F - E_i}{(k_0 T)}$$

$$\dfrac{d}{dx}(\ln n) = \dfrac{1}{k_0 T}\left(\dfrac{dE_F}{dx} - \dfrac{dE_i}{dx}\right)$$

则

$$J_n = nq\mu_n\left[E + \dfrac{1}{q}\left(\dfrac{dE_F}{dx} - \dfrac{dE_i}{dx}\right)\right] \quad (3-5)$$

而本征费米能级 E 的变化与电子电势能 $-qV(x)$ 的变化一致,所以

$$\dfrac{DE_i}{dx} = -q\dfrac{dV(x)}{dx} = q\varepsilon \quad (3-6)$$

将式(3-6)代入式(3-5)得

$$J_n = n\mu_n\dfrac{dE_F}{dx} \quad 或 \quad \dfrac{dE_F}{dx} = \dfrac{J_n}{n\mu_n} \quad (3-7)$$

同理,空穴电流密度为

$$J_p = p\mu_p\dfrac{dE_F}{dx} \quad 或 \quad \dfrac{dE_F}{dx} = \dfrac{J_p}{p\mu_p} \quad (3-8)$$

两式(3-7)和式(3-8)表示费米能级随位置的变化和电流密度的关系。对于平衡 pn 结,

J_n, J_p 均为零。因此

$$\frac{\mathrm{d}E_F}{\mathrm{d}x} = 0 \quad 或 \quad E_F = 常数$$

上式还表示当电流密度一定时，载流子浓度大的地方，E_F 随位置变化小，而载流子浓度小的地方，E_F 随位置变化就较大。

从图 3-7(b) 可以看出，在 pn 结的空间电荷区中能带发生弯曲，这是空间电荷区中电势能变化的结果。因能带弯曲，电子从势能低的 n 区向势能高的 p 区运动时，必须克服这一势能"高坡"，才能达到 p 区；同理，空穴也必须克服这一势能"高坡"，才能从 p 区到达 n 区，这一势能"高坡"通常称为 pn 结的势垒，故空间电荷区也叫势垒区。

3.1.4 接触电势差

平衡 pn 结的空间电荷区两端间的电势差 V_D 称为 pn 结的接触电势差或内建电势差。相应的电子电势能之差即能带的弯曲量 qV_D 称为 pn 结的势垒高度。

由图 3-7(b) 可知，势垒高度正好补偿了 n 区和 p 区费米能级之差，使平衡 pn 结的费米能级处处相等，因此

$$qV_D = E_{Fn} - E_{Fp}$$

可得

$$n_{n0} = n_i \exp\left(\frac{E_{Fn} - E_i}{k_0 T}\right), \quad n_{p0} = n_i \exp\left(\frac{E_{Fp} - E_i}{k_0 T}\right)$$

两式相除取对数，得

$$\ln \frac{n_{n0}}{n_{p0}} = \frac{1}{k_0 T}(E_{Fn} - E_{Fp})$$

因为 $n_{n0} \approx N_D, n_{p0} \approx \frac{n_i^2}{N_A}$，则

$$V_D = \frac{1}{q}(E_{Fn} - E_{Fp}) = \frac{k_0 T}{q}\left(\ln \frac{n_{n0}}{n_{p0}}\right) = \frac{k_0 T}{q}\left(\ln \frac{N_D N_A}{n_i^2}\right) \tag{3-9}$$

根据式 (3-9) 可知，对非简并半导体，V_D 和 pn 结两边的掺杂浓度、温度、材料禁带宽度有关。在一定的温度下，突变结两边掺杂浓度越高，接触电势差 V_D 越大；禁带宽度越大，V_D 也越大，所以硅 pn 结的 V_D 比锗 pn 结的 V_D 大。

若 $N_A = 10^{17}$ cm^{-3}，$N_D = 10^{15}$ cm^{-3}，在室温下可以算得硅的 $V_D = 0.70$ V，锗的 $V_D = 0.32$ V。

3.1.5 载流子分布

现在来计算平衡 pn 结中各处的载流子浓度，取 p 区电势为零，则势垒区中一点 x 的电势 $V(x)$ 为正值。越接近 n 区的点，其电势越高，到势垒区边界 j 处的 n 区电势最高为 qV_D，如图 3-8 所示，图中 $x_n, -x_p$ 分别为 n 区和 p 区势垒区边界。对电子而言，相应的 p 区的电势能比 n 区的电势能 $ECT_n = E_{cn} = -qV_D$ 高，qV_{D0} 势垒区内点 z 处的电势能为 $E(z) = -gV(z)$，比 n 区高 $qV_D - qV(x)$。

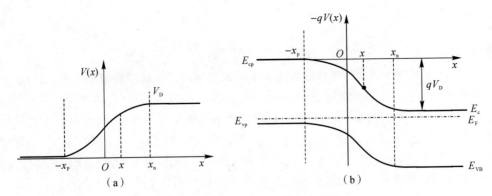

图 3-8 平衡 pn 结中电势和电势能

(a)电势;(b)电势能

对非简并材料,令 $Z=\dfrac{[E-E(x)]}{k_0 T}$,点 x 处的电子浓度 $n(x)$ 为

$$n(x)=\frac{2}{h^3}\left(\frac{m_{dn}k_0 T}{2\pi}\right)^{\frac{3}{2}}\exp\left[\frac{E_F-E(x)}{k_0 T}\right]$$

$$=N_c\exp\left[\frac{E_F-E(x)}{k_0 T}\right] \quad (3-10)$$

因为 $E(x)=-qV(x)$,$n_{r0}=N_c\exp\left(\dfrac{E_F-E_{cn}}{k_0 T}\right)$,而 $E_{cn}=-qV_D$,所以

$$n(x)=n_{n0}\exp\left[\frac{E_{cn}-E(x)}{k_0 T}\right]=n_{r0}\exp\left[\frac{qV(x)-qV_D}{k_0 T}\right] \quad (3-11)$$

当 $x=x_n$ 时,$V(x)=V_D$,所以 $n(x_n)=n_{n0}$;

当 $x=-x_p$ 时,$V(x)=0$,则 $n(-x_p)=n_{tx}\exp\left(-\dfrac{qV_D}{k_0 T}\right)$。

$n(-x_p)$ 就是 p 区中平衡少数载流子-电子的浓度 n_{p0},因此

$$n_{p0}=n_{n0}\exp\left(-\frac{qV_D}{k_0 T}\right) \quad (3-12)$$

同理,可以求得点 x 处的空穴浓度 $p(x)$ 为

$$p(x)=p_{n0}\exp\left[\frac{qV_D-qV(x)}{k_0 T}\right] \quad (3-13)$$

式中:p_{n0} 是 n 区平衡少数载流子-空穴的浓度。

当 $x=x_n$ 时,$V(c)=V_D$,故得 $p(x_n)=p_{n0}$;

当 $x=-x_p$ 时,$V(z)=0$,则

$$p(-x_p)=n_{tx}\exp\left(-\frac{qV_D}{k_0 T}\right)$$

$p(-x_p)$ 就是 p 区中平衡多数载流子-空穴浓度 p_{p0}。

因此

$$p_{p0}=p_{n0}\exp\left(\frac{qV_D}{k_0 T}\right) \quad (3-14)$$

$$p_{n0} = p_{p0} \exp\left(-\frac{qV_D}{k_0 T}\right) \tag{3-15}$$

式(3-11)和式(3-13)表示平衡 pn 结中电子和空穴的浓度分布。式(3-12)和式(3-15)表示同一种载流子在势垒区两边的浓度关系服从玻耳兹曼分布函数的关系。

利用式(3-11)和式(3-13)可以估算 pn 结势垒区中各处的载流子浓度。例如,势垒区内电势能比 n 区导带底 E_{cn} 高 0.1 eV 的点 x 处的载流子浓度为

$$n(x) = n_{n0} e^{-\frac{0.1}{0.026}} \approx \frac{n_{n0}}{50} \approx \frac{N_D}{50}$$

如设势垒高度为 0.7 eV,则该处空穴浓度为

$$p(x) = p_{r0} \exp\left[\frac{qV_D - qV(x)}{k_0 T}\right] = p_{p0} \exp\left[-\frac{qV(x)}{k_0 T}\right] = p_{p0} e^{-\frac{0.6}{0.026}} \approx 10^{-10} p_{p0} \approx 10 N_A$$

可见,势垒区中势能比 n 区导带底高 0.1 eV 处,价带空穴浓度为 p 区多数载流子的 10 倍,而该处的导带电子浓度为 n 区多数载流子的 1/50。一般地,室温附近,对于绝大部分势垒区,其中杂质虽然已电离,但载流子浓度比起 n 区和 p 区的多数载流子浓度仍小得多,好像已经耗尽了,所以通常也称势垒区为耗尽层,即认为其中载流子浓度很小,可以忽略,空间电荷密度就等于电离杂质浓度。

3.2 pn 结电流电压特性

3.2.1 非平衡状态下的 pn 结

平衡 pn 结中存在着具有一定宽度和势垒高度的势垒区,其中相应地出现了内建电场;每一种载流子的扩散电流和漂移电流互相抵消,没有净电流通过 pn 结;相应地,在 pn 结中费米能级处处相等。当 pn 结两端有外加电压时,pn 结处于非平衡状态,其中将会发生什么变化呢?下面进行分析。

3.2.1.1 外加电压下,pn 结势垒的变化及载流子的运动

pn 结加正向偏压 V(即 p 区接电源正极,n 区接负极)时,因势垒区内载流子浓度很小,电阻很大,势垒区外的 p 区和 n 区中载流子浓度很大,电阻很小,所以外加正向偏压基本降落在势垒区。正向偏压在势垒区中产生了与内建电场方向相反的电场,因而减弱了势垒区中的电场强度,这就表明空间电荷相应减少。故势垒区的宽度也减小,同时势垒高度从 qV_D 降为 $q(V_D-V)$,如图 3-9 所示。

势垒区电场减弱,破坏了载流子的扩散运动和漂移运动之间原有的平衡,削弱了漂移运动,使扩散流大于漂移流。所以在加正向偏压时,产生了电子从 n 区向 p 区以及空穴从 p 区向 n 区的净扩散流。电子通过势垒区扩散入 p 区,在边界 pp′($x=-x_p$)处形成电子的积累,成为 p 区的

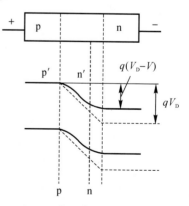

图 3-9 正向偏压时 pn 结垫垒的变化

非平衡少数载流子，结果使 pp′处电子浓度比 p 区内部高，形成了从 pp′处向 p 区内部的电子扩散流。非平衡少子边扩散边与 p 区的空穴复合，经过比扩散长度大若干倍的距离后，全部被复合。这一段区域称为扩散区。在一定的正向偏压下，单位时间内从 n 区来到 pp′处的非平衡少子浓度是一定的，并在扩散区内形成稳定的分布。所以，当正向偏压一定时，在 pp′处就有一不变的向 p 区内部流动的电子扩散流。同理，在边界 nn′处也有一不变的向 n 区内部流动的空穴扩散流。n 区的电子和 p 区的空穴都是多数载流子，分别进入 p 区和 n 区后成为 p 区和 n 区的非平衡少数载流子。当增大正偏压时，势垒降得更低，增大了流入 p 区的电子流和流入 n 区的空穴流，这种由于外加正向偏压的作用使非平衡载流子进入半导体的过程称为非平衡载流子的电注入。

图 3-10 表示了 pn 结中电流分布情况，在正向偏压下，n 区中的电子向边界 nn′漂移，越过势垒区，经边界 pp′进入 p 区，构成进入 p 区的电子扩散电流。进入 p 区后，继续向内部扩散，形成电子扩散电流。在扩散过程中，电子与从 p 区内部向边界 pp′漂移过来的空穴不断复合，电子电流就不断地转化为空穴电流，直到注入的电子全部复合，电子电流全部转变为空穴电流为止。对于 n 区中的空穴电流，可作类似分析。可见，在平行于 pp′的任何截面处通过的电子电流和空穴电流并不相等，但是根据电流连续性原理，通过 pn 结中任一截面的总电流是相等的，只是对于不同的截面，电子电流和空穴电流的比例有所不同而已。在

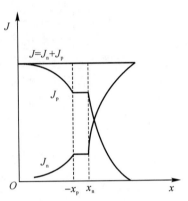

图 3-10 pn 结中电流分布情况

假定通过势垒区的电子电流和空穴电流均保持不变的情况下，通过 pn 结的总电流，就是通过边界 pp′的电子扩散电流与通过边界的空穴扩散电流之和。

当 pn 结加反向偏压 V 时，反向偏压在势垒区产生的电场与内建电场方向一致，势垒区的电场增强，势垒区也变宽，势垒高度由 qV_D 增高为 $q(V_D+V)$，如图 3-11 所示。势垒区电场增强，破坏了载流子的扩散运动和漂移运动之间的原有平衡，增强了漂移运动，使漂移流大于扩散流。这时 n 区边界 nn′处的空穴被势垒区的强电场驱向 p 区，而 p 区边界 pp′处的电子被驱向 n 区。这些少数载流子被电场驱走后，内部的少子就来补充，形成了反向偏压下的电子扩散电流和空穴扩散电流，这种情况好像少数载流子不断地被抽出来，所以称为少数载流子的抽取或吸出。pn 结中总的反向电流等于势垒区边界 nn′和 pp′附近的少数载流子扩散电流之和。因为少子浓度很低，而扩散长度基本不变化，所以反向偏压时少子的浓度梯度也较小；当反向电压很大时，边界处的少子浓度可以认为是零。这时少子的浓度梯度不再随电压变化，因此扩散流也不随电压变化，所以在反向偏压下，pn 结的电流较小并且趋于不变。

3.2.1.2 外加直流电压下，pn 结的能带图

在正向偏压下，pn 结的 n 区和 p 区都有非平衡少数载流子的注入。在非平衡少数载流子存在的区域内，必须用电子的准费米能级 E_{Fn} 和空穴的准费米能级 E_{Fp} 取代原来平衡时的统一费米能级 E_F。又由于有净电流流过 pn 结，根据式（3-7）和式（3-8），费米能级将随

位置的不同而变化。在空穴扩散区内,电子浓度高,故电子的准费米能级 E_{Fn} 的变化很小,可看作不变;但空穴浓度很小,故空穴的准费米能级 E_{Fp} 的变化很大。从 p 区注入 n 区的空穴,在边界 nn′ 处浓度很大,随着远离 nn′,因为和电子复合,空穴浓度逐渐减小,故显为一斜线;到离 nn′ 比 L_p 大很多的地方,非平衡空穴已衰减为零,这时 E_{Fp} 和 E_{Fn} 相等。因为扩散区比势垒区大,准费米能级的变化主要发生在扩散区,在势垒区中的变化则略而不计,所以在势垒区内,准费米能级保持不变。在电子扩散区内,可作类似分析,综上所述,E_{Fp} 从 p 型中性区到边界 nn′ 处为一水平线,在空穴扩散区 E_{Fp} 斜线上升,到注入空穴为零处 E_{Fn} 与 E_{Fp} 相等,而 E_{Fn} 在 n 型中性区到边界 pp′ 处为一水平线,在电子扩散区 E_{Fn} 斜线下降,到注入电子为零处 E_{Fn} 与 E_{Fp} 相等,如图 3-12 所示。

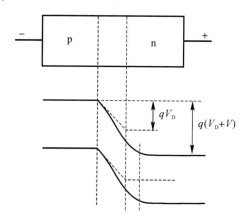

图 3-11 反向偏压时 pn 结势垒的变化

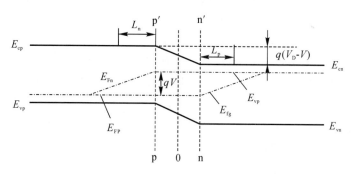

图 3-12 反向偏压下 pn 结的费米能级(一)

在正向偏压下,势垒降低为 $q(V_D-V)$,由图 3-13 可见,从 n 区一直延伸到 p 区 pp′ 处的电子准费米能级 E_{Fn} 与从 p 区一直延伸到 n 区边界 nn′ 处的空穴准费米能级 E_{Fp} 之差,正好等于 qV,即 $E_{Fn}-E_{Fp}=qv$。

当 pn 结加反向偏压时,在电子扩散区、势垒区、空穴扩散区中,电子和空穴的准费米能级的变化规律与正向偏压时相似,所不同的只是 E_{Fn} 和 E_{Fp} 的相对位置发生了变化。正向偏压时,E_{Fn} 高于 E_{Fp},即 $E_{Fn}>E_{Fp}$;反向偏压时,E_{Fp} 高于 E_{Fn},即 $E_{Fp}>E_{Fn}$,如图 3-13 所示。

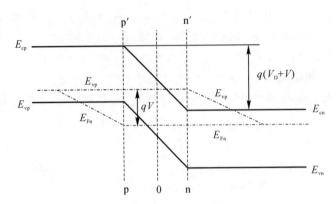

图 3-13 反向偏压下 pn 结的费米能级(二)

3.2.2 理想 pn 结模型及其电流电压方程[4]

符合以下假设条件的 pn 结称为理想 pn 结模型：

(1) 小注入条件——注入的少数载流子浓度比平衡多数载流子浓度小的层中的电荷是由电离施主和电离受主的电荷组成的，耗尽层外的半导体是电中性的。因此，注入的少数载流子在 p 区和 n 区是纯扩散运动。

(2) 通过耗尽层的电子和空穴电流为常量，不考虑耗尽层中载流子的产生及复合作用。

(3) 玻耳兹曼边界条件——在耗尽层两端，载流子分布满足玻耳兹曼统计分布。前面对于外加电压下的 pn 结的分析，和即将讨论的电流电压方程式，都是在上述理想 pn 结模型的基础上进行的。因此，计算流过 pn 结的电流密度，可以按如下步骤进行：

1) 根据准费米能级计算势垒区边界 nn' 及 pp' 处注入的非平衡少数载流子浓度；

2) 以边界 nn' 及 pp' 处注入的非平衡少数载流子浓度为边界条件，解扩散区中载流子连续性方程式，得到扩散区中非平衡少数载流子的分布；

3) 将非平衡少数载流子的浓度分布代入扩散方程，算出扩散流密度后，再算出少数载流子密度；

4) 将两种载流子的扩散电流密度相加，得到理想 pn 结模型的电流电压方程式。

现分别讨论如下：

先求 pp' 处注入的非平衡少数载流子浓度。由式(3-8)可知，p 区载流子浓度与准费米能级的关系为

$$n_p = n_i \exp\left(\frac{E_{F_n} - E_i}{k_0 T}\right), \quad p_p = n_i \exp\left(\frac{E_i - E_{F_p}}{k_0 T}\right) \qquad (3-16)$$

因而

$$n_p p_p = n_i^2 \exp\left(\frac{E_{Fn} - E_{Fp}}{k_0 T}\right) \qquad (3-17)$$

因而在 p 区边界 pp' 处，即 $x = -x_p$ 处，$E_{Fn} - E_{Fp} = qV$，所以

$$n_p(-x_p) p_p(-x_p) = n_i^2 \exp\left(\frac{qV}{k_0 T}\right) \qquad (3-18)$$

因为 $p_p(-x_p)$ 为 p 区多数载流子,所以 $p_p(-x_p)=p_{p0}$,而且 $p_{p0}n_{p0}=n_i^2$,代入式(3-18),并利用式(3-14),得到 p 区边界 pp'($x=-x_p$)处的少数载流子浓度为

$$n_p(-x_p)=n_{p0}\exp\left(\frac{qV}{k_0T}\right)=n_{r0}\exp\left(\frac{qV-qV_D}{k_0T}\right) \quad (3-19)$$

由此,注入 p 区边界 pp'处的非平衡少数载流子浓度为

$$\Delta n_p(-x_p)=n_p(-x_p)-n_{p0}=n_{p0}\left[\exp\left(\frac{qV}{k_0T}\right)-1\right] \quad (3-20)$$

同理可得,n 区边界 nn'($r=z$)处少数载流子浓度为

$$p_n(x_n)=p_{n0}\exp\left(\frac{qV}{k_0T}\right)=p_{p0}\exp\left(\frac{qV-qV_D}{k_0T}\right) \quad (3-21)$$

因此,注入 n 区边界 nn'处的非平衡少数载流子浓度为

$$\Delta p_n(x_n)=p_n(x_n)-p_{n0}=p_{n0}\left[\exp\left(\frac{qV}{k_0T}\right)-1\right] \quad (3-22)$$

由式(3-22)可见,注入势垒区边界 pp'和 nn'处的非平衡少数载流子是外加电压的函数。这两式就是解连续性方程的边界条件。

小注入时,d$\mathscr{E}$/dx 项很小可以略去,n 型扩散区 $\mathscr{E}=0$,故

$$D_p\frac{d^2\Delta p_n}{dx^2}-\frac{p_n-p_{n0}}{\tau_p}=0 \quad (3-23)$$

这个方程的通解是

$$\Delta p_n(x)=p_n(x)-p_{n0}=A\exp\left(-\frac{x}{L_p}\right)+B\exp\left(\frac{x}{L_p}\right) \quad (3-24)$$

式中:$L_p=\sqrt{D_p\tau_p}$,是空穴扩散长度。系数 A、B 由边界条件确定。因 $x\to\infty$ 时,$p_n(\infty)=p_{n0}$;当 $x=x_n$ 时,$p_n(x_n)=p_n\exp\left(\frac{qV}{k_0T}\right)$。代入式(3-24),解得

$$A=p_{n0}\left[\exp\left(\frac{qV}{k_0T}\right)-1\right]\exp\left(\frac{x_n}{L_p}\right),B=0 \quad (3-25)$$

代入通解中,得

$$p_n(x)-p_{n0}=p_{n0}\left[\exp\left(\frac{qV}{k_0T}\right)-1\right]\exp\left(\frac{x_n-x}{L_p}\right) \quad (3-26)$$

同理,对于注入 p 区的非平衡少数载流子,可以求得

$$n_p(x)-n_{p0}=n_{p0}\left[\exp\left(\frac{qV}{k_0T}\right)-1\right]\exp\left(\frac{x_p+x}{L_n}\right) \quad (3-27)$$

式(3-26)和式(3-27)表示当 pn 结有外加电压时,非平衡少数载流子在扩散区中的分布。在外加正向偏压作用下,当 V 一定时,在势垒区边界处($x=x_n$ 和 $x=-x_p$)非平衡少数载流子浓度一定,扩散区形成了稳定的边界浓度,这时是稳定边界浓度的一维扩散,在扩散区,非平衡少数载流子按指数规律衰减。在外加反向偏压作用下,如果 $q|V|\gg k_0T$,则 $\exp\left(\frac{qV}{k_0T}\right)\to 0$,对 n 区来说 $\Delta p_n(x)=p_n(x)-p_{n0}=-p_{n0}\exp\left(\frac{x_n-x}{L_p}\right)$,在 $x=x_n$ 处,$\Delta p_n(x)\to-p_{n0}$,即 $p(x)\to 0$;在 n 区内部,即 $x\gg L_p$ 处,$p_{n0}\exp\left(\frac{x_n-x}{L_p}\right)\to 0$,则 $p_n(x)\to$

p_{n0}。图 3-14 表示了外加偏压下,式(3-26)和式(3-27)的曲线。

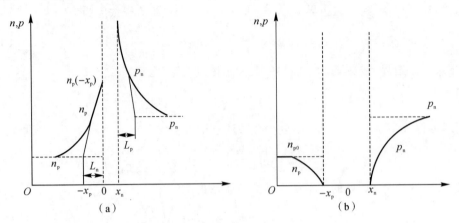

图 3-14 非平衡少子的分布
(a)正向偏压下;(b)反向偏压下

小注入时,扩散区中不存在电场,在 $x=x_n$ 处,空穴扩散电流密度为

$$J_p(x_n) = -qD_p \frac{dp_n(x)}{dx}\bigg|_{x=x_n} = \frac{qD_p p_{n0}}{L_p}\left[\exp\left(\frac{qV}{k_0 T}\right)-1\right] \quad (3-28)$$

同理,在 $x=x_p$ 处,电子扩散电流密度为

$$J_n(-x_p) = -qD_n \frac{dn_p(x)}{dx}\bigg|_{x=-x_p} = \frac{qD_p n_{p0}}{L_n}\left[\exp\left(\frac{qV}{k_0 T}\right)-1\right] \quad (3-29)$$

根据假设,势垒区内的复合产生作用可以忽略,因此,通过界面 pp′ 的空穴电流密度 $J_p(-x_p)$ 等于通过界面 nn′ 的空穴电流密度 $J_p(x_n)$。所以通过 pn 结的总电流密度 J 为

$$J = J_n(-x_p) + J_p(-x_p) = J_n(-x_p) + J_p(x_n) \quad (3-30)$$

将式(3-28)、式(3-29)代入上式,得

$$J = \left(\frac{qD_n n_{p0}}{L_n} + \frac{qD_p p_{n0}}{L_p}\right)\left[\exp\left(\frac{qV}{k_0 T}\right)-1\right] \quad (3-31)$$

令

$$J_s = \frac{qD_n n_{p0}}{L_n} + \frac{qD_p p_{n0}}{L_p} \quad (3-32)$$

则

$$J = J_s\left[\exp\left(\frac{qV}{k_0 T}\right)-1\right] \quad (3-33)$$

式(3-33)就是理想 pn 结模型的电流电压方程式,又称为肖克利方程式。

从式(3-33)可以得出以下结论。

1. pn 结具有单向导电性

在正向偏压下,正向电流密度随正向偏压呈指数关系迅速增大。在室温下,$\frac{k_0 T}{q} = 0.026$ V,一般外加正向偏压为零点几伏,故 $\exp\left(\frac{qV}{k_0 T}\right) \gg 1$,式(3-33)可以表示为

$$J = J_s \exp\left(\frac{qV}{k_0 T}\right) \quad (3-34)$$

在反向偏压下，$V<0$，当 $q|V|\gg k_0T$ 时，$\exp(qV/k_0T)\to 0$，式(3-33)化为

$$J=-J_s=-\left(\frac{qD_n n_{p0}}{L_n}+\frac{qD_p p_{n0}}{L_p}\right) \quad (3-35)$$

式中：负号表示电流密度方向与正向时相反。

反向电流密度为常量，与外加电压无关，故称 $-J_s$ 为反向饱和电流密度。由式(3-34)作 $J-V$ 关系曲线，如图 3-15 所示。可见，在正向及反向偏压下，曲线是不对称的，表明 pn 结具有单向导电性或整流效应。

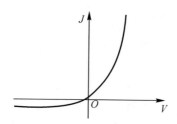

图 3-15 理想 pn 结的 $J-V$ 曲线

2. 温度对电流密度的影响很大

对于反向电流密度 $-J_s$，因为式(3-35)两项的情况相似，所以只需考虑式(3-35)中的第一项即可。因 D_n,L_n,n_{p0} 与温度有关（D_n,L_n 均与 μ_n 及 T 有关），设 $\dfrac{D_n}{\tau_n}$ 与 T^γ 成正比，γ 为一常数，则有

$$J_s\approx\frac{qD_n n_{p0}}{L_n}=q\left(\frac{D_n}{\tau_n}\right)^{\frac{1}{2}}\frac{n_f^2}{N_A}\propto T^{\frac{\gamma}{2}}\left[T^3\exp\left(-\frac{E_g}{k_0T}\right)\right]=T^{3+\frac{\gamma}{2}}\exp\left(-\frac{E_g}{k_0T}\right)$$

式中：$T^{(3+\frac{\gamma}{2})}$ 随温度变化较缓慢，故 J_n 随温度变化主要由 $\exp\left(-\dfrac{E_g}{k_0T}\right)$ 时决定。因此，J_n 随温度升高而迅速增大，并且 E_g 越大的半导体，J_s 变化越快。

因为 $E_g=E_k(0)+\beta T$，设 $E_g(0)=qV_{k_0}$，设 $E_g(0)$ 为热力学温标零度时的禁带宽度，V_{g^0} 为热力学温标零度时导带底和价带顶的电势差，则加正向偏压 V_F 时，式(3-35)表示的正向电流与温度关系为

$$J\propto T^{3+\frac{\gamma}{2}}\exp\left[\frac{q(V_F-V_{R^0})}{k_0T}\right]$$

所以正向电流密度随温度的上升而增大。

3.2.3 影响 pn 结电流电压特性偏离理想方程的各种因素

实验表明，理想的电流电压方程式和小注入下锗 pn 结的实验结果符合较好，但与硅 pn 结的实验结果偏离较大。由图 3-16 看出，在正向偏压时，理论与实验结果间的偏差表现为：①正向电流小时，理论计算值比实验值小；②正向电流较大时，曲线 c 段 $J-V$ 关系为 $J\propto\exp\left(\dfrac{qV}{2k_0T}\right)$；③在曲线 d 段，$J-V$ 关系不是指数关系，而是线性关系。在反向偏压时，实

际测得的反向电流比理论计算值大得多,而且反向电流是不饱和的,随反向偏压的增大略有增加。砷化镓 pn 结情况和硅 pn 结相似。这说明理想电流电压方程式没有完全反映外加电压下的 pn 结情况,还必须考虑其他因素的影响,使理论进一步完善。

引起上述差别的主要因素有:①表面效应;②势垒区中的产生及复合;③大注入条件;④串联电阻效应。这里只讨论②和③两种情况,表面效应将在第 8 章讨论,串联电阻效应结合大注入情况讨论。

1. 势垒区的产生电流

pn 结处于热平衡状态时,势垒区内通过复合中心的载流子产生率等于复合率。当 pn 结加反向偏压时,势垒区内的电场加强,所以在势垒区内,由于热激发的作用,通过复合中心产生的电子、空穴对来不及复合就被强电场驱走了。也就是说势垒区内通过复合中心的载流子产生率大于复合率,具有净产生率,从而形成另一部分反向电流,称之为势垒区的产生电流,以 I_G 表示,若 pn 结面积为 A,势垒区宽度为 X_D,净产生率为 G,它代表单位时间单位体积内势垒区所产生的载流子数,则得

$$I_G = qGX_DA \qquad (3-36)$$

因为在势垒区内 $n_i \gg n, n \gg p$,并设 E_t 与 E_i 重合,$r_n = r_p = r$,化简得势垒区内的净复合率为

$$U = -\frac{n_i}{2\tau} \qquad (3-37)$$

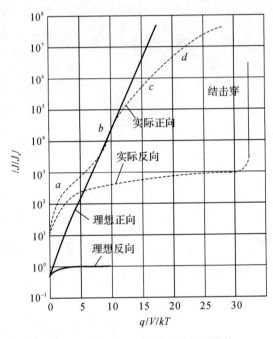

图 3-16 实际硅 pn 结的电流电压特性

实际上这个负的净复合率就是净产生率 G。即

$$G = -U = \frac{n_i}{2\tau} \qquad (3-38)$$

$$I_G = \frac{qn_iX_D}{2\tau} \qquad (3-39)$$

势垒区产生的电流密度为

$$J_G = \frac{qn_iX_D}{2\tau} \qquad (3-40)$$

现以 p^+n 结为例,比较势垒区产生的电流与反向扩散电流的大小。利用 $n_{no}p_{no} = n_i^2$,$n_{no} = N_d$ 关系,由式(3-35)得 p^+n 结反向扩散电流密度为

$$J_{RD} = \frac{qD_pn_i^2}{L_pN_D} \qquad (3-41)$$

因为锗的禁带宽度小,n_i^2 大,在室温下由式(3-41)算得的 J_{RD} 比由式(3-40)算得的

J_G 大得多，所以在反向电流中扩散电流起主要作用。对于硅，禁带宽度比较宽，n_i^2 就小，所以 J_G 的值比 J_{RD} 值大很多，因此在反向电流中势垒产生电流占主要地位。由于势垒区宽度 X_d 随反向偏压的增加而变大，所以势垒区产生电流是不饱和的，随反向偏压增加而缓慢地增大。

2. 势垒区的复合电流

在正向偏压下，从 n 区注入 p 区的电子和从 p 区注入 n 区的空穴，在势垒区内复合了一部分，构成了另一股正向电流，称为势垒区复合电流。下面进行近似计算。

假定复合中心与本征费米能级重合，为了突出主要矛盾，令 $r_p = r_n = r$，则式(3-37)变为

$$U = \frac{N_t r (np - n_i^2)}{n + p + 2n_i \text{ch}\left(\dfrac{E_t - E_i}{k_0 T}\right)} \tag{3-42}$$

在势垒区中，电子浓度和空穴浓度的乘积满足下式：

$$np = n_i^2 \exp\left(\frac{qV}{k_0 T}\right)$$

在势垒区中，$n = p$ 时，电子和空穴相遇的机会最大，则以 $n = p = n_i \exp[qV/(2k_0 T)]$，将这些关系代入(3-42)得

$$U_{\max} = rN_t \frac{n_i\left[\exp\left(\dfrac{qV}{k_0 T}\right) - 1\right]}{2\left[\exp\left(\dfrac{qV}{2k_0 T}\right) + 1\right]} \tag{3-43}$$

当 $qV \gg k_0 T$ 时

$$U_{\max} = \frac{1}{2}\frac{n_i}{\tau}\exp\left(\frac{qV}{2k_0 T}\right) \tag{3-44}$$

式中：$\tau = l/rN_t$。设由复合而得到的电流密度为 J_r，则

$$J_r = \int_0^{X_D} qU_{\max} \mathrm{d}x \approx \frac{qn_i X_D}{2\tau}\exp\left(\frac{qV}{2k_0 T}\right) \tag{3-45}$$

总的正向电流密度应为扩散电流密度及复合电流密度之和，在 $p_{n0} \gg n_{p0}$ 和 $qV \gg k_0 T$ 时，可写成

$$J_F = J_{FD} + J_r = qn_i\left[\sqrt{\frac{D_p}{\tau_p}}\frac{n_i}{N_D}\exp\left(\frac{qV}{k_0 T}\right) + \frac{X_D}{2\tau_p}\exp\left(\frac{qV}{2k_0 T}\right)\right] \tag{3-46}$$

由式(3-46)可知：

1) 扩散电流的特点是和 $\exp\left(\dfrac{qV}{k_0 T}\right)$ 成正比，而复合电流则和 $\exp\left(\dfrac{qV}{2k_0 T}\right)$ 成正比。因此，可用下列经验公式表示正向电流密度，即

$$J_F \propto \exp\left(\frac{qV}{mk_0 T}\right) \tag{3-47}$$

当复合电流为主时，$m = 2$，当扩散电流为主时，$m = 1$，当两者大小相近时，m 在 1~2 之间。

2)扩散电流和复合电流之比为

$$\frac{J_{\text{FD}}}{J_\text{r}} = \frac{2n_\text{i}L_\text{p}}{N_\text{D}X_\text{D}}\exp\left(\frac{qV}{2k_0T}\right) \tag{3-48}$$

可见 J_{FD}/J_r 和 n_i 及外加电压 V 有关。当 V 减小时,$\exp(\frac{qV}{2k_0T})$ 迅速减小,对硅而言,室温下 N_D 远大于 n_i,故在低正向偏压下,$J_\text{r} > J_{\text{FD}}$,即复合电流占主要地位,见图 3-16 中曲线的 b 段。

3)复合电流减少了 pn 结中的少子注入,这是三极管的电流放大系数在小电流时下降的原因。

3. 大注入情况

通常把正向偏压较大时,注入的非平衡少子浓度接近或超过该区多子浓度的情况,称为大注入情况。下面以 p^+n 结为例进行讨论,如图 3-17 所示。

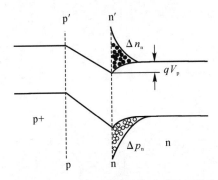

图 3-17　大注入时,p^+n 结能带图及非平面载流子分布

因为 p^+n 结的正向电流主要是从 p^+ 区注入 n 区的空穴电流,由 n 区注入 p 区的电子电流可以忽略,所以只讨论空穴扩散区内的情况。当大注入时,首先,注入的空穴浓度 $\Delta p_\text{n}(x_\text{n})$ 很大,接近或超过 n 区多子浓度 $n_{\text{n}0} \approx N_\text{D}$,注入的空穴在 n 区边界 x_n 处形成积累。它们向 n 区内部扩散时,在空穴扩散区内形成一定的浓度分布 $\Delta p_\text{n}(x)$,为了保持 n 区电中性,n 区的多子(电子的浓度)相应地增加同等数量,也在空穴扩散区形成电子浓度分布 $\Delta n_\text{n}(x)$,而且 $\Delta p_\text{n}(x) = \Delta n_\text{n}(x)$。于是电子浓度梯度应等于空穴浓度梯度(见图 3-18),即

$$\frac{\text{d}\Delta p_\text{n}(x)}{\text{d}x} = \frac{\text{d}\Delta n_\text{n}(x)}{\text{d}x} \tag{3-49}$$

电子浓度梯度将使电子在空穴扩散方向上也发生扩散运动,但是电子一旦离开原来的位置,就破坏了电中性条件。于是在电子、空穴间的静电引力,就产生一个内建电场 ε。它对电子的漂移作用正好抵消了电子的扩散作用,即电子电流密度 $J_\text{n} = 0$。另外,这个内建电场使空穴的运动加速。由于有内建电场,所以正向偏压 V 在空穴扩散区,用 V_p 表示,若势垒区的电压降为 V_J,则

$$V = V_\text{J} + V_\text{p} \tag{3-50}$$

下面计算大注入时流过 pn 结的电流密度,首先计算通过截面 nn' 处$(x=x_\text{n})$的电流密度,它是由电子电流密度 J_n 和空穴电流密度 J_p 所组成的。J_n 和 J_p 中各包括扩散电流密

第3章 pn结

度和由内建电场 ε 引起的漂移电流密度两部分。故

$$J_\text{p}=q\mu_\text{p}p_\text{n}(x_\text{n})E(x_\text{n})-qD_\text{p}\frac{\text{d}\Delta p_\text{n}(x)}{\text{d}x}\bigg|_{x=x_\text{n}} \qquad (3-51)$$

$$J_\text{n}=q\mu_\text{n}n_\text{n}(x_\text{n})E(x_\text{n})+qD_\text{n}\frac{\text{d}\Delta n_\text{n}(x)}{\text{d}x}\bigg|_{x=x_\text{n}} \qquad (3-52)$$

因为 $J_\text{n}=0$，$D_\text{n}/\mu_\text{n}=D_\text{p}/\mu_\text{p}=k_0T/q$，以及 $\text{d}\Delta p_\text{n}(x)/\text{d}x=\text{d}\Delta p_\text{n}(x)/\text{d}x$，所以由式(3-52)得

$$\delta=-\frac{D_\text{p}}{\mu_\text{p}}\frac{1}{n_\text{n}(x_\text{n})}\frac{\text{d}\Delta n_\text{n}(x)}{\text{d}x}\bigg|_{x=x_\text{n}} \qquad (3-53)$$

将式(3-53)代入式(3-52)中，得

$$J_\text{p}=-qD_\text{p}\bigg[1+\frac{p_\text{n}(x_\text{n})}{n_\text{n}(x_\text{n})}\bigg]\frac{\text{d}\Delta p_\text{n}(x)}{\text{d}x}\bigg|_{x=x_\text{n}} \qquad (3-54)$$

由式(3-54)看出，在扩散区中有内建电场的情况下，空穴电流密度仍可表示为扩散电流密度的形式，只不过空穴的扩散系数 D_p 须用 $D[1+p_\text{n}(x_\text{n})/n_\text{n}(x_\text{n})]$ 代替。

当注入的空穴浓度 $\Delta p_\text{n}(=\Delta n_\text{n})$ 大于平衡多子浓度 $n_{\text{n}0}$ 时，则

$$n_\text{n}(x_\text{n})=n_{\text{n}0}+\Delta n_\text{n}(x_\text{n})\approx\Delta n_\text{n}(x_\text{n}) \qquad (3-55)$$

$$p_\text{n}(x_\text{n})=p_{\text{n}0}+\Delta p_\text{n}(x_\text{n})\approx\Delta p_\text{n}(x_\text{n}) \qquad (3-56)$$

故 $n_\text{n}(x_\text{n})\approx p_\text{n}(x_\text{n})$，正向电流密度 J_F 为

$$J_\text{F}=J_\text{p}\approx-q(2D_\text{p})\frac{\text{d}\Delta p_\text{n}(x)}{\text{d}x}\bigg|_{x=x_\text{n}} \qquad (3-57)$$

可见，在上述情况下，空穴的扩散系数增大为 $2D_\text{p}$。这时在正向电流密度 J_F 中，空穴扩散电流密度和空穴漂移电流密度各占一半。

由图 3-18 可以看出，p^+n 结势垒高度为 $q(V_\text{D}-V_\text{J})$。在边界 nn′ 处($x=x_\text{n}$)的空穴浓度为

$$p_\text{n}(x_\text{n})=p_{\text{p}0}\exp\bigg[-\frac{q(V_\text{D}-V_\text{J})}{k_0T}\bigg]=p_{\text{p}0}\exp\bigg(-\frac{qV_\text{D}}{k_0T}\bigg)\exp\bigg(\frac{qV_\text{J}}{k_0T}\bigg)=p_{\text{n}0}\exp\bigg(\frac{qV_\text{J}}{k_0T}\bigg) \qquad (3-58)$$

在空穴扩散区有电压降 V_p，$x=x_\text{n}$ 处的能带比空穴扩散区外低 qV_p，与式(3-58)比较，可以得到

$$n_\text{n}(x_\text{n})=n_{\text{n}0}\exp\bigg(\frac{qV_\text{p}}{k_0T}\bigg) \qquad (3-59)$$

式(3-58)与式(3-59)两式相乘得

$$n_\text{n}(x_\text{n})p_\text{n}(x_\text{n})=n_{\text{n}0}p_{\text{n}0}\exp\bigg[\frac{q(V_\text{J}+V_\text{p})}{k_0T}\bigg]=n_\text{i}^2\exp\bigg(\frac{qV}{k_0T}\bigg) \qquad (3-60)$$

因 $n_\text{n}(x_\text{n})\approx p_\text{n}(x_\text{n})$，故

$$p_\text{n}(x_\text{n})=n_\text{i}\exp\bigg(\frac{qV}{2k_0T}\bigg) \qquad (3-61)$$

把空穴扩散区内空穴的分布近似看为线性分布，即

$$\frac{\text{d}\Delta p_\text{n}(x)}{\text{d}x}\bigg|_{x=x_\text{n}}\approx\frac{p_\text{n}(x_\text{n})-p_{\text{n}0}}{L_\text{p}} \qquad (3-62)$$

因 $p_n(x_n) \gg p_{n0}$，并将式(3-61)代入式(3-62)得

$$\left.\frac{d\Delta p_n(x)}{dx}\right|_{x=x_n} \approx \frac{n_i}{L_p}\exp\left(\frac{qV}{2k_0T}\right) \tag{3-63}$$

将式(3-63)代入式(3-57)得

$$J_F \approx -\frac{q(2D_p)n_i}{L_p}\exp\left(\frac{qV}{2k_0T}\right) \tag{3-64}$$

这就是大注入情况下，p^+n 结的电流电压关系。它的特点是 $J_F \propto \exp[qV/(2k_0T)]$，符合图 3-17 中曲线的 c 段，这是一部分正向电压降落在空穴扩散区的结果。

综上所述，当考虑了势垒区载流子的产生和复合以及大注入情况后，就解释了理想电流电压方程式偏离实际测量结果的原因。归纳如下：p^+n 结加正向偏压时，电流电压关系可表示为

$$J_F \propto \exp\left[\frac{qV}{mk_0T}\right]$$

式中：m 在 1~2 之间变化，随外加正向偏压而定。在很低的正向偏压下，$m=2$，$J_F \propto \exp[qV/(2k_0T)]$，势垒区的复合电流起主要作用，在图 3-17 中为曲线的 a 段。正向偏压较大时，$m=1$，$J_F \propto \exp[qV/(k_0T)]$，扩散电流起主要作用，为曲线的 b 段。大注入时，$m=2$，$J_F \propto \exp[qV/(2k_0T)]$，为曲线的 c 段。在大电流时，还必须考虑体电阻上的电压降 V'_r，若电极接触良好，则 pn 结两端电极接触上的电压降可忽略不计，于是 $V=V_j+V_p+V_r$ 这时在 pn 结势垒区上的电压降就更小了，正向电流增加更缓慢，这就是曲线的 d 段。在反向偏压下，计入了势垒区的产生电流，从而正确地解释了为什么实验所得反向电流比理想方程的计算值大及不饱和。

3.3 pn 结电容

3.3.1 电容的来源

pn 结有整流效应，但是它又包含着破坏整流特性的因素。这个因素就是 pn 结的电容。一个 pn 结在低频电压下，能很好地起整流作用，但是当电压频率增高时，其整流特性变坏，甚至基本上没有整流效应。频率对 pn 结的整流作用为什么有影响呢？这是因为 pn 结具有电容特性。pn 结为什么有电容特性呢？pn 结电容的大小和什么因素有关呢？这就是本节所要讨论的主要问题。

pn 结电容包括势垒电容和扩散电容两部分，分别说明如下。

1. 势垒电容

当 pn 结加正向偏压时，势垒区的电场随正向偏压的增加而减弱，势垒区宽度变窄，空间电荷数量减少，如图 3-18(a)(b) 所示。因为空间电荷是由不能移动的杂质离子组成的，所以空间电荷的减小是由于 n 区的电子和 p 区的空穴中和了势垒区中一部分电离施主和电离受主，图 3-18(c) 中箭头 A 表示了这种中和作用。这就是说，在外加正向偏压增大时，将有一部分电子和空穴"存入"势垒区。反之，当正向偏压减小时，势垒区的电场增强，势垒区宽度增加，空间电荷数量增多，有一部分电子和空穴从势垒区中"取出"。对于加反向偏压的

情况,可作类似分析。总之,pn 结上外加电压的变化,引起了电子和空穴在势垒区的"存入"和"取出"作用,导致势垒区的空间电荷数量随外加电压而变化,这和电容器的充放电作用相似。将这种 pn 结的电容效应称为势垒电容,以 C_T 表示。

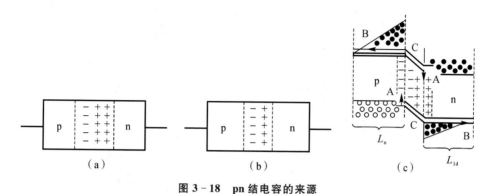

图 3-18　pn 结电容的来源

(a)平衡 pn 结势垒区;(b)正偏时,势垒区变窄;(c)正偏时,pn 结载流子变化

2. 扩散电容

正向偏压时,有空穴从 p 区注入 n 区,于是在势垒区与 n 区边界 n 区一侧一个扩散长度内,便形成了非平衡空穴和电子的积累,同样在 p 区也有非平衡电子和空穴的积累。当正向偏压增加时,由 p 区注入到 n 区的空穴增加,注入的空穴一部分扩散,如图 3-19(c)中箭头 B 所示;一部分则增加了 n 区的空穴积累,增加了浓度梯度,如图 3-19(c)中箭头 C 所示。所以外加电压变化时,n 区扩散区内积累的非平衡空穴增加,与它保持电中性的电子也相应增加。同样,p 区扩散区内积累的非平衡电子和与它保持电中性的空穴也要增加。这种由扩散区的电荷数量随外加电压的变化所产生的电容效应,称为 pn 结的扩散电容,用符号 C_d 表示。

实验发现,pn 结的势垒电容和扩散电容都随外加电压而变化,表明它们是可变电容。因此,引入微分电容的概念来表示 pn 结的电容。

当 pn 结在一个固定直流偏压 V 的作用下,叠加一个微小的交流电压 dV 时,这个微小的电压变化 dV 所引起的电荷变化 dQ 称为这个直流偏压下的微分电容,即

$$C = \frac{dQ}{dV} \tag{3-65}$$

pn 结的直流偏压不同,微分电容也不相同。

势垒电容是非线性电容,下面对突变结和线性缓变结加以讨论。

3.3.2　突变结的势垒电容

1. 突变结势垒区中的电场、电势分布

在 pn 结势垒区中,在耗尽层近似以及杂质完全电离的情况下,空间电荷由电离施主和电离受主组成。势垒区靠近 n 区一侧的电荷密度完全由施主浓度决定,靠近 p 区一侧的电

荷密度完全由受主浓度决定。对突变结来说，n区有均匀施主杂质浓度 N_D，p区有均匀受主杂质浓度 N_A，若势垒区的正负空间电荷区的宽度分别为 x_n 和 $-x_p$，且取 $x=0$ 处为交界面，如图 3-19 所示，则势垒区的电荷密度为

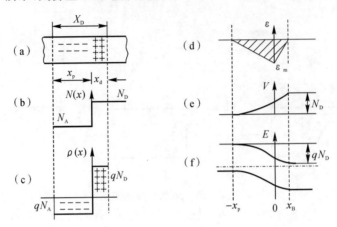

图 3-19 突变结的杂质、电荷、电场、电势、电势能分布

$$\left.\begin{array}{l}\rho(x)=-qN_A \quad (-x_p<x<0)\\ \rho(x)=qN_D \quad (0<x<x_n)\end{array}\right\} \quad (3-66)$$

势垒区宽度

$$X_D=x_n+x_p \quad (3-67)$$

因整个半导体满足电中性条件，势垒区内正、负电荷总量相等，即

$$qN_Ax_p=qN_Dx_n=Q \quad (3-68)$$

式中：Q 就是势垒区中单位面积上所积累的空间电荷的数值。式(3-68)化为

$$N_Ax_p=N_Dx_n \quad (3-69)$$

式(3-69)表明，势垒区内正负空间电荷区的宽度和该区的杂质浓度成反比。杂质浓度高的一边宽度小，杂质浓度低的一边宽度大。例如，若 $N_A=10^{16}\ cm^{-3}$，$N_D=10^{18}\ cm^{-3}$，则 x_p 比 x_n 大100倍。所以势垒区主要向杂质浓度低的一边扩展。

突变结势垒区内的泊松方程为

$$\left.\begin{array}{l}\dfrac{d^2V_1(x)}{dx^2}=\dfrac{qN_A}{\varepsilon_r\varepsilon_0} \quad (-x_p<x<0)\\ \dfrac{d^2V_2(x)}{dx^2}=-\dfrac{qN_D}{\varepsilon_r\varepsilon_0} \quad (0<x<x_n)\end{array}\right\} \quad (3-70)$$

式中：$V_1(x)$、$V_2(x)$ 分别是负、正空间电荷区中的各点电势。将式(3-70)积分一次得

$$\left.\begin{array}{l}\dfrac{dV_1(x)}{dx}=\left(\dfrac{qN_A}{\varepsilon_r\varepsilon_0}\right)x+C_1 \quad (-x_p<x<0)\\ \dfrac{dV_2(x)}{dx}=-\left(\dfrac{qN_D}{\varepsilon_r\varepsilon_0}\right)x+C_2 \quad (0<x<x_n)\end{array}\right\} \quad (3-71)$$

式中：C_1、C_2 是积分常数，可以用边界条件确定。因为势垒区以外是电中性的，电场集中在势垒区内，故得边界条件为

$$\left.\begin{array}{l}\xi(-x_p)=-\dfrac{dV_1(x)}{dx}\bigg|_{x=-x_p}=0\\[2mm]\xi(x_n)=-\dfrac{dV_2(x)}{dx}\bigg|_{x=x_n}=0\end{array}\right\} \quad (3-72)$$

将式(3-71)代入式(3-71)得

$$C_1=\frac{qN_Ax_p}{\varepsilon_r\varepsilon_0},\quad C_2=\frac{qN_Dx_n}{\varepsilon_r\varepsilon_0} \quad (3-73)$$

因 $N_Ax_p=N_Dx_n$，所以 $C_1=C_2$。因此势垒区中的电场为

$$\left.\begin{array}{l}\xi_1(x)=-\dfrac{dV_1(x)}{dx}=-\dfrac{qN_A(x+x_p)}{\varepsilon_r\varepsilon_0}\quad(-x_p<x<0)\\[2mm]\xi_2(x)=-\dfrac{dV_2(x)}{dx}=\dfrac{qN_D(x-x_n)}{\varepsilon_r\varepsilon_0}\quad(0<x<x_n)\end{array}\right\} \quad (3-74)$$

$\xi_1(x)$，$\xi_2(x)$ 分别为负、正空间电荷区中各点的电场强度。可以看出，在平衡突变结势垒区中，电场强度是位置 x 的线性函数。电场方向沿 x 负方向，从 n 区指向 p 区。在 $x=0$ 处，电场强度达到最大值 ξ_m，即

$$\begin{aligned}\xi_m&=-\frac{dV_1(x)}{dx}\bigg|_{x=0}=-\frac{dV_2(x)}{dx}\bigg|_{x=0}\\ &=-\frac{qN_Ax_p}{\varepsilon_r\varepsilon_0}=-\frac{qN_Dx_n}{\varepsilon_r\varepsilon_0}=-\frac{Q}{\varepsilon_r\varepsilon_0}\end{aligned}$$

得到势垒区内电场分布，如图 3-20(d)所示。

对于 p$^+$n 结，$N_A \gg N_D$，则 $x_n \gg x_p$，即 p 区中电荷密度很大，使势垒区的扩散几乎都发生在 n 区。反之，对于 n$^+$p 结，势垒扩展主要发生在 p 区，这时因为势垒区宽度 $X_D \approx x_n$ 或 $X_D \approx x_p$，所以最大电场强度 ξ_m 为

$$\left.\begin{array}{l}\text{对 p}^+\text{n}\quad \xi_m=-\dfrac{qN_Dx_n}{\varepsilon_r\varepsilon_0}\\[2mm]\text{对 n}^+\text{p}\quad \xi_m=-\dfrac{qN_Ax_p}{\varepsilon_r\varepsilon_0}\\[2mm]\text{则}\quad \xi_m=\dfrac{qN_BX_D}{\varepsilon_r\varepsilon_0}\end{array}\right\} \quad (3-75)$$

式中：N_B 为轻掺杂一边的杂质浓度，式(3-75)中省去了表示电场强度方向的负号。

对式(3-74)积分，得到势垒区中各点的电势为

$$V_1(x)=\left(\frac{qN_A}{2\varepsilon_r\varepsilon_0}\right)x^2+\left(\frac{qN_Ax_p}{\varepsilon_r\varepsilon_0}\right)x+D_1\quad(-x_p<x<0) \quad (3-76)$$

$$V_2(x)=-\left(\frac{qN_D}{2\varepsilon_r\varepsilon_0}\right)x^2+\left(\frac{qN_Dx_n}{\varepsilon_r\varepsilon_0}\right)x+D_2\quad(0<x<x_n) \quad (3-77)$$

式中：D_1、D_2 是积分常数，由边界条件确定。

设 p 型中性区的电势为零，则在热平衡条件下边界条件为

$$V_1(-x_p)=0,\quad V_2(x_n)=V_D \quad (3-78)$$

把式(3-78)代入式(3-77)得

$$D_1 = \frac{qN_A x_p^2}{2\varepsilon_r \varepsilon_0}, D_2 = V_D - \frac{qN_D x_n^2}{2\varepsilon_r \varepsilon_0} \tag{3-79}$$

因为在 $x=0$ 处，电势是连续的，即

$$V_1(0) = V_2(0) \tag{3-80}$$

所以 $D_1 = D_2$。将 D_1、D_2 代入式(3-71)得

$$\left. \begin{array}{l} V_1(x) = \dfrac{qN_A(x^2 + x_p^2)}{2\varepsilon_r \varepsilon_0} + \dfrac{qN_A x x_p}{\varepsilon_r \varepsilon_0} \quad (-x_p < x < 0) \\[2mm] V_2(x) = V_D - \dfrac{qN_D(x^2 + x_n^2)}{2\varepsilon_r \varepsilon_0} + \dfrac{qN_D x x_n}{\varepsilon_r \varepsilon_0} \quad (0 < x < x_n) \end{array} \right\} \tag{3-81}$$

由式(3-80)和式(3-81)可看出，在平衡 pn 结的势垒区中，电势是以抛物线形式分布的，如图 3-20(e)所示。因 $V(x)$ 表示点 x 处的电势，$-qV(x)$ 则表示电子在 x 点的电势能，pn 结势垒区的能带如图 3-20(f)所示。可见，势垒区中能带变化趋势与电势变化趋势相反。

2. 突变结的势垒宽度 X_D

利用式(3-79)，则从式(3-81)可以得到突变结接触电势差 V_D 为

$$V_D = \frac{q(N_A x_p^2 + N_D x_n^2)}{2\varepsilon_r \varepsilon_0} \tag{3-82}$$

因为 $X_D = x_n + x_p$，及 $N_A x_p = N_D x_n$，所以

$$x_n = \frac{N_A X_D}{N_D + N_A}, \quad x_p = \frac{N_D X_D}{N_D + N_A} \tag{3-83}$$

则得

$$N_D x_n^2 + N_A x_p^2 = \frac{N_A N_D X_D^2}{N_D + N_A} \tag{3-84}$$

于是式(3-85)改写为

$$V_D = \left(\frac{q}{2\varepsilon_r \varepsilon_0}\right)\left(\frac{N_A N_D}{N_A + N_D}\right) X_D^2 \tag{3-85}$$

因而势垒宽度 X_D 为

$$X_D = \sqrt{V_D \left(\frac{2\varepsilon_r \varepsilon_0}{q}\right)\left(\frac{N_A + N_D}{N_A N_D}\right)} \tag{3-86}$$

式(3-86)表示突变结的势垒宽度和杂质浓度以及接触电势差的关系。大体上可以认为：杂质浓度越高，势垒宽度越小。当杂质浓度一定时，则接触电势差大的突变结对应于宽的势垒宽度。

对于 p^+n 结，因 $N_A \gg N_D$，$x_n \gg x_p$，故 $X_D \approx x_n$，则

$$V_D = \frac{qN_D X_D^2}{2\varepsilon_r \varepsilon_0} = \frac{qN_D x_n^2}{2\varepsilon_r \varepsilon_0} \tag{3-87}$$

$$X_D = x_n = \sqrt{\frac{2\varepsilon_r \varepsilon_0 V_D}{qN_D}} \tag{3-88}$$

对于 n^+p 结，因 $N_D \gg N_A$，$x_p \gg x_n$，故 $X_D \approx x_p$，则

第3章 pn结

$$V_D = \frac{qN_A X_D^2}{2\varepsilon_r\varepsilon_0} = \frac{qN_A x_p^2}{2\varepsilon_r\varepsilon_0} \tag{3-89}$$

$$X_D = x_p = \sqrt{\frac{2\varepsilon_r\varepsilon_0 V_D}{qN_A}} \tag{3-90}$$

从式(3-87)~式(3-90)可以看出：

1) 单边突变结的接触电势差 V_d 随着轻掺杂一边的杂质浓度的增加而升高。

2) 单边突变结的势垒宽度随轻掺杂一边的杂质浓度增大而下降。势垒区几乎全部在轻掺杂的一边，因而能带弯曲主要发生于这一区域。

3) 将式(3-87)或式(3-89)与式(3-76)比较可得

$$V_D = -\frac{\xi_m X_D}{2} \tag{3-91}$$

结合图 3-20(d)可见，接触电势差 V_D 相当于 $\xi(x)-x$ 图中的三角形面积。三角形底边长为势垒宽度 X_d，高为最大电场强度 ξ_m。

4) 将 $q=1.6\times 10^{-19}$ C，$\varepsilon_0=8.85\times 10^{-14}$ F/cm，以及硅的 $\varepsilon_r=11.9$，代入式(3-88)或式(3-90)得到

$$X_D = \sqrt{\frac{1.3\times 10^7 V_D}{N_B}} \tag{3-92}$$

式(3-92)可以用来估算 p^+n 结或 n^+p 结在平衡时的势垒宽度。例如，硅 pn 结的 V_D 值一般在 0.6~0.9 V 之间，若取 $V_d=0.75$ V，N_B 则为 10^{14} cm^{-3}，10^{15} cm^{-3}，10^{16} cm^{-3} 和 10^{17} cm^{-3}，可算得 X_D 依次为 3.1 μm，1.0 μm，0.31 μm，0.1 μm。

以上讨论只适用于没有外加电压时的 pn 结。当 pn 结上加有外加电压 V 时，势垒区上总的电压为 V_D-V，正向时 $V>0$，反向时 $V<0$。则式(3-86)为

$$X_D = \sqrt{\frac{2\varepsilon_r\varepsilon_0(N_A+N_D)(V_D-V)}{qN_A N_D}} \tag{3-93}$$

对于 p^+n 结

$$X_D \approx x_n = \sqrt{\frac{2\varepsilon_r\varepsilon_0(V_D-V)}{qN_D}} \tag{3-94}$$

对于 n^+p 结

$$X_D \approx x_p = \sqrt{\frac{2\varepsilon_r\varepsilon_0(V_D-V)}{qN_A}} \tag{3-95}$$

由以上三式可以看出：

1) 突变结的势垒宽度 X_D 与势垒区上的总电压(V_D-V)的二次方根成正比。在正向偏压下，(V_D-V)随 V 的升高而减小，故势垒区变窄；在反向偏压下，(V_D-V)随$|V|$的增大而增大，故势垒区变宽。

2) 当外加电压一定时，势垒宽度随 pn 结两边的杂质浓度的变化而变化。对于单边突变结，势垒区主要向轻掺杂一边扩展，而且势垒宽度与轻掺杂一边的杂质浓度的二次方根成反比。

3. 突变结势垒电容

将式(3-68)代入式(3-67)得到势垒区内单位面积上的总电量为

$$|Q| = \frac{N_A N_D q X_D}{N_A + N_D} \qquad (3-96)$$

将式(3-87)代入式(3-96),在pn结上加外电压时得

$$|Q| = \sqrt{\frac{2\varepsilon_r \varepsilon_0 N_A N_D (V_D - V)}{N_A + N_D}} \qquad (3-97)$$

由微分电容定义得单位面积势垒电容为

$$C'_T = \left|\frac{dQ}{dV}\right| = \sqrt{\frac{\varepsilon_r \varepsilon_0 q N_A N_D}{2(N_D + N_A)(V_D - V)}} \qquad (3-98)$$

若pn结面积为A,则pn结的势垒电容C_T为

$$C_T = AC'_T = A\sqrt{\frac{\varepsilon_r \varepsilon_0 q N_A N_D}{2(N_D + N_A)(V_D - V)}} \qquad (3-99)$$

将式(3-93)代入式(3-99)得

$$C_T = \frac{A\varepsilon_r \varepsilon_0}{X_D} \qquad (3-100)$$

这一结果与平行板电容器公式在形式上完全一样。因此,可以把反向偏压下的pn结势垒电容等效为一个平行板电容器的电容,势垒区宽度对应于两平行极板间的距离。但是pn结势垒电容中的势垒宽度与外加电压有关,因此,pn结势垒电容是随外加电压而变化的非线性电容,而平行板电容器的电容则是一个恒量。

对p^+n结或n^+p结,式(3-99)可简化为

$$C_T = A\sqrt{\frac{\varepsilon_r \varepsilon_0 q N_B}{2(V_D - V)}} \qquad (3-101)$$

从式(3-99)和式(3-101)中可以看出:

1)突变结的势垒电容和结的面积以及轻掺杂一边的杂质浓度的二次方根成正比,因此减小结面积以及降低轻掺杂一边的杂质浓度是减小结电容的途径;

2)突变结势垒电容和电压$(V_D - V)$的二次方根成反比,反向偏压越大,则势垒电容越小,若外加电压随时间变化,则势垒电容也随时间而变,可利用这一特性制作变容器件。

以上结论在半导体器件的设计和生产中有重要的实际意义。

导出式(3-99)时,利用了耗尽层近似,这对于加反向偏压时是适用的。然而,当pn结加正向偏压时:一方面降低了势垒高度,使势垒区变窄,空间电荷数量减少,所以势垒电容比加反向偏压时大;另一方面,使大量载流子流过势垒区,它们对势垒电容也有贡献。但在推导势垒电容的公式时,没有考虑这一因素。因此,这些公式就不适用于加正向偏压的情况。一般用下式近似计算正向偏压时的势垒电容,即

$$C_T = 4C_T(0) = 4A\sqrt{\frac{\varepsilon_r \varepsilon_0 q N_A N_D}{2(N_D + N_A)V_D}} \qquad (3-102)$$

式中：$C_T(0)$是外加电压为零时 pn 结的势垒电容。

3.3.3 线性缓变结的势垒电容

前面已经指出，对于较深的扩散结，在 pn 结附近，可以近似作为线性缓变结，其电荷分布如图 3-20(a)所示。和突变结处理相类似，若取 p 区和 n 区的交界处 $x=0$，也采用耗尽层近似，则势垒区的空间电荷密度为

$$\rho(x) = q(N_D - N_A) = q\alpha_j x \tag{3-103}$$

式中：α_j 为杂质浓度梯度。因为势垒区内正负空间电荷总量相等，故势垒区的边界在 $x = \pm X_D/2$ 处，即势垒区在 pn 结两边是对称的。

将 $\rho(x)$ 代入一维泊松方程，有

$$\frac{d^2 V(x)}{dx^2} = -\frac{q\alpha_j x}{\varepsilon_r \varepsilon_0} \tag{3-104}$$

对式(3-104)积分一次，得

$$\frac{dV(x)}{dx} = -\frac{q\alpha_j x^2}{2\varepsilon_r \varepsilon_0} + A \tag{3-105}$$

式中：A 是积分常数。

根据边界条件：

$$\xi\left(\pm\frac{X_D}{2}\right) = -\frac{dV(x)}{dx}\bigg|_{x=\pm\frac{X_D}{2}} = 0$$

可得

$$A = \left(\frac{q\alpha_j}{2\varepsilon_r \varepsilon_0}\right)\left(\frac{X_D}{2}\right)^2 \tag{3-106}$$

因此，势垒区中各点电场强度 $\xi(x)$ 为

$$\xi(x) = -\frac{dV(x)}{dx} = \frac{q\alpha_j x^2}{2\varepsilon_r \varepsilon_0} - \frac{q\alpha_j X_D^2}{8\varepsilon_r \varepsilon_0} \tag{3-107}$$

可见电场强度按抛物线形式分布，如图 3-20(b)所示，在 $x=0$ 处，电场强度达到最大，即

$$\xi_m = -\frac{q\alpha_j X_D^2}{8\varepsilon_r \varepsilon_0} \tag{3-108}$$

对式(3-107)积分一次，得

$$V(x) = -\frac{q\alpha_j x^3}{6\varepsilon_r \varepsilon_0} + \frac{q\alpha_j X_D^2 x}{8\varepsilon_r \varepsilon_0} + B \tag{3-109}$$

设 $x=0$ 处，$V(0)=0$，积分常数 $B=0$，则

$$V(x) = -\frac{q\alpha_j x^3}{6\varepsilon_r \varepsilon_0} + \frac{q\alpha_j X_D^2 x}{8\varepsilon_r \varepsilon_0} \tag{3-110}$$

可见电势是按 x 的三次方曲线形式分布的，如图 3-20(c)所示。电势能曲线如图 3-20(d)所示。

将 $x=\pm X_D/2$ 代入式(3-110),得势垒区边界处的电势为

$$V\left(\frac{X_D}{2}\right)=\left(\frac{q\alpha_j}{3\varepsilon_r\varepsilon_0}\right)\left(\frac{X_D}{2}\right)^3 \tag{3-111}$$

$$V\left(-\frac{X_D}{2}\right)=-\left(\frac{q\alpha_j}{3\varepsilon_r\varepsilon_0}\right)\left(\frac{X_D}{2}\right)^3 \tag{3-112}$$

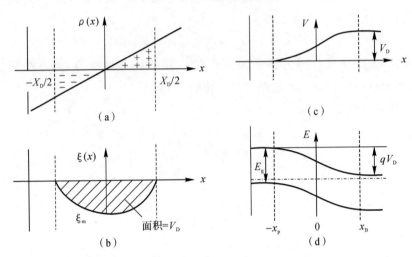

图 3-20 线性缓变结的电荷、电场、电势、电势能分布

式(3-111)和式(3-112)相减得 pn 结接触电势差 V_D 为

$$V_D=V\left(\frac{X_D}{2}\right)-V\left(-\frac{X_D}{2}\right)=\left(\frac{q\alpha_j}{12\varepsilon_r\varepsilon_0}\right)X_D^3 \tag{3-113}$$

于是势垒区宽度 X_D 为

$$X_D=\sqrt[3]{\frac{12\varepsilon_r\varepsilon_0 V_D}{q\alpha_j}} \tag{3-114}$$

pn 结上加外电压时,式(3-113)和式(3-114)可推广为

$$\left. \begin{array}{l} V_D-V=\dfrac{q\alpha_j X_D^3}{12\varepsilon_r\varepsilon_0} \\[2mm] X_D=\sqrt[3]{\dfrac{12\varepsilon_r\varepsilon_0(V_D-V)}{q\alpha_j}} \end{array} \right\} \tag{3-115}$$

式(3-115)表明,线性缓变结的势垒宽度与电压(V_D-V)的三次方根成正比,因此,增大反向偏压时,势垒区变宽。

下面计算线性缓变结势垒电容。设 pn 结面积为 A,对式(3-106)积分得到势垒区正空间电荷为

$$Q=\int_0^{X_D/2}\rho(x)A\,\mathrm{d}x=A\int_0^{X_D/2}q\alpha_j x\,\mathrm{d}x=A\frac{q\alpha_j X_D^2}{8} \tag{3-116}$$

将式(3-115)代入式(3-116)得

$$Q=\left(\frac{Aq\alpha_j}{8}\right)\sqrt[3]{\left[\frac{12\varepsilon_r\varepsilon_0(V_D-V)}{q\alpha_j}\right]^2}=A\sqrt[3]{\frac{9q\alpha_j\varepsilon_r^2\varepsilon_0^2}{32}}\sqrt[3]{(V_D-V)^2} \tag{3-117}$$

故线性缓变结势垒电容为

$$C_T = \left|\frac{dQ}{dV}\right| = A\sqrt[3]{\frac{q\alpha_j\varepsilon_r^2\varepsilon_0^2}{12(V_D-V)}} \tag{3-118}$$

从式(3-118)可以看出：

1) 线性缓变结的势垒电容与结面积及杂质浓度梯度的三次方根成正比，因此减小结面积和降低杂质浓度梯度有利于减小势垒电容；

2) 线性缓变结与势垒电容和(V_d-V)的三次方根成反比，增大反向电压，电容将减小。

将式(3-115)代入式(3-118)，对于线性缓变结同样得到与平行板电容器一样的公式，即

$$C_T = \frac{\varepsilon_r\varepsilon_0 A}{X_D}$$

由此可见，不论杂质分布如何，在耗尽层近似的情况下，pn结在一定反向电压下的微分电容都可以等效为一个平行板电容器的电容。

突变结和线性缓变结的势垒电容都与外加电压有关系，这在实际情况中很有用处。一方面，可以制成变容器件；另一方面，可以用来测量结附近的杂质浓度和杂质浓度梯度等。

1. 测量单边突变结的杂质浓度

对于 p^+n 结或 n^+p 结，将式(3-101)的二次方取倒数，得

$$\frac{1}{C_T^2} = \frac{2(V_D-V)}{A^2\varepsilon_r\varepsilon_0 qN_B} \tag{3-119}$$

则有

$$\frac{d\left(\frac{1}{C_T^2}\right)}{dV} = \frac{2}{A^2\varepsilon_r\varepsilon_0 qN_B} \tag{3-120}$$

若用实验做出 $1/C_T^2 - V$ 的关系曲线，则式(3-120)为该直线的斜率。因此，可由斜率求得轻掺杂一边的杂质浓度 N_B，由直线的截距则可求得 pn 结的接触电势差 V_D。

或者利用导数

$$\frac{d\left(\frac{1}{C_T^2}\right)}{dV} = -\left(\frac{2}{C_T^3}\right)\frac{dC_T}{dV} \tag{3-121}$$

再在一定反向偏压下测量 C_T 和 dC_T/dV 的值，就能求得 $d(1/C_T^2)/dV$ 了，由式(3-120)即可算出 N_B 值，再由式(3-119)算出 V_D 值，这样就不需要做出 $1/C_T^2-V$ 的关系曲线了。

2. 测量线性缓变结的杂质浓度梯度

将式(3-118)两边的三次方取倒数得

$$\frac{1}{C_T^3} = \frac{12(V_D-V)}{A^3\varepsilon_r^2\varepsilon_0^2 q\alpha_j} \tag{3-122}$$

由实验做出的 $1/C_T^3-V$ 关系曲线是一条直线，根据该直线的斜率可求得杂质浓度梯度 α_j，由直线的截距求得接触电势差 V_d。

以上只考虑了扩散结可以看作突变结或线性缓变结处理的两种极限情况,实际的扩散结是比较复杂的,往往处于这两种极限情况之间,在这方面,有研究者曾经进行了很广泛的研究。

3.3.4 扩散电容

前面已经指出,pn 结加正向偏压时,由于少子的注入,在扩散区内有一定数量的少子和等量的多子的积累,而且它们的浓度随正向偏压的变化而变化,从而形成了扩散电容。

在扩散区中积累的少子是按指数形式分布的。注入 n 区和 p 区的非平衡少子分布为式(3-29)和式(3-30),即

$$p_n(x) - p_{n0} = p_{n0}\left[\exp\left(\frac{qV}{k_0 T}\right) - 1\right]\exp\left(\frac{x_0 - x}{L_p}\right)$$

$$n_p(x) - n_{p0} = n_{p0}\left[\exp\left(\frac{qV}{k_0 T}\right) - 1\right]\exp\left(\frac{x_p + x}{L_n}\right)$$

将上面两式在扩散区内积分,就得到单位面积的扩散区内所积累的载流子总电荷量:

$$Q_p = \int_{x_n}^{\infty} \Delta p(x) q \, dx = qL_p p_{n0}\left[\exp\left(\frac{qV}{k_0 T}\right) - 1\right] \qquad (3-123)$$

$$Q_n = \int_{-\infty}^{-x_p} \Delta n(x) q \, dx = qL_n n_{p0}\left[\exp\left(\frac{qV}{k_0 T}\right) - 1\right] \qquad (3-124)$$

式(3-123)中积分上限取正无穷大,式(3-124)中积分下限取负无穷大,这和积分直至扩散区边界的效果是一样的,因为在扩散区以外,非平衡少子已经衰减为零了,而且这样做,给数学处理带来了很大方便。由此,可以算得扩散区单位面积的微分电容为

$$C_{Dp} = \frac{dQ_p}{dV} = \left(\frac{q^2 p_{n0} L_p}{k_0 T}\right)\exp\left(\frac{qV}{k_0 T}\right) \qquad (3-125)$$

$$C_{Dn} = \frac{dQ_n}{dV} = \left(\frac{q^2 n_{p0} L_n}{k_0 T}\right)\exp\left(\frac{qV}{k_0 T}\right) \qquad (3-126)$$

单位面积上总的微分扩散电容为

$$C'_D = C_{Dp} + C_{Dn} = \left(q^2 \frac{n_{p0} L_n + p_{n0} L_p}{k_0 T}\right)\exp\left(\frac{qV}{k_0 T}\right) \qquad (3-127)$$

设 A 为 pn 结的面积,则 pn 结加正向偏压时,总的微分扩散电容为

$$C_D = AC'_D = \left(Aq^2 \frac{n_{p0} L_n + p_{n0} L_p}{k_0 T}\right)\exp\left(\frac{qV}{k_0 T}\right) \qquad (3-128)$$

对于 p^+n 结则为

$$C_D = \left(\frac{Aq^2 p_{n0} L_p}{k_0 T}\right)\exp\left(\frac{qV}{k_0 T}\right) \qquad (3-129)$$

因为这里用的浓度分布是稳态公式,所以式(3-128)和式(3-129)只近似应用于低频情况,进一步分析指出,扩散电容随频率的增加而减小。

由于扩散电容随正向偏压按指数关系增大,所以在大的正向偏压下,扩散电容便起主要作用。

3.4 pn 结击穿

实验发现,当对 pn 结施加的反向偏压增大到某一数值 V_{BR} 时,反向电流密度突然开始迅速增大,称这种现象为 pn 结击穿,如图 3-21 所示。发生击穿时的反向偏压称为 pn 结的击穿电压。

在击穿现象中,电流增大的基本原因不是迁移率增大,而是载流子数目增加。到目前为止,pn 结击穿共有 3 种——雪崩击穿、隧道击穿和热电击穿。本节对这 3 种击穿的机理给予简单说明。

3.4.1 雪崩击穿

在反向偏压下,流过 pn 结的反向电流主要是由 p 区扩散到势垒区中的电子电流和由 n 区扩散到势垒区中的空穴电流组成的。当反向偏压很大时,势垒区中的电场很强,在势垒区内的电子和空穴由于受到强电场的漂移作用,具有很大的动能,它们与势垒区内的晶格原子发生碰撞时,能把价键上的电子碰撞出来,成为导电电子,同时产生 1 个空穴。从能带观点来看,就是高能量的电子和空穴把满带中的电子激发到导带,产生了电子-空穴对。如图 3-22 所示,pn 结势垒区中电子 1 碰撞出来 1 个电子 2 和 1 个空穴 2,于是 1 个载流子变成了 3 个载流子。这 3 个载流子(电子和空穴)在强电场作用下,向相反的方向运动,还会继续发生碰撞,产生第三代的电子-空穴对。空穴 1 也如此产生第二代、第三代的载流子。如此继续下去,载流子就大量增加,这种繁殖载流子的方式称为载流子的倍增效应。这种倍增效应使势垒区单位时间内产生大量载流子,迅速增大了反向电流,从而发生 pn 结击穿。这就是雪崩击穿的机理。

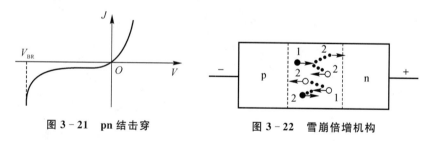

图 3-21 pn 结击穿　　　　图 3-22 雪崩倍增机构

雪崩击穿除了与势垒区中电场强度有关外,还与垫垒区的宽度有关,因为载流子动能的增加需要一个加速过程,如果势垒区很薄,即使电场很强,载流子在势垒区中加速达不到产生雪崩倍增效应所必需的动能,也不能产生雪崩击穿。

3.4.2 隧道击穿(齐纳击穿)

隧道击穿是指在强电场作用下,隧道效应使大量电子从价带穿过禁带而进入导带所引起的一种击穿现象。因为最初是由齐纳提出解释电介质击穿现象的,故也叫齐纳击穿。

当 pn 结加反向偏压时,势垒区能带发生倾斜,且反向偏压越大,势垒越高,势垒区的内建电场也越强,势垒区能带也越加倾斜,甚至可以使 n 区的导带底比 p 区的价带顶还低,如图 3-23 所示。内建电场 ξ 使 p 的价带电子得到附加势能 $q\xi x$,当内建电场 ξ 大于某值以后,价带中的部分电子所得到的附加势能 $q\xi x$ 可以大于禁带宽度 E_g,如果图(3-23)中 p 区价带中的 A 点和 n 区导带的 B 点有相同的能量,则在 A 点的电子可以过渡到 B 点。实际上,这只是说明在由 A 点到 B 点的一段距离中,电场给予电子的能量 $q\xi \Delta x$ 等于禁带宽度 E_g,因为 A 和 B 之间隔着水平距离为 Δx 的禁带,所以电子从 A 到 B 的过渡一般不会发生。随着反向偏压的增大,势垒区内的电场增强,能带更加倾斜,Δx 将变得更短。当反向偏压达到一定数值,Δx 短到一定程度时,量子力学证明,p 区价带中的电子将通过隧道效应穿过禁带而到达 n 区导带中。隧道概率是

$$P = \exp\left\{-\frac{2}{h}(2m_{dn})^{\frac{1}{2}}\int_{x_1}^{x_2}[E(x)-E]^{\frac{1}{2}}dx\right\} \tag{3-130}$$

式中:$E(x)$ 表示点 x 处的势垒高度,E 为电子能量,x_1 及 x_2 为势垒区的边界。电子隧道穿过的势垒可看成为三角形势垒,如图 3-24 所示。

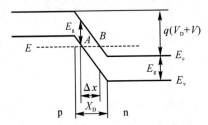

图 3-23 大反向偏压下 pn 结的带图

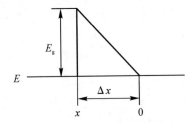

图 3-24 pn 结的三角形势垒

为了计算方便起见,令 $E=0$,并假定势垒区内有一恒定电场 ξ,因而在点 x 处,有

$$E(x) = q\xi x$$

将其代入式(3-133)的积分中,并取积分上、下限 Δx 和 0,故

$$P = \exp\left[-\frac{2}{h}(2m_{dn})^{\frac{1}{2}}\int_0^{\Delta x}(q\xi)^{\frac{1}{2}}x^{\frac{1}{2}}dx\right]$$

经计算并利用关系 $\Delta x = \frac{E_g}{q}\xi$ 可得

$$P = \exp\left[-\frac{4}{3h}(2m_{dn})^{\frac{1}{2}}(E_g)^{\frac{3}{2}}\left(\frac{1}{q\xi}\right)\right] \tag{3-131}$$

或

$$P = \exp\left[-\frac{4}{3h}(2m_{dn})^{\frac{1}{2}}(E_g)^{\frac{1}{2}}\Delta x\right] \tag{3-132}$$

由式(3-131)和式(3-132)看出,对于一定的半导体材料,势垒区中的电场 ξ 越大,或隧道长度 Δx 越短,则电子穿过隧道的概率 P 越大。当电场 ξ 大到一定程度,或 Δx 短到一定程度时,将使 p 区价带中大量的电子隧道穿过势垒到达 n 区导带中,使反向电流急剧增大,于是 pn 结就发生隧道击穿。这时外加的反向偏压即为隧道击穿电压(或齐纳击穿电压)。

可以利用式(3-132)估算一定隧道概率 P 所对应的隧道长度 Δx,例如,对于 $P=$

10^{-10},$E_g=1.12$ eV,$m_n=1.08m_0$,则 Δx 为 3.1 nm。当然也可以由式(3-130)估算一定隧道概率 P 所对应的电场强度 ξ。

从图 3-25 可以得到隧道长度 Δx 与势垒高度 $q(V_D-V)$ 间的关系。因势垒区内导带底的斜率是 $\dfrac{q(V_D-V)}{X_D}$,同时这斜率也是 $\dfrac{E_g}{\Delta x}$,故得到

$$\Delta x=\left(\frac{E_g}{q}\right)\left[\frac{X_D}{(V_D-V)}\right] \qquad (3-133)$$

式中:V 是反向偏压,X_D 是势垒区宽度。将式(3-84)的 X_D 代入式(3-133)得

$$\Delta x=\left(\frac{E_g}{q}\right)\left(\frac{2\varepsilon_r\varepsilon_0}{qNV_A}\right)^{\frac{1}{2}} \qquad (3-134)$$

式中:$N=\dfrac{N_D N_A}{(N_D+N_A)}$,$V_A=V_D-V$。从式(3-134)可见,$NV_A$ 越大,Δx 越小,因而隧道概率 P 就越大,也就越容易发生隧道击穿。故隧道击穿时要求一定的 NV_A 值,它既可以是 N 小 V_A 大,也可以是 N 大 V_A 小。前者即杂质浓度较低时,必须加大的反向偏压才能发生隧道击穿。但是在杂质浓度较低,反向偏压较大时,势垒宽度增大,隧道长度会变长,不利于隧道击穿,但是却有利于雪崩倍增效应,所以在一般杂质浓度下,雪崩击穿是主要的。而后者即杂质浓度高时,在反向偏压不高的情况下就能发生隧道击穿,由于势垒区宽度小,不利于雪崩倍增效应,所以在重掺杂的情况下,隧道击穿成为主要的。实验表明,对于重掺杂的锗、硅 pn 结,当击穿电压 $V_{BR}<\dfrac{4E_g}{q}$ 时,一般为隧道击穿;当 $V_{BR}>\dfrac{6E_g}{q}$ 时,一般为雪崩击穿;当 $\dfrac{4E_g}{q}<V_{BR}<\dfrac{6E_g}{q}$ 时,两种击穿机构都存在。

图 3-25 表示了硅、锗 pn 结中齐纳击穿电压、雪崩击穿电压与杂质浓度的关系。

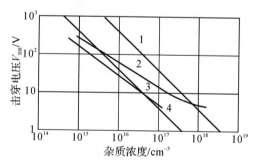

图 3-25 硅、锗 pn 结中雪崩和齐纳击穿电压
1—Si 齐纳击穿电压;2—Si 雪崩击穿电压;3—Ge 齐纳击穿电压;4—Ge 雪崩击穿电压

3.4.3 热电击穿

当在 pn 结上施加反向电压时,流过 pn 结的反向电流要引起热损耗。反向电压逐渐增大时,对应于一定的反向电流所损耗的功率也增大,这将产生大量热能。如果没有良好的散热条件使这些热能及时传递出去,则将引起 pn 结温度上升。

考虑式(3-35)表示的反向饱和电流密度$-J_s$中的一项$J_s = \dfrac{qD_n n_{p0}}{L_n}$。因为$n_{p0} = \dfrac{n_i^2}{p_{p0}} = \dfrac{n_i^2}{N_A}$，所以反向饱和电流密度$J_s \propto n_i^2$。又由式(3-30)知道，$n_i^2 \propto T^3 \times \exp\left[-\dfrac{E_g}{k_0 T}\right]$，可见，反向饱和电流密度随温度按指数规律上升，其上升速度很快，因此，随着pn结温度的上升，反向饱和电流密度也迅速增大，产生的热能也迅速增大，进而又导致pn结温度上升，反向饱和电流密度增大。如此反复循环下去，最后使J_s无限增大而发生击穿。这种由热不稳定性引起的击穿，称为热电击穿。对于禁带宽度比较小的半导体如锗pn结，由于反向饱和电流密度较大，在室温下这种击穿很重要。

3.5 pn结隧道效应

两边都是重掺杂的pn结的电流电压特性如图3-26所示，正向电流一开始就随正向电压的增加而迅速上升达到一个极大值I_p，称为峰值电流，对应的正向电压V_p称为峰值电压。随后电压增加，电流反而减小，达到一极小值I_v，称为谷值电流，对应的电压V_v称为谷值电压。当电压大于谷值电压V_v后，电流又随电压而上升。在V_p至V_v这段电压范围内，随着电压的增大电流反而减小的现象称为负阻，这一段电流电压特性曲线的斜率为负的，这一特性称为负阻特性。反向时，反向电流随反向偏压的增大而迅速增加，由重掺杂的p区和n区形成的pn结通常称为隧道结，由这种隧道结制成的隧道二极管，由于它具有正向负阻特性而获得了多种用途，例如用于微波放大、高速开关、激光振荡源等。图3-27是几种隧道二极管的电流电压特性。隧道结的这种电流电压特性与它的隧道效应密切相关。

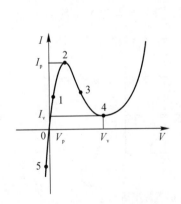

图3-26 隧道结的电流电压特性

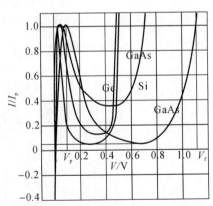

图3-27 锗、硅、砷化镓隧道结室温下的电流电压特性

在简并化的重掺杂半导体中，n型半导体的费米能级进入了导带，p型半导体的费米能级进入了价带。两者形成隧道结后，在没有外加电压，处于热平衡状态时，n区和p区的费米能级相等，其能带图如图3-28所示。从图中看出，n区导带底比p区价带顶还低，因此，在n区的导带和p区的价带中出现具有相同能量的量子态。另外，在重掺杂情况下，杂质浓度大，势垒区很薄，由于量子力学的隧道效应，n区导带的电子可能穿过禁带到p区价带，p

区价带电子也可能穿过禁带到 n 区导带,从而有可能产生隧道电流。隧道长度越短,电子穿过隧道的概率越大,从而可以产生显著的隧道电流。

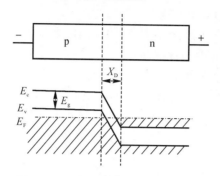

图 3-28 隧道结热平衡时的能带图

在隧道结中,正向电流由两部分组成。一部分是扩散电流,随正向电压的增加而按指数规律增加,但是在较低的正向电压范围内,扩散电流是很小的。另一部分是隧道电流,在较低的正向电压下,隧道电流是主要的。下面简单分析,隧道电流随外加电压的变化情况。

1) 隧道结未加电压时的能带图如图 3-28 所示。这时 p 区价带和 n 区导带虽然具有相同能量的量子态,但是 n 区和 p 区的费米能级相等,在结的两边,费米能级以下没有空量子态,费米能级以上的量子态没有被电子占据,所以,隧道电流为零,对应于特性曲线(见图 3-26)上的点 0。

2) 加一很小的正向电压 V,n 区能带相对于 p 区将升高 qV,如图 3-29(a)所示,这时结两边能量相等的量子态中,p 区价带的费米能级以上有空量子态,而 n 区导带的费米能级以下有量子态被电子占据,因此,n 区导带中的电子可能穿过隧道到 p 区价带中,产生从 p 区向 n 区的正向隧道电流,这时对应于特性曲线上的点 1。

3) 继续增大正向电压,势垒高度不断下降,有更多的电子从 n 区穿过隧道到 p 区的空量子态,使隧道电流不断增大。当正向电流增大到 I_p 时,这时 p 区的费米能级与 n 区导带底一样高,n 区的导带和 p 区的价带中能量相同的量子态达到最多,n 区的导带中的电子可能全部穿过隧道到 p 区价带中的空量子态去,正向电流达到极大值 I_p,这时对应于特性曲线的点 2,如图 3-29(b)所示。

4) 再增大正向电压,势垒高度进一步降低,在结两边能量相同的量子态减少,使 n 区导带中可能穿过隧道的电子数以及 p 区价带中可能接受穿过隧道的电子的空量子态均减少,如图 3-29(c)所示,这时隧道电流减小,出现负阻,对应于特性曲线上的点 3。

5) 正向偏压增大到 V_v 时,n 区导带底和 p 区价带顶一样高,如图 3-30(d)所示,这时 p 区价带和 n 区导带中没有能量相同的量子态,因此不能发生隧道穿通,隧道电流应该减少到零,对应于特性曲线上的点 4。但实际上在 V_v 时,正向电流并不完全为零,而是有一个很小的谷值电流 I_v,它的数值要比谷值电压下的正向扩散电流大得多,称为过量电流。实验证明,谷值电流基本上具有隧道电流的性质。产生谷值电流的一个可能原因是简并半导体能带边缘的延伸,即当 $V=V_v$ 时,n 区导带底和 p 区价带顶高度相同,但是由于能带边缘的延伸,n 区导带底有一个向下延伸的尾部,p 区价带有一个向上延伸的尾部,于是 n 区导带和 p

区价带仍有能量相同的量子态,这时仍可产生隧道效应,形成谷值电流。实验还说明,当存在深能级的杂质或缺陷时,谷值电流增大,这说明产生谷值电流的另一个可能因素是通过禁带中的某些深能级所产生的隧道效应。

6) 对硅、锗 pn 结来说,正向偏压大于 V_v 时,一般来说扩散电流就开始成为主要的,这时隧道结和一般 pn 结的正向特性基本一样。

7) 加反向偏压时,p 区能带相对 n 区能带升高,如图 3-29(e)所示。在 pn 结两边能量相同的量子态范围内,p 区价带中费米能级以下的量子态被电子占据,而 n 区导带中费米能级以上有空的量子态。因此 p 区中的价带电子就可以穿过隧道到 n 区导带中,产生反向隧道电流。随着反向偏压的增加,p 区价带中可以穿过隧道的电子数大大增加,故反向电流也迅速增加,如图 3-26 中特性曲线上的点 5 所示。可见,在隧道结中,即使反向电压很小,反向电流也是比较大的,这与一般 pn 结是不同的。

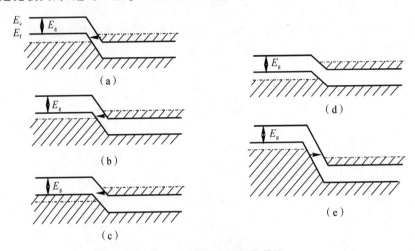

图 3-29 隧道结简单能带图

(a)对应图 3-27 点 1;(b)对应图 3-27 点 2;(c)对应图 3-27 点 3;(d)对应图 3-27 点 4;(e)对应图 3-27 点 5

由以上分析知道,隧道结是利用多子隧道效应工作的,因为单位时间通过 pn 结的多子数目起伏较小,所以隧道二极管的噪声较低。由于隧道结用重掺杂的简并半导体制成,所以温度对多子浓度的影响甚小,使隧道二极管的工作温度范围增大。又由于隧道效应本质上是量子跃迁的过程,电子穿过势垒极其迅速,不受电子渡越时间限制,使隧道二极管可以在极高频率下工作。这些优点使隧道结得到了广泛的应用。

参考文献

[1] 施敏. 半导体器件物理. 2 版. 黄振岗,译. 北京:电子工业出版社,1987.
[2] 格罗夫. 半导体器件物理与工艺. 齐建,译. 北京:科学出版社,1976.
[3] 厦门大学物理系半导体物理教研室. 半导体器件工艺原理. 北京:人民教育出版社. 1977.
[4] SHOCKLEY W. The theory of pn junctions in semiconductors and pn junction

transistors. Bell System Tech. J. ,1949,28:435.

[5] GUMMEL H K. Hole-electron product of pn junction. Solid State Electron. ,1967, 10:209.

[6] LAWRENCE H , WARNER R M. Izxffused junction depletion layer calculations. Bell System Tech. J. 1960,39:389.

[7] MOLL J L. Physics of semiconductors. New York:McGraw-Hill, 1964.

[8] TALLEY H. E. , DAUGHERTY D. G. Physical principles semiconductor devices. Ames:Lowa State University Press, 1976.

第 4 章 金属和半导体的接触

4.1 金属半导体接触及其能级图

4.1.1 金属和半导体的功函数

在热力学温标零度时,金属中的电子填满了费米能级 E_F 以下的所有能级,而高于 E_F 的能级则全部是空着的。在一定温度下,只有 E_F 附近的少数电子受到热激发,由低于 E_F 的能级跃迁到高于 E_F 的能级上去,但是绝大部分电子仍不能脱离金属而逸出体外。这说明金属中的电子虽然能在金属中自由运动,但绝大多数所处的能级都低于体外能级。要使电子从金属中逸出,必须由外界给它以足够的能量。所以,金属内部的电子是在一个势阱中运动的。用 E_0 表示真空中静止电子的能量,金属中的电子势阱如图 4-1 所示。金属功函数的定义是 E_0 与 E_F 能量之差。用 W_m 表示为

$$W_m = E_0 - (E_F)_m \tag{4-1}$$

它表示一个起始能量等于费米能级的电子由金属内部逸出到真空中所需要的最小能量。功函数的大小标志着电子在金属中束缚的强弱,W_m 越大,电子越不容易离开金属。

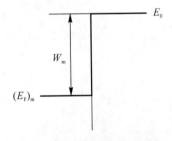

图 4-1 金属中的电子势阱

金属的功函数约为几电子伏特。铯的功函数最低,为 1.93 eV;铂的最高,为 5.36 eV。功函数的值与表面状况有关。图 4-2 给出了清洁表面的金属功函数。由图 4-2 可知,随着原子序数的递增,功函数也呈现周期性变化。

在半导体中,导带底 E_c 和价带顶 E_v 一般都比 E_0 低几电子伏特。要使电子从半导体

逸出，必须给它以相应的能量。和金属类似，把 E_0 与费米能级之差也称为半导体的功函数，用 W_s 表示，于是有

$$W_s = E_0 - (E_F)_s \qquad (4-2)$$

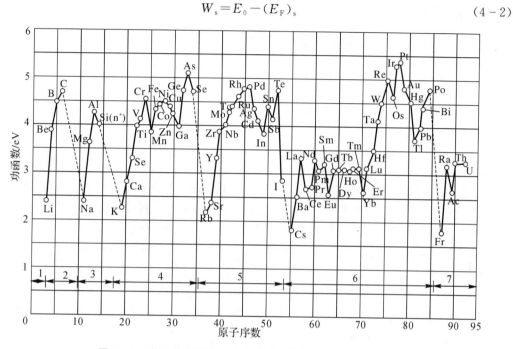

图 4-2　真空中清洁表面的金属功函数与原子序数的关系

半导体的费米能级随杂质浓度变化，因而 W_s 也与杂质浓度有关。n 型半导体的功函数如图 4-3 所示。图(4-3)中还画出了从 E_c 到 E_0 的能量间隔 χ，即

$$\chi = E_0 - E_c \qquad (4-3)$$

χ 称为电子亲和能，它表示要使半导体导带底的电子逸出体外所需要的最小能量。

利用亲和能，半导体的功函数又可表示为

$$W_s = \chi + [E_c - (E_F)_s] = \chi + E_n \qquad (4-4)$$
$$E_n = E_c - (E_F)_s \qquad (4-5)$$

不同掺杂浓度的 Ge、Si 及 GaAs 的功函数列于表 4-1 中。

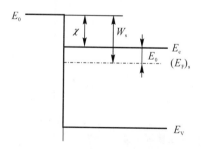

图 4-3　n 型半导体的功函数

表 4-1 半导体功函数与杂质浓度的关系(计算值)

半导体	χ/eV	W_s/eV					
		n 型 N_D/cm^{-3}			p 型 N_A/cm^{-3}		
		10^{14}	10^{15}	10^{16}	10^{14}	10^{15}	10^{16}
Si	4.05	4.37	4.31	4.25	4.87	4.93	4.99
Ge	4.13	4.43	4.37	4.31	4.51	4.57	4.63
GaAs	4.07	4.29	4.23	4.17	5.20	5.26	5.32

4.1.2 接触电势差

设想有一块金属和一块 n 型半导体，它们有共同的真空静止电子能级，并假定金属的功函数大于半导体的功函数，即 $W_m > W_s$。它们接触前，尚未达到平衡时的能带图如图 4-4(a) 所示。显然半导体的费米能级 $(E_F)_s$ 高于金属的费米能级 $(E_F)_m$，且 $(E_F)_s - (E_F)_m = W_m - W_s$。如果用导线把金属和半导体连接起来，它们就成了一个统一的电子系统。$(E_F)_s$ 高于 $(E_F)_m$，半导体中的电子将向金属流动，使金属表面带负电，半导体表面带正电。它们所带电荷在数值上相等，整个系统仍保持电中性，结果降低了金属的电势，增大了半导体的电势。当它们的电势发生变化时，其内部的所有电子能级及表面处的电子能级都发生相应的变化，最后达到平衡状态，金属和半导体的费米能级在同一水平上，这时不再有电子的净流动。它们之间的电势差完全补偿了原来费米能级的不同，即相对于金属的费米能级，半导体的费米能级下降了 $(W_m - W_s)$，如图 4-4(b) 所示，可明显地看出

$$q(V'_s - V_m) = W_m - W_s \tag{4-6}$$

其中：V_m 和 V'_s 分别为金属和半导体的电势。式(4-6)可写成

$$V_{ms} = V_m - V'_s = \frac{W_s - W_m}{q}$$

这个由接触而产生的电势差称为接触电势差。这里所讨论的是金属和半导体之间的距离 D 远大于原子间距时的情形。

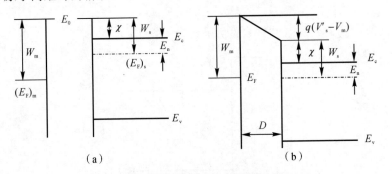

图 4-4 金属和 n 型半导体接触能带图 $(W_m > W_s)$
(a)接触前；(b)间隙很大

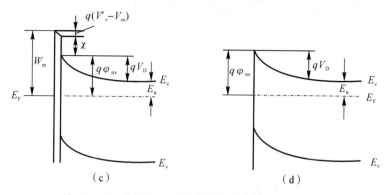

续图 4-4　金属和 n 型半导体接触能带图 ($W_m > W_s$)
(c) 紧密接触；(d) 忽略间隙

随着 D 的减小，靠近半导体一侧的金属表面负电荷密度增大，同时，靠近金属一侧的半导体表面的正电荷密度也随之增大。由于半导体中自由电荷密度的限制，这些正电荷分布在半导体表面相当厚的一层表面层内，即空间电荷区。这时在空间电荷区内便存在一定的电场，造成能带弯曲，使半导体表面和内部之间存在电势差 V_s，即表面势。这时接触电势差一部分降落在空间电荷区，另一部分降落在金属和半导体表面之间。于是有

$$\frac{W_s - W_m}{q} = V_{ms} + V_s \tag{4-7}$$

若 D 小到可以与原子间距相比较，电子就可自由穿过间隙，这时 V_{ms} 很小，接触电势差绝大部分降落在空间电荷区。这种紧密接触的情形如图 4-4(c)所示。

图 4-4(d)表示忽略间隙中的电势差的极限情形，这时 $(W_s - W_m)/q = V_s$。半导体一边的势垒高度为

$$qV_D = qV_s = W_m - W_s \tag{4-8}$$

这里 $V_s < 0$。金属一边的势垒高度是

$$q\varphi_{ns} = qV_D + E_n = -qV_s + E_n = W_m - W_s + E_n = W_m - \chi \tag{4-9}$$

为了使问题简化，以后只讨论这种极限情形。

从上面的分析可以清楚地看出，当金属与 n 型半导体接触时，若 $W_m > W_s$，则在半导体表面形成一个正的空间电荷区，其中电场方向由体内指向表面，$V_s < 0$，它使半导体表面电子的能量高于体内的能量，能带向上弯曲，即形成表面势垒。在势垒区中，空间电荷主要由电离施主形成，电子浓度要比体内小得多，因此它是一个高阻的区域，常称为阻挡层。

若 $W_m < W_s$，则金属与 n 型半导体接触时，电子将从金属流向半导体，在半导体表面形成负的空间电荷区。其中电场方向由表面指向体内，$V_s > 0$，能带向下弯曲。这里电子浓度比体内大得多，因而是一个高电导的区域，称为反阻挡层。其平衡时的能带图如图 4-5 所示。反阻挡层是很薄的高电导层，它对半导体和金属接触电阻的影响是很小的。所以，反阻挡层与阻挡层不同，在平常的实验中觉察不到它的存在。

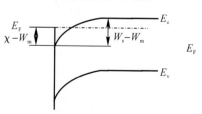

图 4-5　金属和 n 型半导体接触能带图 ($W_m < W_s$)

金属和 p 型半导体接触时,形成阻挡层的条件正好与 n 型接触时相反。当 $W_m > W_s$ 时,能带向上弯曲,形成 p 型反阻挡层;当 $W_m < W_s$ 时,能带向下弯曲,造成空穴的势垒,形成 p 型阻挡层。其能带图如图 4-6 所示。

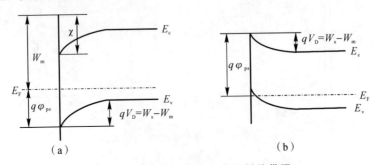

图 4-6 金属和 p 型半导体接触能带图

(a)p 型阻挡层($W_m < W_s$);(b)p 型反阻挡层($W_m < W_s$)

将上述结果归纳在表 4-2 中。

表 4-2 形成 n 型和 p 型阻挡层的条件

条 件	n 型	p 型
$W_m > W_s$	阻挡层	反阻挡层
$W_m < W_s$	反阻挡层	阻挡层

4.1.3 表面态对接触势垒的影响

对于同一种半导体,χ 将保持一定的值。根据式(4-9),用不同的金属与它形成的接触,其势垒高度 $q\varphi_{ns}$ 应当直接随金属功函数而变化。但是实际测量的结果并非如此。表 4-3 列出了几种金属分别与 n 型 Ge、Si、GaAs 接触时形成的势垒高度的测量值。例如,金或铝与 n 型 GaAs 接触时,势垒高度仅相差 0.15 V,而由图 4-2 得知金的功函数为 4.8 V,铝的功函数为 4.25 V,两者相差 0.55 V,远比 0.15 V 大。大量的测量结果表明:不同的金属,虽然功函数相差很大,而对比起来,它们与半导体接触时形成的势垒高度相差却很小。这说明金属功函数对势垒高度没有多大影响。进一步的研究说明,这是由于半导体表面存在表面态。下面定性地分析表面态对接触势垒所产生的影响。

表 4-3 n 型 Ge、Si、GaAs 的 φ_{ns} 测量值(300 K)

半导体	金 属	φ_{ns}/V	半导体	金 属	φ_{ns}/V
n-Ge	Au	0.45	n-GaAs	Au	0.95
	Al	0.48		Ag	0.93
	W	0.48		Al	0.80
n-si	Au	0.79		W	0.71
	W	0.67		Pt	0.94

在半导体表面处的禁带中存在着表面态,对应的能级称为表面能级。表面态一般分为施主型和受主型两种。若能级被电子占据时呈电中性,施放电子后呈正电性,则称为施主型表面态;若能级空着时呈电中性,而接受电子后呈负电性,则称为受主型表面态。一般表面态在当半导体表面禁带中形成一定的分布,表面处存在一个距离价带顶为 $q\varphi_0$ 的能级,(见图 4-7),当电子正好填满 $q\varphi_0$ 以下的所有表面态时,表面呈电中性。$q\varphi_0$ 以下的表面态空着时,表面带正电,呈现施主型;$q\varphi_0$ 以上的表面态被电子填充时,表面带负电,呈现受主型。对于大多数半导体,$q\varphi_0$ 约为禁带宽度的 1/3。

假定在一个 n 型半导体表面存在表面态。半导体费米能级 E_F 将高于 $q\varphi_0$,如果 $q\varphi_0$ 以上存在有受主表面态,则在 $q\varphi_0$ 到 E_F 间的能级将基本上被电子填满,表面带负电。这样,半导体表面附近必定出现正电荷,成为正的空间电荷区,结果形成电子的势垒,势垒高度 qV_D 恰好使表面态上的负电荷与势垒区正电荷数量相等。平衡时的能带图如图 4-7 所示。

如果表面态密度很大,只要 E_F 比 $q\varphi_0$ 高一点,在表面态上就会积累很多负电荷,由于能带向上弯,表面处 E_F 很接近 $q\varphi_0$,势垒高度就等于原来费米能级(设想没有势垒的情形)和 $q\varphi_0$ 之差,即 $qV_D = E_g - q\varphi_0 - E_n$,如图 4-8 所示。这时势垒高度称为被高表面态密度钉扎(pinned)。

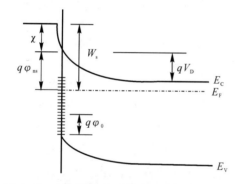 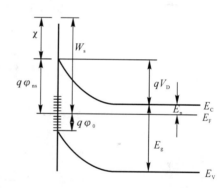

图 4-7 存在受主表面态时 n 型半导体的能带　　图 4-8 存在高表面态密度时 n 型半导体的能带

如果不存在表面态,半导体的功函数决定于费米能级在禁带中的位置,即 $W_s = \chi + E_n$。如果存在表面态,即使不与金属接触,表面也会形成势垒,半导体的功函数 W_s 也要有相应的改变。图 4-7 形成电子势垒,功函数增大为 $W_s = \chi + qV_D + E_n$,改变的数值就是势垒高度 qV_D。当表面态密度很高时,$W_s = \chi + E_g - q\varphi_0$,几乎与施主浓度无关。这种具有受主表面态的 n 型半导体与金属接触的能带图如图 4-9 所示,图中省略了表面态能级。图 4-9(a)表示接触前的能带图,这里仍然是 $W_m > \chi + q\varphi_{ns} = W_s$ 的情况。由于 $(E_F)_s$ 高于 $(E_F)_m$,因此它们接触时,同样将有电子流向金属。不过现在电子并不是来自半导体体内,而是由受主表面态提供,若表面态密度很高,能放出足够多的电子,则半导体势垒区的情形几乎不发生变化。平衡时,费米能级达到同一水平,半导体的费米能级 $(E_F)_s$ 相对于金属的费米能级 $(E_F)_m$ 下降了 $(W_m - W_s)$。在间隙 D 中,从金属到半导体电势下降了 $(W_s - W_m)/q$。这时空间电荷区的正电荷等于表面受主态上留下的负电荷与金属表面负电荷之和。当间隙 D 小到可与原子间距相比时,电子就可自由地穿过它了。这种紧密接触的情形如图 4-9

(b)所示。为了明显起见,图中夸大了间隙 D。如果忽略这个间隙,则极限情形下的能带图如图 4-9(c)所示。

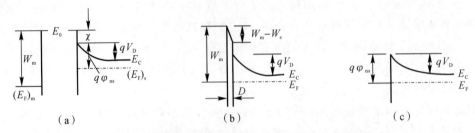

图 4-9 表面受主态密度很高的 n 型半导体与金属接触能带
(a)接触前;(b)紧密接触;(c)极限情形

上面的分析说明,当半导体的表面态密度很高时,它可屏蔽金属接触的影响,使半导体内的势垒高度和金属的功函数几乎无关而基本上由半导体的表面性质所决定,接触电势差全部降落在两个表面之间。当然,这是极端的情形。实际上,由于表面态密度的不同,紧密接触时,接触电势差有一部分要降落在半导体表面以内,金属功函数将对表面势垒产生不同程度的影响,但影响不大,这种解释符合实际测量的结果。根据这一概念不难理解当 $W_m < W_s$ 时,也可能形成 n 型阻挡层。

4.2 金属半导体接触的整流理论

这里所讨论的整流理论是指阻挡层的整流理论。4.1 节讨论的处于平衡态的阻挡层中是没有净电流流过的,这是因为从半导体进入金属的电子流和从金属进入半导体的电子流大小相等,方向相反,构成动态平衡。在紧密接触的金属和半导体之间加上电压时,例如,外加电压 V 于金属,由于阻挡层是一个高阻区域,因此电压主要降落在阻挡层上。原来半导体表面和内部之间的电势差,即表面势是 $(V_s)_0$,现在应为 $(V_s)_0 + V$,因而电子势垒高度是

$$-q[(V_s)_0 + V] \tag{4-10}$$

显然,V 与原来表面势符号相同时,阻挡层势垒将提高,否则势垒将下降。图 4-10 表示外加电压对 n 型阻挡层的影响,这时 $(V_s)_0 < 0$。为了进行比较,图 4-10(a)还画出了平衡阻挡层的情形。外加电压后,半导体和金属不再处于相互平衡的状态,两者没有统一的费米能级。半导体内部费米能级和金属费米能级之差等于由加外电压所引起的静电势能差。图 4-10(b)表示加正向电压(即 $V > 0$)时的情形。半导体一边的势垒由 $qV_D = -q(V_s)_0$ 降低为 $-q[(V_s)_0 + V]$。这时,从半导体到金属电子数目的增加量超过从金属到半导体的电子数,形成了一股从金属到半导体的正向电流,它是由 n 型半导体中多数载流子构成的。图 4-10(c)表示加反向电压(即 $V < 0$)时的情形。这时势垒增高为 $-q[(V_s)_0 + V]$,外加电压越高,势垒下降越多,正向电流越大,从半导体到金属的电子数目减少,金属到半导体的电子流占优势,形成一股由半导体到金属的反向电流。由于金属中的电子要越过相当高的势垒 $q\varphi_{ns}$ 才能到达半导体中,因此反向电流是很小的。从图 4-10 可以看出,金属一边的势

垒不随外加电压变化,所以从金属到半导体的电子流是恒定的。当反向电压增大时,使半导体到金属的电子流可以忽略不计时,反向电流将趋于饱和值。以上的讨论说明这样的阻挡层具有类似 pn 结的电流电压特性,即有整流作用。

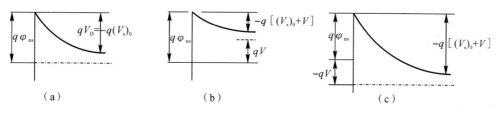

图 4-10　外加电压对 n 型阻挡层的影响

对 p 型阻挡层的讨论类似,不同的是这时 $(V_s)_0 > 0$,因此,正向电压和反向电压的极性正好与 n 型阻挡层相反。当 $V<0$,即金属加负电压时,形成从半导体流向金属的正向电流;当 $V>0$,即金属加正电压时,形成反向电流。无论是哪种阻挡层,正向电流都相当于是多数载流子由半导体到金属所形成的电流。

这里只是定性地说明了阻挡层的整流作用,下面将介绍扩散理论和热电子发射理论,定量地得出电流电压特性的表达式。

4.2.1　扩散理论

对于 n 型阻挡层,当势垒的宽度比电子的平均自由程大得多时,电子通过势垒区要发生多次碰撞,这样的阻挡层称为厚阻挡层。扩散理论正是适用于厚阻挡层的理论。势垒区中存在电场,有电势的变化,载流子分布不均匀。计算通过势垒的电流时,必须同时考虑漂移和扩散运动。因此,有必要知道势垒区的电势分布。一般情况下,势垒区的电势分布是比较复杂的。

当势垒高度远大于 $k_0 T$ 时,势垒区可近似为一个耗尽层。在耗尽层中,载流子极为稀少,它们对空间电荷的贡献可以忽略;杂质全部电离,空间电荷完全由电离杂质的电荷形成。图 4-11 表示 n 型半导体的耗尽层,x_d 表示耗尽层宽度。有外加电压时的能带图见图 4-10。若半导体是均匀掺杂的,那么耗尽层中的电荷密度也是均匀的,且等于 qN_D,其中 N_D 是施主浓度。这时的泊松方程是

$$\frac{d^2 y}{dx^2} = \begin{cases} -\dfrac{qN_D}{\varepsilon_r \varepsilon_0} & (0 \leqslant x \leqslant x_d) \\ 0 & (x > x_d) \end{cases} \tag{4-11}$$

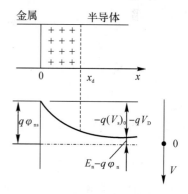

图 4-11　n 型半导体的耗尽层

半导体内电场为零,因而 $\varepsilon(x) = -dV/dx|_{x=x_d} = 0$。把金属费米能级 $(E_F)_m$ 除以 $-q$ 选作电势的零点,则有 $V(0) = -\varphi_{ns}$。利用这样的边界条件得到势垒区中

$$\varepsilon(x) = \frac{dV(x)}{dx} = \frac{qN_D}{\varepsilon_r \varepsilon_0}(x - x_d) \tag{4-12}$$

$$V(x) = \frac{qN_D}{\varepsilon_r \varepsilon_0}\left(xx_d - \frac{1}{2}x^2\right) - \varphi_{ns} \tag{4-13}$$

外加电压 V 于金属,则 $V(x_d) = -(\varphi_n + V)$,而 $\varphi_{ns} = \varphi_n + V_D$。因此由式(4-13)得到势垒宽度：

$$x_d = \left\{-\frac{2\varepsilon_r \varepsilon_0 [(V_s)_0 + V]}{qN_D}\right\}^{1/2} \tag{4-14}$$

$$x_d\big|_{V=0} = x_{d0} = \left[-\frac{2\varepsilon_r \varepsilon_0 (V_s)_0}{qN_D}\right]^{1/2} \tag{4-15}$$

显然 x_d 是 V 的函数。当 V 与 $(V_s)_0$ 符号相同时,不仅势垒高度提高了,而且宽度也相应增大了,势垒宽度也称为势垒厚度。这种厚度依赖于外加电压的势垒,称作肖特基势垒。

现在考虑通过势垒的电流密度。根据电流密度方程

$$J = q\left[n(x)\mu_n \xi(x) + D_n \frac{dn(x)}{dx}\right] = qD_n \left[\frac{qn(x)}{k_0 T}\frac{dV(x)}{dx} + \frac{dn(x)}{dx}\right] \tag{4-16}$$

其中利用了爱因斯坦关系式：

$$\mu_n = \frac{q}{k_0 T} D_n \quad \text{及} \quad \xi(x) = -\frac{dV(x)}{dx}$$

用因子 $\exp\left[-\frac{qV(x)}{k_0 T}\right]$ 乘式(4-16)的两边,得到

$$J\exp\left[-\frac{qV(x)}{k_0 T}\right] = qD_n \left(n(x)\frac{d}{dx}\left\{\exp\left[-\frac{qV(x)}{k_0 T}\right]\right\} + \exp\left[-\frac{qV(x)}{k_0 T}\right]\frac{dn(x)}{dx}\right)$$

$$= -qD_n \frac{d}{dx}\left\{n(x)\exp\left[-\frac{qV(x)}{k_0 T}\right]\right\} \tag{4-17}$$

在稳定情况下,J 是一个与 x 无关的常数,从 $x=0$ 到 $x=x_d$ 对式(4-17)积分,得到

$$J\int_0^{x_d} \exp\left[-\frac{qV(x)}{k_0 T}\right]dx = qD_n \left\{n(x)\exp\left[-\frac{qV(x)}{k_0 T}\right]\right\}\bigg|_0^{x_d} \tag{4-18}$$

在 $x = x_d$ 处,已达半导体内部,所以

$$\left.\begin{aligned}V(x_d) &= \frac{qN_D}{2\varepsilon_r \varepsilon_0}x_d^2 - \varphi_{ns} \\ n(x_d) &= n_0 = N_c \exp\left(-\frac{q\varphi_n}{k_0 T}\right)\end{aligned}\right\} \tag{4-19}$$

这里假定半导体是非简并的,并且体内浓度仍为平衡时的浓度 n_0。在 $x=0$ 处,有

$$V(0) = -\varphi_{ns} \tag{4-20}$$

对 $x=0$ 处的电子浓度可作如下近似估计：在半导体和金属直接接触处,由于它可以与金属直接交换电子,所以这里的电子仍旧和金属近似地处于平衡状态。因此,$n(0)$ 近似等于平衡时的电子浓度。于是

$$n(0) = n_0 \exp\left[\frac{q(V_s)_0}{k_0 T}\right] \tag{4-21}$$

把式(4-19)～式(4-21)代入式(4-18),得到

$$J\int_0^{x_d} \exp\left[-\frac{qV(x)}{k_0 T}\right]dx = qD_n n_0 \exp\left\{\frac{q[\varphi_{ns} + (V_s)_0]}{k_0 T}\right\}\left[\exp\left(\frac{qV}{k_0 T}\right) - 1\right] \tag{4-22}$$

要得到电流密度 J,还必须计算式(4-22)左边的积分,用耗尽层近似,$V(x)$ 由式(4-13)表示。当势垒高度 $-q[(V_s)_0+V]\gg k_0T$ 时,被积函数 $\exp\left[-\dfrac{qV(x)}{k_0T}\right]$ 随 x 的增大而急剧减小。因此,积分主要取决于 $x=0$ 附近的电势值。这时 $2xx_d\gg x^2$,略去式(4-13)中含 x^2 的项,近似有

$$V(x)=\frac{qN_Dx_d}{\varepsilon_r\varepsilon_0}x-\varphi_{ns} \tag{4-23}$$

将式(4-23)代入式(4-22)左边的积分式,得到

$$\int_0^{x_d}\exp\left[-\frac{qV(x)}{k_0T}\right]\mathrm{d}x=\frac{k_0T\varepsilon_r\varepsilon_0}{q^2N_Dx_d}\exp\left(\frac{q\varphi_{ns}}{k_0T}\right)\left[1-\exp\left(-\frac{q^2N_Dx_d^2}{k_0T\varepsilon_r\varepsilon_0}\right)\right] \tag{4-24}$$

由于 $-q[(V_s)_0+V]\gg k_0T$,所以

$$\exp\left(-\frac{q^2N_Dx_d^2}{k_0T\varepsilon_r\varepsilon_0}\right)=\exp\left\{\frac{2q[(V_s)_0+V]}{k_0T}\right\}\ll 1$$

式(4-24)可近似为

$$\int_0^{x_d}\exp\left[-\frac{qV(x)}{k_0T}\right]\mathrm{d}x=\frac{k_0\varepsilon_r\varepsilon_0}{q^2N_Dx_d}\exp\left(\frac{q\varphi_{ns}}{k_0T}\right) \tag{4-25}$$

把式(4-25)及式(4-14)代入式(4-22),得到电流密度:

$$\begin{aligned}J&=\frac{q^2D_nn_0}{k_0T}\left\{-\frac{2qN_D}{\varepsilon_r\varepsilon_0}[(V_s)_0+V]\right\}^{1/2}\exp\left(-\frac{qV_D}{k_0T}\right)\left[\exp\left(\frac{q\varphi}{k_0T}\right)-1\right]\\&=\frac{q^2D_nN_c}{k_0T}\left\{-\frac{2qN_D}{\varepsilon_r\varepsilon_0}[(V_s)_0+V]\right\}^{1/2}\exp\left(-\frac{q\varphi_{ns}}{k_0T}\right)\left[\exp\left(\frac{qV}{k_0T}\right)-1\right]\\&=J_{sD}\left[\exp\left(\frac{qV}{k_0T}\right)-1\right]\end{aligned} \tag{4-26}$$

其中

$$J_{sD}=\frac{q^2D_nN_c}{k_0T}\left\{-\frac{2qN_D}{\varepsilon_r\varepsilon_0}[(V_s)_0+V]\right\}^{1/2}\exp\left(-\frac{q\varphi_{ns}}{k_0T}\right)=\sigma\left[\frac{2qN_D}{\varepsilon_r\varepsilon_0}(V_D-V)\right]^{1/2}\exp\left(-\frac{qV_D}{k_0T}\right) \tag{4-27}$$

这里 $\sigma=qn_0\mu_{n0}$。

根据式(4-26),电流密度主要受因子 $\left(\exp\dfrac{qV}{k_0T}-1\right)$ 影响。

当 $V>0$ 时,若 $qV\gg k_0T$,则 $J=J_{sD}\exp\left(\dfrac{qV}{k_0T}\right)$;当 $V<0$ 时,若 $|qV|\gg k_0T$,则 $J=-J_{sD}$。

J_{sD} 随电压而变化,并不饱和。这样就得到图 4-12 所示的电流电压特性曲线。对于氧化亚铜这样的半导体,载流子迁移率较小,即平均自由程较短,扩散理论是适用的。

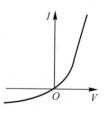

图 4-12 接触电流电压特性

4.2.2 热电子发射理论

当 n 型阻挡层很薄,以至于电子平均自由程远大于势垒宽度时,扩散理论显然不适用了。在这种情况下,电子在势垒区的碰撞可以忽略,因此,这时势垒的形状并不重要,起决定作用的是势垒高度。半导体内部的电子只要有足够的能量超越势垒的顶点,就可以自由地通过阻挡层进入金属。同样,金属中能超越势垒顶的电子也都能到达半导体内。所以,计算电流就相当于计算超越势垒的载流子数目。这就是热电子发射理论。

仍以 n 型阻挡层为例进行讨论,并且假定势垒高度 $-q[(V_s)_0+V]\gg k_0T$,因而通过势垒交换的电子数只占半导体中总电子数的很小的一部分。这样,半导体内的电子浓度可以视为常数,而与电流无关。这里涉及的仍是非简并半导体。

半导体内单位体积中能量在 $E\sim(E+\mathrm{d}E)$ 范围内的电子数是

$$\mathrm{d}n = \frac{(2m_n^*)^{3/2}}{2\pi^2\hbar^3}(E-E_c)^{1/2}\exp\left(-\frac{E-E_F}{k_0T}\right)\mathrm{d}E \tag{4-28}$$

$$\mathrm{d}n = \frac{(2m_n^*)^{3/2}}{2\pi^2\hbar^3}\exp\left(-\frac{E-E_F}{k_0T}\right)(E-E_c)^{1/2}\exp\left(-\frac{E-E_c}{k_0T}\right)\mathrm{d}E$$

若 v 为电子运动的速度,那么

$$\left.\begin{array}{r}E-E_c=\dfrac{1}{2}m_n^*v^2\\ \mathrm{d}E=m_n^*v\mathrm{d}V\end{array}\right\} \tag{4-29}$$

将式(4-29)代入式(4-28),并且利用

$$n_0 = N_c\exp\left(-\frac{E_c-E_F}{k_0T}\right)$$

得到

$$\mathrm{d}n = 4\pi n_0\left(\frac{m_n^*}{2\pi k_0T}\right)^{3/2}v^2\exp\left(\frac{m_n^*v^2}{2k_0T}\right)\mathrm{d}v \tag{4-30}$$

式(4-30)表示单位体积中速度在 $v\sim(v+\mathrm{d}v)$ 范围内的电子数。显然,该式和麦克斯韦气体分子速度分布公式在形式上完全相同,不同之处只是用电子有效质量 m_n^* 代替了气体分子质量。因而容易得出,单位体积中,速度为 $v_x\sim(v_x+\mathrm{d}v_x)$,$v_y\sim(v_y+\mathrm{d}v_y)$,$v_z\sim(v_z+\mathrm{d}v_z)$ 范围内的电子数是

$$\mathrm{d}n' = n_0\left(\frac{m_n^*}{2\pi k_0T}\right)^{3/2}\exp\left[-\frac{m_n^*(v_x^2+v_y^2+v_z^2)}{2k_0T}\right]\mathrm{d}v_xv_yv_z \tag{4-31}$$

为了计算方便,选取垂直于界面由半导体指向金属的方向为 v_x 的正方向。显然,就单位截面积而言,大小为 v_x 的体积中,在上述速度范围内的电子,单位时间内都可到达金属和半导体的界面,这些电子的数目是

$$\mathrm{d}N = n_0\left(\frac{m_n^*}{2\pi k_0T}\right)^{3/2}\exp\left[-\frac{m_n^*(v_x^2+v_y^2+v_z^2)}{2k_0T}\right]v_x\mathrm{d}v_xv_yv_z \tag{4-32}$$

到达界面的电子,要越过势垒,必须满足

$$\frac{1}{2}m_n^* v_x^2 \geqslant -q[(V_s)_0 + V] \tag{4-33}$$

所需要的 v_x 方向的最小速度是

$$v_{x_0} = \left\{\frac{-2q[(V_s)_0 + V]}{m_n^*}\right\}^{1/2} \tag{4-34}$$

因此,若规定电流的正方向是从金属到半导体,则从半导体到金属的电子流所形成的电流密度是

$$\begin{aligned}
J_{s \to m} &= qn_0 \left(\frac{m_n^*}{2\pi k_0 T}\right)^{3/2} \int_{-\infty}^{\infty} dv_z \int_{-\infty}^{\infty} dv_y \int_{-\infty}^{\infty} v_x \exp\left[\frac{-m_n^*(v_x^2 + v_y^2 + v_z^2)}{2k_0 T}\right] dv_x \\
&= qn_0 \left(\frac{m_n^*}{2\pi k_0 T}\right)^{3/2} \int_{-\infty}^{\infty} \exp\left[-\frac{m_n^* v_z^2}{2k_0 T}\right] dv_z \int_{-\infty}^{\infty} \exp\left[\frac{m_n^*}{2\pi k_0 T}\right] \\
&\quad dV_z \int_{-\infty}^{\infty} \exp\left[\frac{m_n^*}{2\pi k_0 T}\right] dv_y \int_{-\infty}^{\infty} v_x \exp\left(-\frac{m_n^* v_x^2}{2k_0 T}\right) dv_x \\
&= qn_0 \left(\frac{k_0 T}{2\pi m_n^*}\right)^{1/2} \exp\left(-\frac{m_n^*}{2\pi k_0 T}\right) \\
&= \frac{qm_n^* k_0^2}{2\pi^2 h^3} T^2 \exp\left(-\frac{q\varphi_{ns}}{k_0 T}\right) \exp\left(\frac{qV}{k_0 T}\right) \\
&= A^* T^2 \exp\left(-\frac{q\varphi_{ns}}{k_0 T}\right) \exp\left(\frac{qV}{k_0 T}\right)
\end{aligned}$$
$$\tag{4-35}$$

式中

$$A^* = \frac{qm_n^* k_0^2}{2\pi^2 h^3} \tag{4-36}$$

称为有效理查逊常数。热电子向真空中发射的理查逊常数是

$$A = qm_0 k_0^2 / 2\pi^2 h^3 = 120[\text{A}/(\text{cm}^2 \cdot \text{K}^2)]$$

表 4-4 列出了 Ge、Si、GaAs 的公式值。

表 4-4 Ge、Si、GaAs 的 A'/A 值

半导体	Ge	Si	GaAs
p 型	0.34	0.66	0.62
n 型 <111>	1.11	2.2	0.068(低电场);
n 型 <100>	1.19	2.1	1.2(高电场)

电子从金属到半导体的势垒高度不随外加电压变化。所以,从金属到半导体的电子流所形成的电流密度 J 是个常量,它应与热平衡条件下(即 $V=0$ 时)的 J 大小相等,方向相反。因此

$$J_{m \to s} = J_{s \to m}|V=0 = -A^* T^2 \exp\left(-\frac{q\varphi_{ns}}{k_0 T}\right) \tag{4-37}$$

由式(4-35)及式(4-37)得到,总电流密度为

$$J = J_{s \to m} + J_{m \to s} = -A^* T^2 \exp\left(-\frac{q\varphi_{ns}}{k_0 T}\right)\left[\exp\left(\frac{qV}{k_0 T}\right) - 1\right] \quad (4-38)$$

$$= J_{sT}\left[\exp\left(\frac{qV}{k_0 T}\right) - 1\right]$$

$$J_{sT} = A^* T^2 \exp\left(-\frac{q\varphi_{ns}}{k_0 T}\right) \quad (4-39)$$

显然,由热电子发射理论得到的电流电压特性[见式(4-38)]与扩散理论所得到的结果[见式(4-26)]形式上是一样的,所不同的是 J_{sT} 与外加电压无关,却是一个更强烈地依赖于温度的函数。

Ge、Si、GaAs 都有较高的载流子迁移率,即有较大的平均自由程,因而在室温下,这些半导体材料的肖特基势垒中的电流输运机构,主要是多数载流子的热电子发射。

4.2.3 镜像力和隧道效应的影响

无论阻挡层主要是由金属接触还是由表面态所形成的,上述理论都是适用的。把实际金属-半导体接触整流器的电流电压特性和理论结果进行比较,人们发现,上述理论确实能够说明不对称的导电性,并且上述理论所预言的高阻方向和低阻方向也和实际情况相符合。但是,它们之间存在着一定的分歧。最明显的是,在高阻方向,实际上电流随反向电压的增加比理论预期的更为显著。在低阻方向,实际电流的增加幅度一般都没有理论结果那样陡峻。图4-13为锗检波器的实际反向特性与热电子发射理论的对比。产生这些分歧的原因是,在理论推导过程中

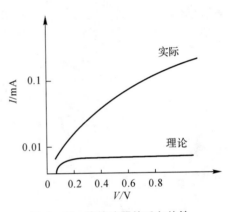

图 4-13 锗检波器的反向特性

采用了高度理想的模型,实际上接触处的结构并不那么简单,因而理论就不能精确地描述它们的性能。所以必须对理论进行修正。这里主要讨论镜像力和隧道效应的影响。

1. 镜像力的影响

在金属-真空系统中,一个在金属外面的电子,要在金属表面感应出正电荷,电子也要受到正电荷的吸引。若电子距金属表面的距离为 x,则它与感应正电荷之间的吸引力相当于该电子与位于 $-x$ 处的等量正电荷之间的吸引力。这个正电荷称为镜像电荷。这个吸引力称为镜像力,它应为

$$f = \frac{q^2}{4\pi\varepsilon_0(2x)^2} = -\frac{q^2}{16\pi\varepsilon_0 x^2} \quad (4-40)$$

把电子从 x 点移到无穷远处,电场力所做的功是

$$\int_x^\infty f \mathrm{d}x = -\frac{q^2}{16\pi\varepsilon_0}\int_x^\infty \frac{1}{x^2}\mathrm{d}x = -\frac{q^2}{16\pi\varepsilon_0 x} \quad (4-41)$$

半导体和金属接触时,在耗尽层中可以近似地利用上面的结果。把势能零点选在 $(E_F)_m$ 处,由于镜像力的作用,电子所具有的电势能是

$$-\frac{q^2}{16\pi\varepsilon_r\varepsilon_0 x} - qV(x) = -\frac{q^2}{16\pi\varepsilon_r\varepsilon_0 x} + q\varphi_{ns} - \frac{q^2 N_D}{\varepsilon_r\varepsilon_0}\left(xx_d - \frac{1}{2}x^2\right) \tag{4-42}$$

显然镜像力引起的电势能变化是 $-q^2/(16\pi\varepsilon_r\varepsilon_0 x)$。

考虑到镜像力的影响，平衡情况下，得到图 4-14 所示的能量图。加上镜像力的作用后，电势能在 x_m 处出现极大值。这个极大值发生在作用于电子上的镜像力和电场力相平衡的地方，即

$$\frac{q^2}{16\pi\varepsilon_0 x_m^2} = \frac{q^2 N_D}{\varepsilon_r\varepsilon_0}(x_{d0} - x_m) \tag{4-43}$$

若 x_{d0} 远大于 x_m，则得到

$$x_m = \frac{1}{4(\pi N_D x_{d0})^{1/2}} \tag{4-44}$$

当然，势能的极大值小于 $q\varphi_{ns}$。这说明，镜像力使成垒顶向内移动，并且引起势垒的降低。用 $q\Delta\Phi$ 表示降低量，在平衡条件下很小，可以忽略。

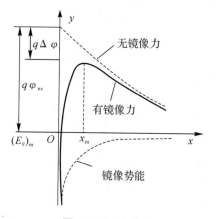

图 4-14 能量图

在外加电压的非平衡情况下，估计镜像力对势垒形状的影响更加困难。近似地，可以采用与前面类似的结果。势垒极大值所对应的 x 值是

$$x_m = \frac{1}{4(\pi N_D x_d)^{1/2}} \tag{4-45}$$

镜像力所引起的势垒降低量与 $q\varphi_{ns}$ 相比是很小的，因而势垒高度近似为不考虑镜像力时 x_m 的势能值，即 $-qVx_m$。又因为 $2x_m x_d \gg X_m^2$，故

$$-qV(x_m) \approx q\varphi_{ns} - \frac{q^2 N_D}{\varepsilon_r\varepsilon_0} x_m x_d \tag{4-46}$$

那么势垒的降低量就是

$$q\Delta\varphi = \frac{q^2 N_D}{\varepsilon_r\varepsilon_0} x_m x_d = \frac{1}{4}\left[\frac{2q^7 N_D}{\pi^2\varepsilon_r^3\varepsilon_0^3}(V_D - V)\right]^{1/4} \tag{4-47}$$

式(4-47)表明，镜像力所引起的势垒降低量随反向电压的增加而缓慢地增大。当反向电压较高时，势垒的降低变得明显，镜像力的影响才显得重要。

由于镜像力使势垒降低了 $q\Delta\varphi$,因此 J_{sD} 和 J_{sT} 中的 $\exp[-qV_n/(k_0T)]$ 应当用 $\exp[-Q(V_Dq\Delta\varphi/k_0T)]$ 代替。而 J_{sD} 中的因子 $(V_D-V)^{1/2}$ 几乎不受影响,因为当 $-V\gg V_D$ 时,镜像力的影响才较显著,这时 V_D 的变化可以忽略。显然 J_{sT} 也随反向电压增加而增加,不再饱和。

2. 隧道效应的影响

根据隧道效应原理,能量低于势垒顶的电子有一定概率穿过这个势垒,穿透的概率与电子能量和势垒厚度有关。考虑隧道效应对整流理论的影响时,可进行这样的简化:对于一定能量的电子,存在一个临界势垒厚度 x_c。若势垒厚度大于 x_c,则电子完全不能穿过势垒;势垒厚度小于 x_c,则势垒对于电子是完全透明的,电子可以直接通过它,也即势垒高度降低了。金属一边的有效势垒高度是$-qV(x_c)$,若 $x_c\ll x_d$,则

$$-qV(x_c)\approx q\varphi_{ns}-\frac{q^2N_D}{\varepsilon_r\varepsilon_0}x_dx_c=q\varphi_{ns}-\left[\frac{2q^3N_D}{\varepsilon_r\varepsilon_0}(V_D-V)\right]^{1/2}\bigg|_{x_c} \quad (4-48)$$

隧道效应引起的势垒降低就是

$$\left[\frac{2q^3N_D}{\varepsilon_r\varepsilon_0}(V_D-V)\right]^{1/2}\bigg|_{x_c} \quad (4-49)$$

它也随反向电压的增加而增大。当反向电压较高时,势垒的降低才较明显。根据以上分析,隧道效应对电流电压特性的影响和镜像力的影响基本相同。

镜像力和隧道效应对反向特性的影响特别显著,它们引起势垒高度的降低,使反向电流增大,而且随反向电压的增大,势垒降低更显著,反向电流就进一步增大。这样,理论结论与实际的反向特性就基本一致了。

上面介绍的扩散理论和热电子发射理论分别由肖特基和贝特(Bethe)提出。1966年,施敏(Sze. S. M)等又提出了热电子发射及扩散两种理论的一种综合理论。这里不做介绍,读者可参阅相关资料。

4.2.4 肖特基势垒二极管

利用金属-半导体整流接触特性制成的二极管称为肖特基势垒二极管,它和 pn 结二极管具有类似的电流-电压关系,即它们都有单向导电性,但前者又区别于后者,有以下显著特点:

(1)就载流子的运动形式而言,pn 结正向导通时,由 p 区注入 n 区的空穴或由 n 区注入 p 区的电子,都是少数载流子,它们先形成一定的积累,然后靠扩散运动形成电流。这种注入的非平衡载流子的积累称为电荷存储效应,它严重地影响了 pn 结的高频性能。而肖特基势垒二极管的正向电流,主要是由半导体中的多数载流子进入金属形成的,它是多数载流子器件。例如对于金属和 n 型半导体的接触,正向导通时,从半导体中越过界面进入金属的电子并不发生积累,而是直接成为漂移电流而流走。因此,肖特基势垒二极管比 pn 结二极管有更好的高频特性。

(2)对于相同的势垒高度,肖特基二极管的 J_{sD} 或 J_{sT} 要比 pn 结的反向饱和电流要大得多。换言之,对于同样的电流,肖特基势垒二极管有较低的正向导通电压,一般为 0.3 V 左右。

正因为有以上的特点,肖特基势垒二极管在高速集成电路、微波技术等许多领域都有很多重要应用。例如,硅高速晶体管-晶体管逻辑(TTL)电路中,就是把肖特基势垒二极管连接到晶体管的基极与集电极之间,从而组成钳位晶体管,大大提高了电路的速度。TTL电路中,制作肖特基势垒二极管常用的方法是,把铝蒸发到 n 型集电区上,然后在 520~540 ℃ 的真空中或氮气中恒温加热约 10 min,这样就可使铝和硅良好接触,制成肖特基势垒二极管了。

又例如,掺有浓度约为 5×10^{15} cm³ 的 n 型外延硅衬底与 PtSi 接触,经钝化,制成的金属-半导体雪崩二极管能产生连续的微波振荡,并且能在大功率下工作。

此外,也可以用金属-半导体势垒作为控制栅极,制成肖特基势垒栅场效应晶体管,砷化镓肖特基势垒栅场效应晶体管的功率及噪声性能都比各种砷化镓晶体管好。此处对肖特基势垒二极管的其他应用就不一一列举了。

4.3 少数载流子的注入和欧姆接触

4.3.1 少数载流子的注入

在前面的理论分析中,只讨论了多数载流子的运动,而完全没有考虑少数载流子的作用。实际上在有些情况下,少数载流子的影响是显著的,甚至可能取得主导的地位,这里简单地讨论少数载流子的注入问题。

先回顾一下在扩散理论中电流产生的原因。对于 n 型阻挡层,体内电子浓度为 n_0,接触界面处的电子浓度是

$$n(0) = n_0 \exp\left(\frac{-qV_D}{k_0 T}\right)$$

这两个浓度的差将引起电子由内部向接触面扩散,平衡时它恰好被势垒中的电场所抵消,因而没有电流。当加正向电压时,势垒降低,电场作用减弱,扩散作用占优势,使电子向表面流动,形成正向电流。

n 型半导体的势垒和阻挡层都是对电子而言的。由于空穴所带电荷与电子电荷符号相反,电子的阻挡层就是空穴的积累层。在势垒区域,空穴的浓度在表面最大。用 p_0 表示体内浓度,则表面浓度为

$$p(0) = p(0) \exp\left(\frac{qV_D}{k_0 T}\right) \tag{4-50}$$

这个浓度差将引起空穴自表面向内部扩散,平衡时也恰好被电场作用抵消。加正向电压时,势垒降低,空穴扩散作用占优势,形成自外向内的空穴流,它所形成的电流与电子电流方向一致。因此,部分正向电流是由少数载流子空穴载荷的。

空穴电流的大小首先决定于阻挡层中的空穴浓度,只要势垒足够高,靠近接触面的空穴浓度就可以很高。如图 4-15 所示,平衡时,在表面处导带底和价带顶分别为 $E_c(0)$ 和 $E_v(0)$。如果在接触面附近,费米能级和价带顶的距离 $[E_F - E_v(0)] = E_c - E_F$,那么 $p(0)$ 值应和 $n(0)$ 值相近,同时 $n(0)$ 也近似等于 p_0,势垒中空穴和电子所处的情况几乎完全相同,

只是空穴的势垒顶在阻挡层的内边界。可以想象,在这种情况下,有外加电压时,空穴电流的贡献就很重要了。$p(0)$ 随势垒的增高而增加,甚至可以超过 n_0。空穴电流的贡献将更大。

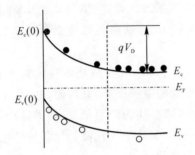

图 4-15　n 型反型层中的载流子浓度

在有外加电压的非平衡情况下,势垒两边界处的电子浓度将保持平衡时的值。对于空穴来说则不然。

加正向电压时,空穴将流向半导体内,但它们并不能立即复合,必然要在阻挡层内界形成一定的积累,然后再依靠扩散运动继续进入半导体内部,如图 4-16 所示。这说明,加正向电压时,阻挡层内界的空穴浓度将比平衡时有所增加。因为平衡值 p_0 很小,所以相对的增加幅度就很大。这种积累的效果显然是阻碍空穴的流动。因此,空穴对电流的贡献还决定于空穴进入半导体内扩散的效率。扩散的效率越高,少数载流子对电流的贡献越大。根据以上分析,在金属和 n 型半导体的整流接触上加正向电压时,就有空穴从金属流向半导体。这种现象称为少数载流子的注入。空穴从金属注入半导体,实际上是半导体价带顶部附近的电子流向金属,填充金属中 $(E_f)m$ 以下的空能级,而在价带顶附近产生空穴。

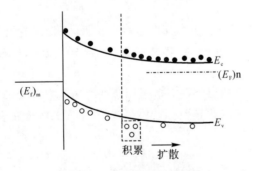

图 4-16　少数载流子的积累

加正向电压时,少数载流子电流与总电流之比称为少数载流子注入比,用 γ 表示。对 n 型阻挡层来说

$$\gamma = J_p/J = J_p/(J_n + J_p) \tag{4-51}$$

小注入时,γ 值很小。对金和 n 型硅制成的平面接触二极管,在室温下,γ 值远小于 0.1%。

在大电流条件下,注入比 γ 随电流密度的增加而增大。对于 $N_D = 10^{15}$ cm⁻³ 的 n 型硅和金形成的面接触二极管,当电流密度为 350 A/cm² 时,γ 约为 5%。

对探针接触的分析表明,若接触球面的半径很小,则注入少数载流子的扩散效果比平面接触要强得多。因此点接触容易获得高效率的注入,甚至可能绝大部分的电流都是由注入的少数载流子所载荷的。在少数载流子的注入及测量实验中,希望得到高效率的注入,因而采用探针接触最为理想。用金属探针与半导体接触以测量半导体的电阻率时,要避免少数载流子注入的影响,为此所采取的措施是增加表面复合。

4.3.2 欧姆接触

前面着重讨论了金属和半导体的整流接触,金属与半导体接触时还可以形成非整流接触,即欧姆接触,这是另一类重要的金属-半导体接触。欧姆接触是指这样的接触:它不产生明显的附加阻抗,而且不会使半导体内部的平衡载流子浓度发生显著的改变。从电学上讲,理想欧姆接触的接触电阻与半导体样品或器件相比应当很小,当有电流流过时,欧姆接触上的电压降应当远小于样品或器件本身的压降,这种接触不影响器件的电流-电压特性,或者说,电流-电压特性是由样品的电阻或器件的特性决定的。实际中,欧姆接触也有很重要的应用。半导体器件一般都要利用金属电极输入或输出电流,这就要求在金属和半导体之间形成良好的欧姆接触。在超高频和大功率器件中,欧姆接触是设计和制造中的关键问题之一。

怎样实现欧姆接触呢?不考虑表面态的影响,若 $W_m < W_s$,金属和 n 型半导体接触可形成反阻挡层;而 $W_m > W_s$ 时,金属和 p 型半导体接触也能形成反阻挡层,如图 4-17 所示。反阻挡层没有整流作用。这样看来,选用适当的金属材料,就有可能得到欧姆接触。然而,Ge、Si、GaAs 这些最常用的重要半导体材料,一般都有很高的表面态密度。无论是 n 型材料或 p 型材料与金属接触都形成势垒,而与金属功函数关系不大。因此,不能用选择金属材料的方法来获得欧姆接触。目前,在生产实际中,主要是利用隧道效应的原理在半导体上制造欧姆接触。

重掺杂的 pn 结可以产生显著的隧道电流。金属和半导体接触时,如果半导体掺杂浓度很高,则势垒区宽度变得很薄,电子也要通过隧道效应贯穿势垒,产生相当大的隧道电流,甚至超过热电子发射电流而成为电流的主要成分。当隧道电流占主导地位时,它的接触电阻可以很小,可以用作欧姆接触。因此,半导体重掺杂时,它与金属的接触可以形成接近理想的欧姆接触。

接触电阻定义为零偏压下的微分电阻,即

$$R_c = \left(\frac{\partial I}{\partial V}\right)_{V=0}^{-1} \tag{4-52}$$

下面估算以隧道电流为主时的接触电阻。讨论金属和 n 型半导体接触的势垒贯穿问题。为了得到半导体中导带电子所面临的势垒,现在把导带底 E_c 选作电势能的零点。由式(4-12)得到平衡时

$$V(x) = -\frac{qN_D}{2\varepsilon_r\varepsilon_0}(x-x_d)^2 \tag{4-53}$$

电子的势垒为

$$-qV(x) = \frac{q^2 N_D}{2\varepsilon_r\varepsilon_0}(x-x_d)^2 \tag{4-54}$$

为了计算方便，进行坐标变换，则有 $y=d_0-x$。电子的势垒可表示为

$$-qV(y)=\frac{q^2 N_D}{2\varepsilon_r\varepsilon_0}y^2 \tag{4-55}$$

根据量子力学的结论，$x=d_0$ 处导带底电子通过隧道效应贯穿势垒的隧道概率为

$$\begin{aligned}P&=\exp\left\{-\frac{2}{h}(2m_n^*)^{1/2}\int_0^{d_0}[-qV(y)]^{1/2}\mathrm{d}y\right\}\\&=\exp\left\{-\frac{2q}{h}\left(\frac{m_n^* N_D}{\varepsilon_r\varepsilon_0}\right)^{1/2}\int_0^{d_0}y\mathrm{d}y\right\}\\&=\exp\left\{-\frac{q}{h}\left(\frac{m_n^* N_D}{\varepsilon_r\varepsilon_0}\right)^{1/2}d_0^2\right\}\\&=\exp\left\{-\frac{2}{h}\left(\frac{m_n^*\varepsilon_r\varepsilon_0}{N_D}\right)^{1/2}[-(V_s)_0]\right\}\end{aligned} \tag{4-56}$$

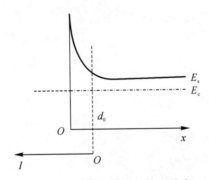

图 4-17 n型阻挡层的势垒贯穿

有外加电压时，势垒宽度为 d，表面势为 $[(V_s)_0+V]$，则隧道概率为

$$\begin{aligned}P&=\exp\left\{-\frac{2}{h}\left(\frac{m_n^*\varepsilon_r\varepsilon_0}{N_D}\right)^{1/2}[-(V_s)_0-V]\right\}\\&=\exp\left\{-\frac{2}{qh}\left(\frac{m_n^*\varepsilon_r\varepsilon_0}{N_D}\right)^{1/2}q(V_D-V)\right\}\end{aligned} \tag{4-57}$$

由式(4-57)可以清楚地看出，对于一定的势垒高度，隧道概率强烈地依赖于掺杂浓度 N。g 越大，P 就越大，如果掺杂浓度很高，隧道概率就很大。一般来说，具有不同能量。由各种能量的电子对隧道电流的贡献积分可得总电流，它与隧道概率成比例，即

$$J\propto\exp\left[-\frac{2}{qh}\left(\frac{m_n^*\varepsilon_r\varepsilon_0}{N_D}\right)^{1/2}q(V_D-V)\right] \tag{4-58}$$

将式(4-58)乘以接触面积，再由式(4-52)得到

$$R_c\propto\exp\left[\frac{2}{h}(m_n^*\varepsilon_r\varepsilon_0)^{1/2}\left(\frac{V_D}{N_D^{1/2}}\right)\right] \tag{4-59}$$

由式(4-59)看到，掺杂浓度越高，接触电阻 R_c 越小。因而，半导体材料重掺杂时，可得到欧姆接触。

实现欧姆接触最常用的方法是用重掺杂的半导体与金属接触，常常是在 n 型或 p 型半

导体上制作一层重掺杂区后再与金属接触,形成金属 n^+n 或金属 p^+p 结构。由于有 n^+、p^+ 层,金属的选择就比较自由。形成金属与半导体接触的方法也有多种,例如蒸发、溅射、电镀等。难熔金属和硅所形成的金属硅化物(Silicide)既可用作肖特基势垒金属,也可用作集成电路中接触互连的材料,例如 $PtSi$、Pd_2Si、$RhSi$、$NiSi$、$MoSi_2$ 等十几种金属硅化物,目前得到了广泛的应用。

参 考 文 献

[1]　黄昆,谢希德. 半导体物理学. 北京:科学出版社. 1958.
[2]　HENISCH,H. K. Rectifying Semiconductor Contacts. Oxford:Clarendon . 1957.

第 5 章　无机太阳能电池

5.1 引　　言

目前,太阳能电池给小规模的陆地应用和诸如人造卫星、宇宙飞船等的太空应用提供了最重要的长期电源。随着世界范围内能量需求的增加,矿物燃料等常规能源可能在下个世纪内枯竭,因此必须发展和采用替代能源,特别是唯一的长期天然能源——太阳能。太阳能电池被认为是从太阳获取能量的主要候选者,它能以高的转换效率将太阳光直接转变为电能(与提取热能相对应),能够以低运行成本提供近乎永久性的电力,并且没有污染。随着低成本平板太阳能电池、薄膜器件和激光系统的研究和开发,以及许多富有革命意义的概念不断提出,相信在不远的将来,适应于大规模生产和利用太阳能的小太阳能模块和太阳能电厂的建立在经济上是可行的。

光生伏特效应,即器件暴露在光线下时产生电压的现象,是由 Becquerel 于 1839 年在电极和电解质之间形成的结上发现的。从那以后,不同固态器件上产生相同效应的情况相继被报道。第 1 个实质性的电压光生伏特效应于 1940 年由欧姆在硅 pn 结上发现。Ge 上的光生伏特效应由 Benzer 和 Pantchechnikoff 分别于 1946 年和 1952 年报道。受到 Chapin 等的单晶硅太阳能电池以及 Reynnold 等硫化镉太阳能电池工作的带动,1954 年太阳能电池得到更多的重视。目前,已使用各种器件结构,并采用单晶、多晶和无定形薄膜结构,在许多其他半导体材料上制造了太阳能电池。

5.2　无机太阳能电池简介

对太阳能电池的主要要求为高效、低成本和高可靠性,人们已经提出了许多太阳能电池结构,并获得了很大的成功。然而为使太阳能电池对于整个能量消耗的产生有更大的影响力,当前仍然面临许多挑战。这里讨论几种主要的太阳能电池及性能。

5.2.1　单晶硅太阳能电池

单晶硅太阳能电池在当前市场上取得了成功,在性能和成本之间达到了一种合理的平衡。目前报道的最佳效率大于 22%。该太阳能电池最主要的成本来自晶体衬底,大量的研究集中于减小晶体的生长成本上,而对于晶体质量的要求远不如高密度集成电路那样高。

晶体生长的一种方法是采用 Si 熔融体中的带状生长技术,不同于通常的晶棒形状,该技术将晶体拉成薄膜,其厚度小于典型的硅晶圆片。这种技术减少了将块切割成晶圆片的成本,并且避免了切割过程中的浪费。下面将讨论影响高性能太阳能电池的其他特性。

背面场的概念改善了传统电池的输出电压,电池正面用常规方法制造,电池背面为极重掺杂与接触连接。势垒势能倾向于将少数载流子限制在较轻掺杂的区域内,并帮助将它们驱赶到正面。背面场电池等效于背面有很低复合速度的常规结构太阳能电池。低的复合速度可以增强对低能量的光子的光谱响应,因而短路电流密度增大。短路电流的增大、背面接触处二极管复合电流的减小以及附加势能均使得开路电压增大。

为了减小光的反射,太阳能电池的正面和背面都采用绒面光俘获。绒面电池就是一个例子,在<100>晶向的硅表面采用各向异性刻蚀技术得到的锥面体结构表面如图 5-1 所示。入射到锥体某侧面的光被反射到另一椎体表面,而不是被反射出半导体表面。不覆盖任何物质的绒面结构的硅表面,反射率从平坦时的 35% 左右降低到 20%。加上抗反射涂层,会使总反射减小到百分之几以内。

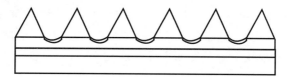

图 5-1 有锥面的绒面电池

另外一种面积成本节约法是厚金属化。太阳能电池为功率起降,它比通常的集成电路承载更高的电流,在生产中通常使用一种被称为丝网印刷的过程来承接厚的金属层,这种工艺比在真空系统中沉积金属要快很多。

5.2.2 薄膜太阳能电池

对于薄膜太阳能电池,有源半导体层是沉积在或形成在如玻璃、塑料、陶瓷、金属、石墨或冶金学硅等电学有源或无源存底上的多晶或无序膜。可以采用多种方法在衬底上沉积半导体薄膜,例如气相生长、等离子体蒸发和镀覆。若半导体薄膜厚度大于吸收长度,大部分光被吸收;若扩散长度大于膜的厚度,则大部分光生载流子可被收集。已成功使用的薄膜为 Si、CdTe、CdS、CIS($CuInSe_2$)和 CIGS($CuInGaSe_2$),它们的效率可达到或高于 15%。

薄膜太阳能电池的主要优点是有希望降低成本,因为这种电池采用了低成本工艺和材料。其主要缺点是效率低和长时间工作不稳定等。低效率的原因除了晶粒间界面效应,还包括外部衬底上生长的低质量半导体材料。另一个问题是其稳定性较差,这是半导体材料与周围气氛的化学反应所致,例如其与氧和水蒸气的作用。必须采取适当的措施,以保证薄膜太阳能电池的可靠性。

无定形硅是一种薄膜太阳能电池材料。硅烷通过射频辉光放电,将硅化物分解在金属或玻璃衬底上,生成了 1~3 μm 厚的无定形硅模。结晶硅和无定形硅之间有很大差异,前者有 1.1 eV 的间接带隙,而经过氢化的无定形硅的光吸收特性却类似于 1.6 eV 的直接带隙晶体的预期特性。目前这种材料的太阳能电池已经以 pn 结和肖特基势垒的形式生产出来了。在太阳光谱的可见光波段,无定形硅的光吸收系数范围为 $10^6 \sim 10^5$ cm^{-1},在厚度为几分之一微米的受照面积内,存在大量的光生载流子。

沉积的薄膜常常会有陷阱,现在来估计一下陷阱浓度在什么水平下器件特性开始严重退化。不存在带电陷阱时,电场是均匀的,可以表示为 $\varepsilon = E_g/qH$,其中 H 为总的膜厚。当厚度为 $1/\alpha$,$E_g = 1.5$ eV 时,电场为 1.5×10^6 V/cm。存在浓度为 n_t 的陷阱,净空间电荷为 n_i,且有 $n_t < n_i$,将形影响电场强度,造成 $\Delta\varepsilon = qn_iH/n_t$ 的电场变化。假定介电常数为 4,若 $n < 10^{16}$ cm^{-3},则 $\Delta\varepsilon \ll \varepsilon$,表明可以容许高达 10^{19} cm^{-3} 的总陷阱浓度,而不至严重干扰半导体内的电场。进一步的要求是空间电荷限制电流必须高于 100 mA/cm^2 左右,它远大于太阳照射时所产生的短路电流密度。当厚度为 0.1 μm 时,陷阱浓度高达 10^{17} cm/eV。

以上讨论表明,若半导体膜足够薄,且在带边附近有很大的吸收系数,同时具有所要求的迁移率,就可以在含有非常高的缺陷密度的半导体上制造出实用的太阳能电池。

5.2.3 肖特基势垒和 MIS 太阳能电池

肖特基势垒二极管要求金属一定要足够薄,才能使大量光线到达半导体。进入半导体的短波长光主要在耗尽区内被吸收,长波长光在中性区内被吸收,就像在 pn 结中那样产生电子-空穴对。太阳能电池从金属激发到半导体的载流子,对总光电流的贡献不到 1%,因此可以忽略不计。

肖特基势垒的优点包括:①无需高温扩散或退火,为低温工艺。②适用于多晶和薄膜太阳能电池;③表面附近的强电场,抗辐射能力很强;④耗尽区出现在半导体表面,可以大大降低表面附近的低寿命和高复合速度效应,从而得到大电流输出和优良的光谱响应。

光电流的分别来自耗尽区和衬底中性区,对于来自耗尽区的载流子,类似于 pn 结的情形,产生的光电流为

$$J_{dr} = qT(\lambda)\varphi(\lambda)[1 - \exp(-\alpha W_D)] \tag{5-1}$$

式中:$T(\lambda)$ 为金属的透射系数。若背面接触是欧姆接触,且器件厚度远大于扩散长度,则来自衬底区的光电流简化为

$$J_{底} = qT(\lambda)\varphi(\lambda)\frac{\alpha L_n}{\alpha L_n + 1}\exp(-\alpha W_D) \tag{5-2}$$

总的光电流由式(5-1)和式(5-2)之和表示。

光照下,肖特基势垒的 I-V 特性为

$$I = I_0\left[\exp\left(\frac{qV}{nkT}\right) - 1\right] - I_L \tag{5-3}$$

且

$$I_A = AA'T^2\exp\left(-\frac{q\varphi_B}{kT}\right) \tag{5-4}$$

式中:n 为理想度因子,A' 为有理查逊常数,$q\varphi_B$ 为势垒高度。

对于在均匀掺杂衬底上制备的大多数金属半导体体系,最大势垒高度约为 $2/3E_g$,其内间电场是低于 pn 结的内建电势,因此 V_{OC} 也较低。然而当在半导体表面附近插入与衬底掺杂相反的重掺杂半导体薄膜时,势垒高度可增高到接近于带隙能量。

在金属-绝缘体-半导体(Metal Insulator Semiconductor,MIS)太阳能电池中,在金属和半导体表面之间插入一层薄的绝缘层。MIS 太阳能电池的优点包括:有一电场扩展到半导体表面,有助于收集短波长光产生的少数载流子。饱和电流密度类似于肖特基势垒,但也有附加的隧穿项。

5.2.4 多结与集光太阳能电池

前面讨论的最大效率的理论值是基于光电流和开路电压对带隙的不同要求的折中。运用具有不同带隙的多个结,并将它们彼此叠放,可以提高效率,这是因为这样可以使低于带隙的光子损失更少。

太阳光可采用镜子和透射进行聚焦,集光提供了一种降低电池成本的、极具吸引力的灵活方式,用集光器的面积代替了许多电池的面积。集光的优点包括:①提高了电池的效率;②产生了电输出和热输出的混合系统;③降低了电池的温度系数。

在标准的集光器模块中,镜子和透镜用于将太阳光直射和聚焦到太阳能电池上。集光从 1 个太阳增加到 1 000 个太阳时,器件的性能得以改善。短路电流随集光线性增加,强度每增加 10 倍,开路电压增加 0.1 V,而填充因子略微减小。效率为上述 3 个因子的乘积除以输入集光功率,集光每增加 10 倍,效率增加约 2%。因此在 1 000 个太阳集光下工作的 1 个电池,可以产生与 1 个太阳下 1 300 个电池相同的输出功率。

参 考 文 献

[1] BECQUERERL E. On electric effects under the influence of solar radiation. Compt. Rend. 1839, 9:561.

[2] RIORDAN M, HODDESON B. The origins of pn junction. IEEE Spectrum, 1997, 34:46.

[3] BENZER S. Excess-defect germanium contacts. Physical Review, 1947, 72:1267.

第6章 有机太阳能电池基础

6.1 有机太阳能电池的发展历史

Pochettino(1906年)和Volmer(1913年)发现了有机固态蒽晶体的光导效应,开始了有机太阳能电池的研究。第一个有机光电转换器件由Kearns和Calvin于1958年制备,其主要材料为镁酞菁(MgPc)染料,器件结构极为简单,就是一层有机层夹在两个功函数不同的金属电极之间。Kearns和Calvin在该器件上观测到了200 mV的开路电压。该器件结构中激子的分离只发生在单个电极和有机层接触处,激子的分离效率极低;分离后的电子和空穴在同一材料中传输,有机材料的低迁移率导致其复合概率极大,最后的结果就是短路电流非常低,能量转换效率更是低到几乎可以忽略不计。有机太阳能电池的能量转换效率在起步时就大大落后于硅太阳能电池。在此后的20多年中,有机太阳能电池的发展十分缓慢,电池结构都与1958年时的类似,即在功函数不同的两金属电极之间夹入不同的有机半导体材料,器件的能量转换效率一直在0.1%以下。此时的有机太阳能电池完全不能付诸应用,仅具有象征性的学术意义。这一状况直到1986年才被改变。柯达公司的首次将异质结结构引入有机太阳能电池中,报道了结构为ITO/CuPc/PV/Ag的双层异质结有机太阳能电池,其能量转换效率大约为1%,填充因子达到65%(见图6-1)。虽说其能量转换效率和同时期的单晶硅电池比还相差很远,但是相较于以往的肖特基电池来说却无疑是一个巨大的进步。

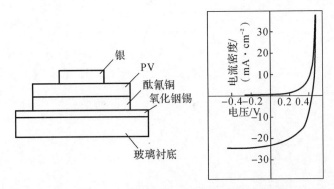

图6-1 世界上第一个双层异质结太阳能电池结构及其特性曲线

Tang(邓青云)通过采用两种不同的有机半导体材料形成异质结,成功地解决了激子分离和电荷传输效率低下的难题,大大提高了器件的性能:双层异质结结构的最大优点是给分离后的自由电子和空穴提供了各自的传输通道,从而使得载流子复合率大大降低。这种双层异质结结构中,给体(Donor,D)材料吸收光子而产生激子,激子传输到受体(Acceptor,A)和给体的界面,发生分离形成自由电子和空穴,分离后的电子在受体中的 LUMO[①] 中传输至阴极,而空穴则在给体的 HOMO[②] 中传输至阳极。

这无疑是一个非常成功的思路,为有机太阳能电池的研究开辟了一个新的方向,是有机太阳能电池发展历史上的一座里程碑。然而由于在有机半导体中,激子的扩散距离仅为 10 nm 左右,而在距 D-A 界面的距离大于激子扩散长度处,激子无法到达 D-A 界面,不能分离成自由电子和空穴,对光电流没有贡献,因此,理论上来说,要求双层异质结结构电池的有效层厚度控制在 20 nm 以内。但是,有效层太薄对于太阳光的吸收减弱了。尽管有机材料的吸光作用较无机材料强(典型的光子捕获距离约为 200 nm),但这又要求整个有效层具有微米级的厚度,因此双层异质结电池中激子的产生(光吸收)和分离产生矛盾,限制了双层异质结器件的能量转换效率。因此双层异质结电池的能量转换效率在很长一段时间内得不到大的提高。

针对这两个问题,人们在双层异质结结构的基础上又提出了一种新型结构——体异质结。在体异质结器件有效层中,给体和受体材料在整个有效层范围内充分混合,在混合薄膜里形成一个个单一成分的区域,D-A 界面分布在整个有效层,在任何位置产生的激子均可以通过很短的路径到达 D-A 界面,从而电荷分离的效率得到大幅度提高。同时,在界面上形成的正、负载流子亦可通过较短的路径到达电极,从而弥补了有机材料中载流子迁移率的不足。

1995 年,加州大学制备了以 C_{60} 衍生物([5,6]-PCBM 和 [6,6]-PCBM)和聚合物 MEH-PPV 的混合薄膜为有效层的有机太阳能电池,制备出了世界上第一块体异质结有机太阳能电池。2001 年,Sean 等通过利用 MDM-PPV 和 PCBM 构成体异质结,并分别采用 LiF 和 PEDOT 对阳极和阴极做了修饰,使得能量转换效率提高到了 2.5%。2005 年,Li 等通过控制有效层的生长得到了 4.4% 的能量转换效率,同年加州大学对 P3HT:PCBM 体异质结器件进行了 150 ℃下退火 30 min 的处理,得到的器件能量转换效率达 5% 以上。2007 年加州大学再次利用吸收光谱互补的 P3HT 和 PCPDTBT 材料制备体异质结电池,其开路电压高达 1.24 V,能量转换效率达到 6.5%。2012 年,He 等通过采用一种新的阴极修饰材料,使得 PTB7:$PC_{70}BM$ 反型有机太阳能电池器件的能量转换效率达到了 9.214%。目前有机太阳能电池的最高能量转换效率已经超过了 10%,迈过了大规模商业化的门槛。

---

① 最低未占有分子轨道:Lowest Unoccupied Molecular Orbital,LUMO。
② 最高占有分子轨道:Highest Occupied Molecular Orbital,HOMO。

6.2 有机太阳能电池的分类和结构

有机太阳能电池的发展经历了从单层肖特基型太阳能电池、双层 D/A 异质结结构的电池、共混型 D/A 本体异质结结构的太阳能电池,到后来的染料敏化电池和叠层太阳能电池等过程。

6.2.1 单层肖特基型太阳能电池

最早问世的有机太阳能电池可以追溯到 1958 年 Kearns 和 Calvin 用镁酞菁染料为原料得到历史上第一块肖特基型太阳能电池(见图 6-2)。其工作原理为:有机半导体内的电子在光照下被从 HOMO 能级激发到 LUMO 能级,产生一对电子和空穴。电子被低功函数的电极抽取,空穴则被来自高功函数电极的电子填充,由此在光照下形成光电流。理论上,有机半导体膜与两个不同功函数的电极接触时,会形成不同的肖特基势垒,这是光致电荷能定向传递的基础。但是这类电池激子的分离效率存在问题,光激发形成的激子只有在肖特基结的扩散层内依靠节区的电场作用才能分离。其他位置上形成的激子,必须先移动到扩散层内才可能形成对光电流的贡献,导致这类器件的短路电流都非常低,虽然其开路电压比较高,但是能量转换效率非常低(一般远低于 0.1%)。

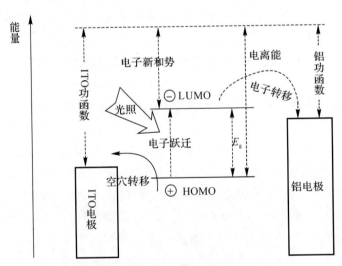

图 6-2 肖特基型太阳能电池的工作原理

6.2.2 双层 D/A 异质结结构电池

单纯由一种纯有机化合物夹在两层金属电极之间制成的肖特基型太阳能电池的效率很低,柯达公司的华人科学家邓青云实现了有机太阳能电池里程碑式的突破,1986 年,他发明了一种新型的双层 D/A(电子给体层和电子受体层)异质结结构的有机太阳能电池(Heterojunction Solar Cells)如图 6-3 所示。这一器件的核心结构是四羧基苝的衍生物和铜酞菁染料组成的双层膜异质结结构。

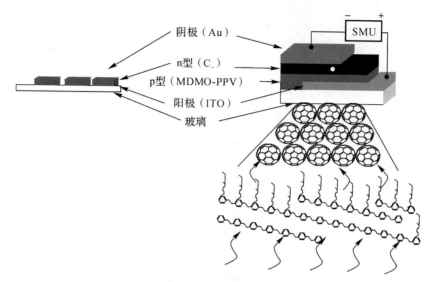

图 6-3　双层 D/A 异质结结构电池的工作原理

这种类型的电池将 p 型半导体材料给体和 n 型半导体材料受体复合,发现两种材料的界面电子-空穴对的解离,也就是最初的双层 D/A 异质结结构的有机太阳能电池。作为电子给体的有机小分子在受到光激发之后会产生激子(exciton),其中电子会传输到电子受体层被吸收,空穴在电极正极处被收集,从而实现了激子的分离,形成了光电流。与肖特基型电池相比,这类电池的进步之处在于电荷的分离,光电效率有了明显提高。但其与传统的无机半导体硅材料相比仍然存在很多缺陷,因为传统的无机半导体材料在受到光激发之后产生自由电子的同时会留下一个空穴,而有机分子在受到光激发之后产生的激子是通过静电作用形成的,激子的寿命非常有限,未成功分离的电子和空穴又会重新复合(recombination),而这部分激子对于光电流是没有任何贡献的。此外,目前的研究发现激子的扩散距离只有 10 nm,而双层结构中膜的有效厚度是 20 nm 左右,载流子需要在两层膜中传输一段距离才能到达电极进行收集,而双层膜结构所能提供的界面面积非常有限,从而限制了光电效率的提高,因此有机太阳能电池的光电转换效率要明显低于传统无机太阳能电池。双层异质结有机太阳能电池的提出之所以被称为革命性的突破,在于它为人们日后的研究指明了方向,有效地提高了光子的吸收率,最大限度地降低了激子的复合。

1992 年,Heeger 小组发现了光致电子转移的现象——当使用富勒烯作为电子受体材料的时候,激发态的电子能够有效地被 C_{60} 分子吸收。富勒烯这种表面共轴结构的大分子,可以有效地稳定外来电子,使其在 C_{60} 原子轨道形成的分子轨道上离域,使得激子可以在双层 D/A 异质结的膜界面上高效地完成电荷分离的过程。自此,富勒烯作为一种突出的电子受体材料开始得到了越来越广泛的应用。

6.2.3 共混型 D/A 异质结结构电池

20世纪90年代后期,科学家们提出了一种新型电池结构——共混型 D/A 本体异质结太阳能电池(bulk-heterojunction)。双层 D/A 异质结结构的太阳能电池的局限在于它的界面——激子只能在界面附近的区域完成有效的分离,而离界面较远的激子分离之后还未到达界面就又会重新与空穴结合,所以光电转换效率一直无法得到质的提升。于是,科学家们提出将电子的给体材料和受体材料按照一定比例混合,溶解于同一种溶剂中制成薄膜,通过溶液旋涂的方法在基底上形成一个纳米级别的混合薄膜结构,D 相和 A 相相互渗透形成网络连续相,能够大大提高给体材料和受体材料的接触面积,激子能够在给受体界面有机离解,增大了电荷分离效率,使得电荷分离的过程更为快速、有效,从而大幅提高能量转换效率。同时正负载流子可以快速地传输到电极形成光伏效应,大大弥补了空穴迁移率和电子迁移率的不足,光生载流子在到达电极之前复合的概率大为降低。在该体系中,微相分离的互相渗透的连续网络对光电特性有着重要意义。因此,这一类本体异质结结构的太阳能电池由于在激子电荷分离的有效性和载流子传输的优越性上都略胜一筹而得到了长足发展。时至今日,基于这一结构的单层太阳能电池的光电转换效率已达到约 10%。此类型的有机太阳能电池可依据结构分为正向和反向两种类型,如图 6-4 所示。

正向结构的有机太阳能电池的基片由玻璃、聚酯或其他一些透明材料组成,可以使入射光完全透过,一般是在玻璃上覆盖铟锡氧化物 ITO。为防止光活性层(active layer)和电池的阳极之间形成电荷捕获中心,通常会在它们之间加入阳极缓冲层聚(3,4-亚乙二氧基噻吩)-聚(苯乙烯磺酸)(PEDOT:PSS),它不仅能阻隔电子,帮助空穴顺利传输至阳极,还能使得 ITO 基片的表面变得更加平滑,使得光活性层能够很好地铺展。光活性层一般由给体和受体材料组成,通过共混旋涂的方式形成光活性层薄膜位于电池的两极中间。在光活性层和电池的阴极中间插入阴极界面修饰层,在阻隔空穴的同时还能帮助电子有效传输,在光活性层上形成保护,防止高温蒸镀金属电极对光活性层性能的破坏。电池的金属电极材料一般为铝(Al)等具有合适功函数的金属,以实现电子的最佳传输状态。

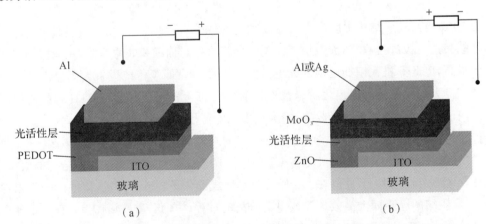

图 6-4 典型共混型 D/A 本体异质结太阳能电池的正向器件结构和反向器件结构
(a)正向器件结构;(b)反向器件结构

为了能够很好地收集电子,正向结构的有机太阳能电池的阴极一般都是采用低功函数的金属,这类金属电极较为活泼,与空气接触后易与空气中的水和氧反应,影响器件的寿命。反向结构的太阳能电池中,为了防止具有腐蚀性和易吸水的 PEDOT-PSS 材料在旋涂和退火处理时对光活性层的破坏,一般使用蒸镀的 MoO_3 作为空穴传输层。其结构通常以 ITO 基片作为阴极,以金属 Ag 电极作为阳极,依次加入阴极界面修饰层、光活性层和空穴传输层(如 MoO_3)。收集空穴的阳极一般为不活泼金属,即用稳定性良好的 Ag 取代低功函数稳定性欠佳的 Al,这类金属与空气接触时不易与空气中的水和氧反应,从而能大幅提高有机太阳能电池的寿命。这些因素决定了反向电池具有更优于正向器件的稳定性和高效性,从而得到了越来越广泛的应用。

6.2.4 叠层有机太阳能电池

除上述有机太阳能电池外,科研工作者们还提出了一种新型的基于共混型 D/A 本体异质结结构的电池——叠层串联太阳能电池。单节太阳能电池并不能吸收所有波长的太阳光,为了使对太阳辐射的利用更为有效,最直接的办法就是将光吸收范围互补的光活性层堆积,得到叠层的有机太阳能电池。经典的叠层太阳能电池一般由两个部分组成,如图 6-5 所示,第一层是以宽带隙材料作为光活性层的电池,第二层是以窄带隙材料作为光活性层的电池,两层电池中间一般有连接层,通常是第一层电池的空穴传输层(PEDOT-PSS)和第二层电池的阴极修饰层(ZnO),宽带隙的材料作为叠层器件的第一层,负责吸收高能量的光子,从而为器件提供了更高的 V_{oc}。与传统单一光活性层的电池相比,这种新型的串联叠层电池可以大幅降低光电子在转化过程中光能的热损耗,还可以实现开路电压的最大化。杨阳小组报道的叠层太阳能器件的能量转换效率最高可达到 10.6%。同时该小组还提出器件的光吸收波长最多扩展到 900 nm,而最理想的光活性层的膜厚应该控制在 100 nm 左右,这样就可以控制全部的光吸收率在 60%~80% 之间。此外,他们还提出了基于同一个光活性材料的子电池单元去构建串联的叠层光伏器件,同样可以通过最大限度地增大光吸收率来改善能量转换效率。这种基于同一子电池单元堆积的叠层器件能量转换效率最高值已达到 10.2%。

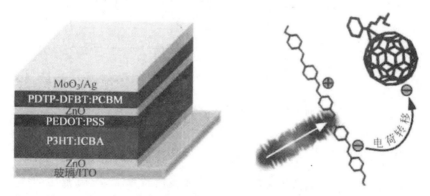

图 6-5 叠层太阳能电池的结构和电荷转移示意图

6.3 有机太阳能电池的工作原理

有机太阳能电池的工作原理如图6-6所示。一般大致可以分为这样几个过程:①光的吸收和激子的产生;②激子的扩散和解离;③载流子的传输;④电荷的收集。对应的损失机制如图6-7所示。

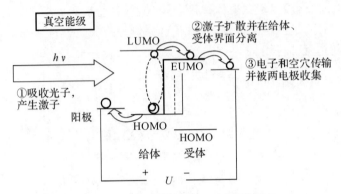

图6-6 太阳能电池的工作原理示意图

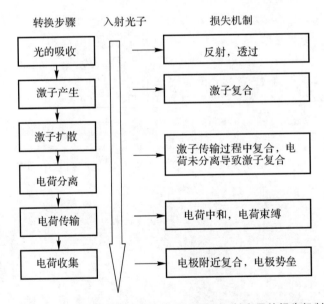

图6-7 有机太阳能电池光电转化过程及入射光子的损失机制

6.3.1 激子的产生

要理解有机太阳能电池和传统太阳能电池工作原理的差别必须从激子的概念入手。传统的无机半导体材料在受到光激发之后,由于存在连续的导带和价带,电子很容易摆脱正电荷的束缚成为自由电子,但是因为光激发的过程中也会产生载流子,而载流子的扩散是传统光伏器件的关键因素,于是传统无机半导体材料必须具备很高的纯度(一般要求99.999 9%以上)才更有利于载流子的传输。与之相比,新型有机半导体材料由于分子间的范德华力作用,在吸收光子之后,电子受到激发后从价带跃迁至空的导带,于是价带内成了一个带正电的空穴,导带内多了一个带负电的电子,但是激发态的电子很难摆脱正负电荷之间库仑力作用的束缚,只能停留在原来的分子轨道,形成处于单线激发态的空穴-电子对,也就是所谓的激子。这个过程可以描述为,处于激发态的分子S^*和处于基态的分子S,能够偶合形成一个激发二聚体$(SS)^*$。这个激发二聚体即为激子(激基缔合物),如果偶合的激发单元S和S^*由不同分子和官能团组成,则称这样的激子为基激复合物。通常情况下,激子的能量低于激发态的分子的能量:

$$S+h\nu \rightarrow S^*$$
$$S+S^* \rightleftharpoons (SS)^*$$

6.3.2 激子的扩散

光激子在有机半导体材料中通过扩散的方式传播。光激子的扩散是一个能量传递的过程,有机分子通过相互的碰撞进行能量的传递,在扩散过程中如果激子发生复合,就会造成能量的损失。当光激子扩散到给体/受体的界面时,激子发生电荷分离。在扩散过程中,处于激发态的电子会通过多种形式(荧光发射、延迟荧光、磷光和振动弛豫等)跃迁回基态使其发生复合。同时,材料中的杂质和缺陷会对光激子的扩散产生影响,因为这些缺陷会俘获扩散中的光激子并使其复合:

$$S^* \rightarrow S+h\nu'$$

处于激发态的分子(S^*)回到基态(S)并放出荧光$(h\nu'')$的过程叫做荧光发射:

$$S^* \rightarrow T_1 \rightarrow S^* + h\nu''$$

处于激发态的分子(S^*)经过自旋转变形成激发三线态分子(T_1)后,放出光子回到基态的过程叫做磷光:

$$T_1+T_1 \rightarrow S+S^*$$
$$S^* \rightarrow S+h\nu'$$

两个三线态的分子,T_1通过电子自旋转变,使得其中一个分子跃迁回到基态(S),另一个分子重新回到单线激发态(S^*),然后这个激发态的分子(S^*)可以再次发生正常荧光发射,但是荧光衰退时间$>10^{-6}$ s,这个过程称为延迟荧光。

6.3.3 激子的电荷分离

激子是没有成功分离的空穴-电子对,要实现光电转化,就要使其中的空穴和电子相互分离。当激子扩散到给体/受体界面上时,电子转移到受体材料的最低空轨道(LUMO),而空穴停留在给体的HOMO能级,从而实现界面上的电荷分离。激子的分离即电子从给体材料转移到受体材料的过程,从化学角度解释,这是一个氧化还原的过程。物理学家Braun还提出空穴-电子对的存在是有一定寿命的,它们不是以向基态跃迁的方式衰退(速率常数用K_F表示),就是在电场的作用下分离成自由电荷的形式存在(依赖于电场的速率常数),电荷分离概率$P(T,E)$用下式表示:

$$P(T,E) = \frac{K_D(E)}{K_D(E) + K_F} \tag{6-1}$$

6.3.4 载流子的传输

光激子在电场的作用下发生电荷分离,形成自由电子和空穴,在阳极-阴极的功函差的导向电场作用下,自由电子转移到受体材料的 LUMO 能级上并沿着受体材料形成的连续通道传输到电池的阴极,而空穴留在给体材料的 HOMO 能级上传输到电池的阳极。可以通过测量电子和空穴的迁移率来表征有机半导体材料的电荷传输性能。当在电池上外加一个电压时,有机半导体材料中载流子受到电场力的作用,由无规则的热运动(布朗运动)变为定向运动并形成了电流,其电流速度的大小与外加电场的强度(E)成正比关系,方向与载流子(自由电子和空穴)的类型有关:

$$v = \mu \times E \tag{6-2}$$

式中:μ 极为载流子迁移率,单位为 $cm^2/(V \cdot s)$ 或 $m^2/(V \cdot s)$。

对于有机半导体材料而言,迁移率与分子结构以及表面形貌等因素有关。可以利用飞行时间(time of flight)法、场效应(field effect transistor)法、空间电荷限制电流(space-charge limited current)法、霍尔效应法(Hall effect method)、瞬态电致发光(transient electroluminescence)法、表面波传输法(surfacewave transport process)、电压衰减(the voltage decay method)法、外加电场极性反转法等进行测算。这里着重介绍以下几种方法。

1. 飞行时间法

这种方法适用于光生载流子功能突出的材料的迁移率的测量和计算。外加直流电压,用一定脉冲宽度的脉冲光照射样品,假设样品中的陷阱数量有限且分布均匀,此时由电极上载流子的运动形成的电流与时间 t 相关,T 为载流子的寿命,L 为样品的厚度,当时间 $t_0 \leqslant T$ 时,有

$$\mu = \frac{v}{E} = \frac{L^2}{I(t) \times t_0} \tag{6-3}$$

式中:$I(t)$ 为 t 时刻电流;t_0 为渡越时间,均可通过实验测量,从而计算载流子迁移率 μ。

2. 表面波传输法

将半导体材料制成的薄膜样品置于压电晶体产生的场表面波的范围内,场表面波会诱导载流子沿着声表面波的传输方向移动,有

$$I = \frac{\mu \times p}{L \times v} \tag{6-4}$$

式中:I 为样品上的电极检测到的声电流;p 为声功率;L 为薄膜厚度;v 为表面声波速度。其均可由实验测量得到,于是可以推算得到载流子迁移率 μ。

3. 外加电场极性反转法

在极性完全封闭的体系中外加一个电场,由于空间电荷效应,电子聚集在电极附近,此时,将外加电场的极性反转,载流子会由于电极的反转而向另一端的电极迁移,在电极反转后的 t 时间内,当电流达到最大值时,载流子基本迁移至电极另一端。通过测量电流最大值

I、外加电场强度 E、迁移时间 t 和薄膜的厚度 L,即可推算出迁移率 μ。

4. 空间电荷限制电流法

该方法是在有机光伏的研究中应用最为广泛的一种。当金属电极和有机半导体材料制成光活性层薄膜的界面形成欧姆接触时,载流子可以从电极自由地注入薄膜,由于半导体薄膜内的电荷限制,因此形成的是空间电荷限制电流(Space-Charge Limited Current,SCLC),符合 Mott-Gurney 方程:

$$J = \frac{9}{8}\varepsilon_r\varepsilon_0\mu\frac{V^2}{d^3} \tag{6-5}$$

式中:$\varepsilon_r,\varepsilon_0$ 为薄膜的介电常数;d 为膜厚,从而可以推算出迁移率 μ。此方程适用于迁移率不受电场影响的情形,但是大多数情况下,迁移率会受到电场强度的制约和影响,于是还需对此方程进行修改才能使用:

$$J = \frac{9}{8}\varepsilon_r\varepsilon_0\mu\frac{V^2}{d^3}\exp(\beta\sqrt{V/d}) \tag{6-6}$$

式中:β 为校正因子,当 $\beta=0$ 时,迁移率不受电场强度的影响。

6.3.5 电荷的收集

自由电子和空穴在分别到达电池的阴极和阳极之后,电极会将这些电荷收集起来输出到外回路形成光电流。影响电荷收集的因素主要是金属电极处的能垒,可以通过选择不同功函数的金属材料作为电极和加入电极界面修饰层的方法来提高电荷的收集效率。

6.4 有机太阳能电池的光伏性能参数

一般用电流-电压(J-V)曲线来表示太阳能光伏器件的输出特性。通常由以下几个参数来表征其特性。

6.4.1 串联电阻(Series Resistance,R_s) 和并联电阻(Shunt Resistance,R_{SH})

图 6-8 为太阳能电池的等效电路图。对于太阳能电池而言,暗电流包括两个部分——反向饱和电流和漏电流。在电池的制作过程中,会带入一些杂质并存在一定的缺陷,而这些杂质和缺陷会在电池中俘获电子和空穴,使它们发生复合,形成一个空穴和电子的复合中心。在复合过程中,伴随着载流子的定向移动而产生的微小电流就是漏电流。漏电流的存在,使得一部分通过负载的电流短路,从而形成了并联电阻 R_{SH}。太阳能电池又可以被看作一个二极管,在电压无限接近于 0 的时候,二极管未导通,电流可以忽略不计,因为 R_{SH} 一般情况下远大于 R_s,于是当 $V=0$ 时,可以由 J-V 曲线斜率的倒数推算出并联电阻 R_{SH}。而串联电阻 R_s 是材料本身的电阻和电路电阻的总和。

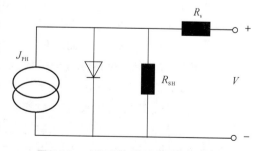

图 6-8 太阳能电池的等效电路图

从等效电路图中可以看出,当电压无限接近开路电压时,电路接近开路,总的电流无限接近于 0,J-V 曲线接近一个线性曲线,这时可以由 J-V 曲线斜率的倒数推算出 R_s,因此 R_s 决定了 J-V 曲线的斜率。从等效电路图上还可以看出,R_{SH} 越大,则电阻消耗的功率越低,所以希望 R_{SH} 越大越好。而 R_s 是电流的必经之地,所以在光伏器件中希望 R_s 越小越好。

6.4.2 开路电压(Open Circuit Voltage,V_{oc})

开路电压是指电池在断路时,即没有电流通过时,正极与负极之间的电势差,其也是电池的最大输出电压。对于本体异质结结构的太阳能电池来说,开路电压 V_{oc} 正比于电子给体材料的最高占据轨道(HOMO)和电子受体材料的最低空轨道(LUMO)的能级差值。同时太阳能电池的电压跟入射光强度的对数呈正比关系,与环境的温度呈反比关系。一般来说,温度每升高 1 ℃,V_{oc} 会减小 2~3 mV。通常会通过调节活性层材料的能级选择合适功函数(work function)的电极和加入阴极界面修饰层等方法,提高电池的开路电压。

6.4.3 短路电流(Short Circuit Current,S_c)

将太阳能电池置于标准光源下,当电压等于 0 时,正负极短路时的电流值即为短路电流。当太阳能电池的外回路被短路时,此时流经太阳能电池内部的暗电流非常小,基本可以忽略,同时被异质结分开的载流子会全部流经外回路,于是就会产生光生电流。短路电流与电池的面积和入射光强度成正比关系,随环境温度的升高,电池的短路电流也会有所提高。同时它还与串联电阻 R_s 和并联电阻 R_{SH} 有关,R_s 越小,短路电流越大。同时,活性层中给体材料和受体材料的比例、浓度以及使用的溶剂共混都会对短路电流产生影响。

6.4.4 填充因子(Fill Factor,FF)

填充因子是评价太阳能电池质量和性能的一个重要指标,它是最大输出功率与开路电压和短路电流的乘积的比值。

$$FF = \frac{P_{max}}{J_{SC} \times V_{oc}} \tag{6-7}$$

填充因子代表了光伏器件在最佳负载时的最大输出功率的特性,是衡量太阳能电池输出特性的重要参数。它同时受到串联电阻和并联电阻两因素的制约,在描述太阳能光伏器件的工作原理时提到了串联电阻和并联电阻,从式(6-7)可知,如果没有串联电阻,而并联电阻无穷大(即没有漏电流)时,填充系数可以达到最大。串联电阻的增加和并联电阻的减小都会降低器件的填充因子,而对理想的光伏器件来说,希望通过各种手段来降低串联电阻,提高并联电阻,从而实现填充因子的最优。因此,当太阳能电池的输出特性达到理想状态的时候,填充因子为 1,所以一般来说,填充因子的值始终小于 1。在光伏器件的制作过程中,可以通过提高膜的质量来提高填充因子。例如:在 ITO 基底和活性层中间加入 PEDOT:PSS 或者 MoO_3,等能级介于两者之间的空穴层,在有利于空穴传输的同时,还能改善活性层在基底上的浸润情况。还可以通过加入阴极界面修饰层的方法来降低电极的功函数从而实现降低串联电阻,提高并联电阻。

6.4.5 能量转换效率(Power Conversion Efficiency, PCE)

$$\text{PCE} = \frac{P_{\max}}{P_{\text{in}}} = \frac{J_{\max} \times V_{\max}}{P_{\text{in}}} = \frac{V_{\text{OC}} \times J_{\text{SC}} \times \text{FF}}{P_{\text{in}}} \tag{6-8}$$

式中：P_{in} 是入射光的能量。聚合物光伏器件的能量转换效率，一般通过电流-电压($I-V$)曲线进行计算，它等于太阳能电池的输出功率与入射光能量的比值，是衡量太阳能光伏器件的质量和技术水平的重要指标。

6.4.6 光电转换效率(Incident Photon-to-electron Conversion Efficiency, IPCE)

太阳能光伏器件并非能吸收所有波长的太阳光，太阳能电池的光电转换效率是电池电荷载流子的数目与照射到电池表面的光子数目的比值。

$$\text{IPCE} = \frac{1240 \times J_{\text{SC}}}{\lambda \times P_{\text{in}}} \tag{6-9}$$

式中：λ 是太阳光的波长单位 nm。太阳能电池的光电转换效率与照射到电池表面光的波长的不同有关，因此测量时，使用不同波长的入射光照射太阳能电池，然后测量在该波长下的 J_{SC}，从而计算出光电转换效率。因此光电转换效率也是器件对于单一波长的光的吸收能力。

6.4.7 有机太阳能电池材料体系

聚合物/富勒烯共混体系太阳能电池的活性层是由给体材料及受体材料共混构成的。给体材料是 p 型共轭聚合物，其中最具代表性的是 P3HT；受体材料是可溶性富勒烯衍生物，其中最具代表性的是一种苯基酯基加成的 C_{60} 衍生物 $PC_{61}BM$。1995 年，Yu 课题组以共轭聚合物 MEH-PPV 为给体材料，以可溶性富勒烯衍生物 $PC_{61}BM$ 为受体材料，通过溶液加工的方式制备体异质结有机太阳能电池，器件在 20 mW/cm², 波长为 430 nm 的单色光照射下，光电转换效率达到了 2.9%，为聚合物/富勒烯体相异质结有机太阳能电池的发展揭开了新的篇章。在此后十几年的时间里基于体异质结器件结构的有机太阳能电池得到了飞跃式的发展，尤其是近五年来，通过对给体材料化学结构的优化，以富勒烯衍射物为受体材料，基于共轭聚合物为给体材料的体异质结电池器件的性能已经突破了 10%。

1. 共轭聚合物给体材料

对于聚合物给体而言，目前主要是通过分子剪裁设计调控分子的能级结构，使其能带结构窄、光吸收范围宽、HOMO 能级降低及空穴迁移率提高。类似于传统聚噻吩类衍生物及 PPV(poly-phenylene vinylene)类衍生物聚合物已经不能满足上述要求，大量研究表明，通过以下三种途径可有效实现上述目标：①利用给体单元与受体单元共聚，降低能级带宽(E_g)，拓宽光谱吸收；② 通过引入推电子基团，降低 HOMO 能级；③通过引入共轭侧链构筑二维分子，增加分子共平面性，提高载流子迁移率。下面简单介绍聚合物/富勒烯共混体系中共轭聚合物在分子剪裁及设计方面的发展历程。

将聚噻吩衍生物用作光伏材料最早可以追溯到 1986 年，Glenis 等制备了基于聚(3-甲基噻吩)(P3MT)的肖特基型单层聚合物太阳能电池，器件结构为玻璃:Pt:P3MT:Al。在 1

mW/cm² 的弱白光照射下，该器件的开路电压为 0.4 V，能量转换效率达到 0.15%。2002 年，Alivisatos 等在研究共轭聚合物/CdSe 半导体纳米棒杂化太阳能电池时使用了 P3HT 作为共轭聚合物给体光伏材料，能量转换效率达到 1.7%。2004 年，Brabec 课题组报道了基于 P3HT/PCBM 共混体系的聚合物太阳能电池，通过溶剂优化等手段，能量转换效率达到了 3.85%。此效率为当时聚合物太阳能电池能量转换效率的最高值，这使得聚噻吩衍生物引起了研究工作者的注意。现在，P3HT 已成为最具代表性的共轭聚合物给体光伏材料，其优点是具有高的空穴迁移率，与富勒烯衍生物受体共混后能形成纳米尺度聚集的互穿网络结构，适宜于制作大面积光伏器件等。但是，P3HT 也存在 HOMO 能级太高和吸收光谱不够宽等问题，因此降低 HOMO 能级和拓宽在可见光区的吸收是设计新型光伏材料需要考虑的两个主要方面。

为了增强聚噻吩的共轭程度，拓展聚噻吩的吸收光谱，Li 课题组把共轭支链引入聚噻吩的结构设计中，合成了一系列带共轭支链的二维共轭聚噻吩衍生物，如图 6-9 所示。这些聚合物显示出宽的可见区吸收和高的空穴迁移率。Hou 等首先合成了一系列苯乙烯基取代的聚噻吩衍生物，发现这类聚合物在紫外-可见区有两个吸收峰，紫外区 300~400 nm 的吸收峰属于含共轭支链的噻吩单元的支链的聚合物 PT1 和 PT3；紫外区吸收很强，吸收峰在约 350 nm，而其可见区吸收峰比较弱。这是由于较大的苯乙烯共轭支链导致聚噻吩主链扭曲。通过把共轭支链从苯乙烯换成更长共轭链的二苯乙烯，使其紫外区吸收峰红移到可见区（吸收峰红移至 380 nm），再通过控制含共轭支链噻吩单元在聚合物主链上的比例，使主链在可见区吸收得到增强，这样得到的聚合物 PT4 表现出覆盖 300~680 nm 的宽的吸收光谱。

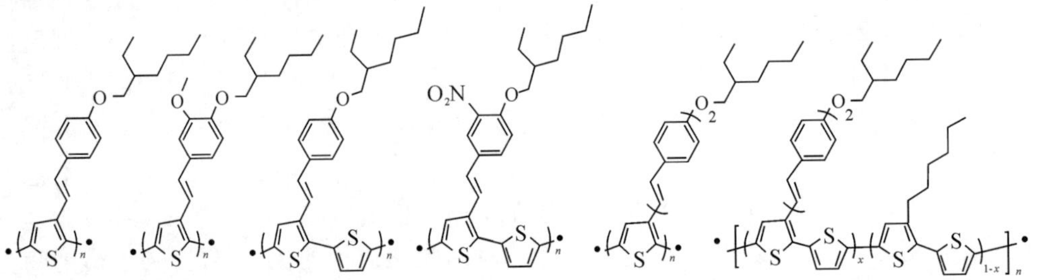

图 6-9 带共轭支链的二维共轭聚噻吩衍生物

稠环噻吩与噻吩相比，具有更好的分子平面性、更大的共轭性和电子离域性，从而使含有稠环噻吩单元的聚合物具有高的空穴迁移率，其场效应器件的迁移率超过了 0.1 cm² V⁻¹ s⁻¹。近年来这类含稠环噻吩单元的聚合物受到研究者的重视。目前在聚合物光伏材料研究中占有较重要地位的稠环噻吩单元和末端为噻吩的稠环单元有：二并噻吩[比如噻吩并[3,2-b]噻吩和噻吩并[3,4-b]噻吩（TT）]、三并噻吩（二噻吩并[2,3-b:3′,2′-d]噻吩）、苯并[1,2-b:4,5-d′]二噻吩（BDT）和吲哚并二噻吩（IDT）等。其中 BDT 和 TT 的交替共聚物 PBDTTT 是一类窄带隙、高效的聚合物给体光伏材料，与 PC$_{71}$BM 共混制备光伏器件的能量转换效率达到 7%~8%。高效聚合物给体光伏材料需要可见-近红外区有较宽的吸收范围（较窄的带隙）以及较低的 HOMO 能级，这些都可以通过将给电子和受电子结构单元共聚来实现,因此 D-A 共聚物近年来成为聚合物太阳能电池给体光伏材料的主要研究对象,已有多篇综述文章对这类光伏材料进行了介绍和报道。

聚合物材料的带隙受其主链结构、侧链结构及链间相互作用等因素的影响。降低聚合物材料带隙的方法主要有引入给电子单元(D)-吸电子单元(A)交替结构和引入醌式结构。对于 D-A 交替型聚合物,由于 D 单元和 A 单元间的推拉电子作用,产生了分子内的电荷转移(ICT),从而降低了聚合物的带隙,使得其吸收窗口红移。另外 D-A 共聚物往往存在共轭的主链的吸收和长波长方向的 ICT 吸收两个吸收峰,所以在可见-近红外区表现出宽的吸收带,这些都能够提高太阳光利用率。对于电子能级,D-A 共聚物的 HOMO 能级往往取决于给体单元的 HOMO 能级,LUMO 能级则主要由受体单元的 LUMO 能级所决定。所以通过选择适当的给体单元和受体单元,可以方便地调节共聚物的能级结构,这对于得到高开路电压的聚合物给体光伏材料非常重要。在 D-A 共聚物光伏材料的分子设计中,还需要使用柔性取代基(烷基或烷氧基)来改善聚合物的可溶性,同时,给电子单元和受电子单元之间还往往需要使用 π-桥(比如噻吩单元)来减小空间位阻和改善聚合物的分子平面性。在 D-A 共聚物给体光伏材料的研究中,常用的给电子(D)结构单元主要有噻吩、并噻吩、芴、硅芴、咔唑、苯并二噻吩、二噻吩并吡咯、二噻吩并吡咯和引达省二噻吩等;常用的受电子(A)结构单元主要有苯并噻二唑、噻吩并吡咯二酮、并吡咯二酮、并噻唑、二联噻唑、苯并吡嗪、噻吩并吡嗪和异靛青等。D-A 共聚物早期是为电子和空穴双极性平衡输出的电致发光聚合物或窄带隙的红光聚合物而设计合成。2003 年,Andersson 和 Inganas 等首次将芴与苯并噻二唑的 D-A 共聚物 PFDTBT(其分子结构见图 6-10)用于聚合物太阳能电池的给体光伏材料,获得了 2.2% 的光电能量转换效率。此后各种 D-A 共聚物被设计和合成出来,最近多个 D-A 共聚物给体材料的光伏效率超过了 7%,窄带隙 D-A 共聚物已成为新型聚合物给体光伏材料研究的主流聚合物之一。

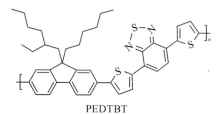

PEDTBT

图 6-10 PFDTBT 分子结构

聚合物给体材料的发展在一定程度上决定了有机太阳能电池的发展进程。从光物理角度考虑,应当通过分子剪裁设计继续发展吸收窗口与富勒烯材料互补的聚合物给体材料,同时通过能级调控,减少光电转换过程的能量损失,并获得高的空穴迁移率。

2. 富勒烯衍生物受体材料

富勒烯衍生物受体光伏材料对聚合物太阳能电池的发展起到了关键的作用。$PC_{61}BM$ 具有良好的溶解性、低的 LUMO 能级(-3.91 eV)及较高的电子迁移率(10^{-3} cm^2 V^{-1} s^{-1})。因此,自以 MEH-PPV 为给体、以 $PC_{61}BM$ 为受体的本体异质结太阳能电池被开发以来,$PC_{61}BM$ 便成为有机太阳能电池中重要的受体材料。

PC$_{61}$BM 由腙与 C60 的邻二氯苯溶液在碱性条件下加热反应制得,此反应除了获得 PC$_{61}$BM 外,还伴随有其双加成、三加成及多加成产物。通过调节腙与 C60 的摩尔比及反应时间等可改变单加成物、双加成物等的相对含量。由于 C60 具有高度对称性,所以 PC$_{61}$BM 对可见区太阳光的吸收相对较弱,主要集中于 200～350 nm 的紫外区。

为了克服 PC$_{61}$BM 在可见区吸收较弱的缺点,Hummelen 等又合成了在 400～500 nm 范围内有较强吸收的可溶性 C$_{70}$ 衍生物 PC$_{71}$BM(其结构见图 6-11)。PC$_{71}$BM 的合成方法与 PC$_{61}$BM 的合成方法完全相同,只是需要把投放的富勒烯原料从 C60 换成 C70。PC$_{61}$BM 是一种单一结构分子,但 PC$_{71}$BM 是三种同分异构体的混合物,其中 α 异构体的含量为 85%,β 和 γ 异构体的含量为 15%。一般用图 6-11 所示的 α 异构体结构代表 PC$_{71}$BM 的结构。

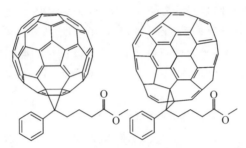

图 6-11　PC$_{61}$BM(左)及 PC$_{71}$BM(右)分子结构

在合成 PC$_{61}$BM 时,其副产物包括双加成 PC$_{61}$BM(bis-PC$_{61}$BM),三加成 PC$_{61}$BM(tris-PC$_{61}$BM),四加成 PC$_{61}$BM(tetra-PC$_{61}$BM)和更高加成的 PCBM 衍生物。Lenes 等制备得到了纯化的双加成 bis-PC$_{61}$BM 和三加成产物 tris-PC$_{61}$BM(见图 6-12)。bis-PC$_{61}$BM 的 LUMO 能级比 PC$_{61}$BM 上移了 0.1 eV,其电子迁移率为 7×10^{-4} cm^2 V^{-1} s^{-1},比 PC$_{61}$BM 的 2×10^{-3} cm^2 V^{-1} s^{-1} 稍低。以 P3HT 为给体、以 bis-PC$_{61}$BM 为受体,并且取给/受体的质量比为 1:1 作为活性层制备器件,器件开路电压、短路电流密度和能量转换效率分别为 0.724 V、9.14 mA/cm^2 和 4.5%。而相同的条件下,基于 P3HT/PC$_{61}$BM 器件的能量转换效率为 3.8%。基于 bis-PC$_{61}$BM 器件效率的提高主要来自于开路电压的提高(提高了 0.15 V),这得益于 bis-PC$_{61}$BM 的 LUMO 能级的上移。虽然 tris-PC$_{61}$BM 和 tetra-PC$_{61}$BM 的 LUMO 能级进一步上移,但是其电子迁移率将降低几个数量级,以此为电子受体时,器件开路电压较基于 PC$_{61}$BM 的器件提高了 0.2 V,但是短路电流密度和填充因子下降严重,器件能量转换效率降低。

PC$_{61}$BM 双加成产物具有较高的 LUMO 能级,但其中的酯基为吸收电子单元,这限制了其 LUMO 能级的进一步提高。为了进一步提高富勒烯受体材料的 LUMO 能级,Li 课题组合成了 C$_{60}$ 的茚单加成产物 ICMA(1′,4′-二氢萘并[2′,3′:1,2][5,6]富勒烯 C$_{60}$),和双加成产物 ICBA(1′,1′,4′,4′,-四氢-二[1,4]甲烷萘[1,2:2′,3′,56,60:2′,3′][5,6]富勒烯-C$_{60}$)。ICMA 和 ICBA 的 LUMO 能级分别为 −3.86 eV 和 −3.74 eV,比 PC$_{61}$BM 的 LUMO 能级(−3.91 eV)分别上移了 0.05 eV 和 0.17 eV。值得注意的是,ICBA 与 bis-PC$_{61}$BM 相比,其 LUMO 能级又上移了 0.07 eV,这有利于光伏器件开路电压的进一步提高。使用 P3HT 为给体，且给/受体质量比 1∶1 时，各 C_{60} 衍生物受体的光伏性能列于表 6-1 中。可以看出，与基于 PCBM 的光伏器件相比，基于茚单加成产物 ICMA 的器件开路电压提高了 0.05 eV，短路电流略有下降，能量转换效率基本相同；而基于茚双加成产物 ICBA 的器件的开路电压提高了 0.26 eV，效率也有显著提高。

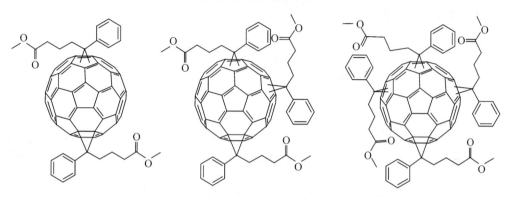

图 6-12　bis-$PC_{61}BM$(左)，tris-$PC_{61}BM$(中)及 tetra-$PC_{61}BM$(右)分子结构

表 6-1　以 P3HT 为给体情况下富勒烯受体衍生物光伏材料的光伏性能

富勒烯衍生物	V_{oc}/V	J_{sc}/(mA·cm^{-2})	FF/%	PCE/%
bis-PCBM	0.724	9.14	68.0	4.5
bis-$PC_{71}BM$	0.75	7.03	62.0	2.3
tris-PCBM	0.81	0.99	37.0	0.21
PCBM	0.58	9.41	64.0	3.49

为了进一步增强 ICBA 在可见光区的吸收能力，科研工作者又合成了 ICBA 对应的 C70 衍生物 $IC_{71}BA$（见图 6-13）。$IC_{71}BA$ 的 LUMO 能级较 $PC_{61}BM$ 上移了 0.19 eV，并且具有更好的溶解性能和较强的可见光区吸收能力。基于 P3HT/$IC_{71}BA$（质量比 1∶1）的光伏器件，其开路电压、短路电流密度和能量转换效率分别为 0.84 eV、9.73 mA/cm^2 和 5.64%。比如：使用 3-甲基噻吩添加剂，效率提高至 6.69%使用氯萘添加剂，器件的效率提高到 7.4%。后者也是迄今文献报道的基于 P3HT/富勒烯共混体系光伏器件的最高效率。

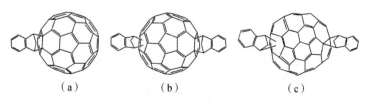

图 6-13　ICMA、ICBA 及 $IC_{71}BA$ 分子结构
(a)ICMA；(b)ICBA；(c)$IC_{71}BA$

可溶性富勒烯衍生物是聚合物太阳能电池中使用最广泛的受体光伏材料。虽然目前人们已经开发出大量共轭聚合物及共轭小分子非富勒烯受体材料,且部分材料性能已经超过相应的富勒烯体系了,但是,富勒烯作为球形对称分子,在电荷转移态分离及载流子传输方面依然具有巨大优势。目前开发出具有更高 LUMO 能级、在可见光区范围吸收更宽的富勒烯受体材料仍是一项挑战。

过去的几十年中,研究者们在聚合物太阳能电池领域取得了十分重要的进展,其光电转换效率已经逐步突破 15%,目前正向 20% 的目标迈进。除了电池器件制备工艺的优化外,新颖的聚合物给体材料以及富勒烯受体材料的设计和应用,对推动聚合物太阳能电池领域的发展具有重要作用。目前,聚合物/富勒烯共混体系活性层吸收窗口仍较窄,同时器件能量损失较大,这些均限制了其性能的进一步突破。后续章节将介绍聚合物受体材料及小分子非富勒烯受体材料,正是这些材料的异军突起,才使得有机太阳能电池的光吸收问题及能量损失被最小化,并为有机太阳能电池的发展提供了新的契机。

参 考 文 献

[1] SPANGGAARD H, KREBS F C. A brief history of the development of organic and polymeric photovoltaics. Solar Energy Materials and Solar Cells, 2004, 83 (2/3): 125 - 146.

[2] KEARNS D, CALVIN M. Photovoltaic effect and photoconductivity in laminated organic systems. The Journal of Chemical Physics, 1958, 29 (4): 950 - 951.

[3] TANG C W. Two-layer organic photovoltaic cell. Applied Physics Letters, 1986, 48 (2): 183 - 185.

[4] YU G, GAO J, HUMMELEN J C, et al. Polymer photovoltaic cells: enhanced efficiencies via a network of internal donor-acceptor heterojunctions. Science, 1995, 270 (5243): 1789 - 1791.

[5] SHAHEEN S E, BRABEC C J, SARICIFTCI N S, et al. 2.5% Efficient organic plastic solar cells. Applied Physics Letters, 2001, 78 (6): 841 - 843.

[6] LI G, SHROTRIYA V, HUANG J, et al. High-efficiency solution processable polymer photovoltaic cells by self-organization of polymer blends. Nature Materials, 2005, 4 (11): 864 - 868.

[7] MA W, YANG C, GONG X, et al. Thermally stable, efficient polymer solar cells with nanoscale control of the interpenetrating network morphology. Advanced Functional Materials, 2005, 15 (10): 1617 - 1622.

[8] KIM J Y, LEE K, COATES N E, et al. Efficient tandem polymer solar cells fabricated by all-solution processing. Science, 2007, 317 (5835): 222.

[9] HE Z, ZHONG C, SU S, et al. Enhanced power-conversion efficiency in polymer solar cells using an inverted device structure. Nature Photonics, 2012, 6 (9): 591 - 595.

[10] KALLMANN H, POPE M. Photovoltaic effect in organic crystals. The Journal of Chemical Physics, 1959, 30 (2): 585-586.

[11] GHOSH A K, MOREL D L, FENG T, et al. Photovoltaic and rectification properties of Al/Mg phthalocyanine/Ag Schottky-barrier cells. Journal of Applied Physics, 1974, 45 (1): 230-236.

[12] SACRICIFTCI N S, SMILPWITZ L H, et al. Potoinduced electron transfer from a conducting polymer to buckminsterfullerene. Science, 1992, 258: 4.

[13] NELSON J. Organic photovoltaic films. Materials Today, 2002, 5 (5): 20-27.

[14] LIAO S H, JHUO H J, CHENG Y S, et al. Fullerene derivative-doped zinc oxide nanofilm as the cathode of inverted polymer solar cells with low-bandgap polymer (PTB7-Th) for high performance. Adv Mater, 2013, 25 (34): 4766-4771.

[15] YOU J, DOU L, YOSHIMURA K, et al. A polymer tandem solar cell with 10.6% power conversion efficiency. Nat Commun, 2013, 4: 1446.

[16] 张福俊. 有机太阳能电池的工作原理及研究进展. 物理教学, 2010, (10): 5-8.

[17] HALLS J J, PICHLER K, FRIEND R H, et al. Exciton diffusion and dissociation in a poly (p-phenylenevinylene)/C60 heterojunction photovoltaic cell. Applied Physics Letters, 1996, 68 (22): 3120-3122.

[18] BRAUN C L. Electric field assisted dissociation of charge transfer states as a mechanism of photocarrier production. The Journal of Chemical Physics, 1984, 80 (9): 4157-4161.

[19] PAVLICA E, BRATINA G. Time-of-flight mobility of charge carriers in position-dependent electric field between coplanar electrodes. Applied Physics Letters, 2012, 101 (9): 93304.

[20] BAO Z, DODABALAPUR A, LOVINGER A J. Soluble and processable regioregular poly (3-hexylthiophene) for thin film field-effect transistor applications with high mobility. Applied Physics Letters, 1996, 69 (26): 4108-4110.

[21] MIHAILETCHI V D, KOSTER L J A, BLOM P W, et al. Compositional dependence of the performance of poly (p-phenylene vinylene): methanofullerene bulk-heterojunction solar cells. Advanced Functional Materials, 2005, 15 (5): 795-801.

[22] ZHANG Y, TAN Y W, STORMER H L, et al. Experimental observation of the quantum Hall Effect and Berry's Phase in Graphene. Nature, 2005, 438 (7065): 201-204.

[23] PINNER D, FRIEND R, TESSLER N. Transient electroluminescence of polymer light emitting diodes using electrical pulses. Journal of Applied Physics, 1999, 86 (9): 5116-5130.

[24] BAI S, DA P, LI C, et al. Planar perovskite solar cells with long-term stability using ionic liquid additives. Nature, 2019, 571 (7764): 245-250.

[25] DEIBEL C, DYAKONOV V. Polymer-fullerene bulk heterojunction solar cells. Reports on Progress in Physics, 2010, 73 (9): 96401.

[26] DENNLER G, SCHARBER M C, AMERI T, et al. Design rules for donors in bulk-heterojunction tandem solar cells towards 15% energy-conversion efficiency. Advanced Materials, 2008, 20 (3): 579–583.

[27] SCHARBER M C, MÜHLBACHER D, KOPPE M, et al. Design rules for donors in bulk-heterojunction solar cells: Towards 10% energy-conversion efficiency. Advanced Materials, 2006, 18 (6): 789–794.

[28] BRABEC C, CRAVINO A, MEISSNER D, et al. The influence of materials work function on the open circuit voltage of plastic solar cells. Thin Solid Films, 2002, 403: 368–372.

[29] KINOSHITA Y, HASOBE T, MURATA H. Controlling open-circuit voltage of organic photovoltaic cells by inserting thin layer of zn-phthalocyanine at pentacene/c60 interface. Japanese Journal of Applied Physics, 2008, 47 (2): 1234–1237.

[30] KOSTER L J A, MIHAILETCHI V D, RAMAKER R, et al. Light intensity dependence of open-circuit voltage of polymer: fullerene solar cells. Applied Physics Letters, 2005, 86 (12): 123509.

[31] QIANG P, KUYSON P, TONG L, et al. Donor-pi-acceptor conjugated copolymers for photovoltaic applications: tuning the open-circuit voltage by adjusting the donor/acceptor ratio. The Journal of Physical Chemistry. B, 2008, 112 (10): 2801–2808.

[32] AN P, GUANG J, MIAO S, et al. Bimolecular recombination coefficient as a sensitive testing parameter for low-mobility solar-cell materials. Physical Review Letters, 2005, 94 (17): 6806.

[33] IN R, VUS D. Influence of electronic transport properties of polymer-fullerene blends on the performance of bulk heterojunction photovoltaic devices. Physica Status Solidi, A. Applied Research, 2004, 201 (6): 1332–1341.

[34] DOU L, YOU J, HONG Z, et al. 25th anniversary article: a decade of organic/polymeric photovoltaic research. Advanced Materials, 2013, 25 (46): 6642–6671.

[35] GLENIS S, TOURILLON G, GARNIER F. Influence of the doping on the photovoltaic properties of thin films of poly-3-methylthiophene. Thin Solid Films, 1986, 139 (3): 221–231.

[36] HUYNH W U, DITTMER J J, ALIVISATOS A P. Hybrid nanorod-polymer solar cells. Science, 2002, 295 (5564): 2425–2427.

[37] BRABEC C J. Organic photovoltaics: technology and market. Solar Energy Materials and Solar Cells, 2004, 83 (2/3): 273–292.

[38] LI Y, ZOU Y. Conjugated polymer photovoltaic materials with broad absorption band and high charge carrier mobility. Advanced Materials, 2008, 20 (15): 2952–

2958.

[39] LI Y. Molecular design of photovoltaic materials for polymer solar cells: toward suitable electronic energy levels and broad absorption. Accounts of Chemical Research, 2012, 45 (5): 723-733.

[40] HOU J H, HUO L J, HE C, et al. Synthesis and absorption spectra of poly(3-(phenylenevinyl)thiophene)s with conjugated side chains. Macromolecules, 2006, 39 (2): 594-603.

[41] HOU J, TAN Z A, YAN Y, et al. Synthesis and photovoltaic properties of two-dimensional conjugated polythiophenes with bi(thienylenevinylene) side chains. Journal of the American Chemical Society, 2006, 128 (14): 4911-4916.

[42] ZOU Y, WU W, SANG G, et al. Polythiophene derivative with phenothiazine vinylene conjugated side chain: Synthesis and its application in field-effect transistors. Macromolecules, 2007, 40 (20): 7231-7237.

[43] ZHANG Z G, ZHANG S, MIN J, et al. Conjugated side-chain isolated polythiophene: Synthesis and photovoltaic application. Macromolecules, 2011, 45 (1): 113-118.

[44] MCCULLOCH I, HEENEY M, BAILEY C, et al. Liquid-crystalline semiconducting polymers with high charge-carrier mobility. Nature materials, 2006, 5 (4): 328-333.

[45] CHEN H Y, HOU J, ZHANG S, et al. Polymer solar cells with enhanced open-circuit voltage and efficiency. Nature Photonics, 2009, 3 (11): 649.

[46] LIANG Y, XU Z, XIA J, et al. For the bright future-bulk heterojunction polymer solar cells with power conversion efficiency of 7.4%. Adv Mater, 2010, 22 (20): 135-138.

[47] BRABEC C J, SHAHEEN S E, WINDER C, et al. Effect of LiF/metal electrodes on the performance of plastic solar cells. Applied Physics Letters, 2002, 80 (7): 1288-1290.

[48] SVENSSON M, ZHANG F, VEENSTRA S C, et al. High-performance polymer solar cells of an alternating polyfluorene copolymer and a fullerene derivative. Advanced Materials, 2003, 15 (12): 988-991.

[49] MOZER A J, DENK P, SCHARBER M C, et al. Novel regiospecific MDMO PPV copolymer with improved charge transport for bulk heterojunction solar cells. The Journal of Physical Chemistry B, 2004, 108 (17): 5235-5242.

[50] TAJIMA K, SUZUKI Y, HASHIMOTO K. Polymer photovoltaic devices using fully regioregular poly[(2-methoxy-5-(3′,7′-dimethyloctyloxy))-1,4-phenylenevinylene]. The Journal of Physical Chemistry C, 2008, 112 (23): 8507-8510.

[51] HOU J, YANG C, QIAO J, et al. Synthesis and photovoltaic properties of the copolymers of 2-methoxy-5-(2′-ethylhexyloxy)-1,4-phenylene vinylene and 2,

5-thienylene-vinylene. Synthetic Metals, 2005, 150 (3): 297-304.

[52] HE Y, CHEN H Y, HOU J, et al. Indene-C60 bisadduct: a new acceptor for high-performance polymer solar cells. Journal of the American Chemical Society, 2010, 132 (4): 1377-1382.

[53] HE Y, LI Y. Fullerene derivative acceptors for high performance polymer solar cells. Physical Chemistry Chemical Physics, 2011, 13 (6): 1970-1983.

[54] WIENK M M, KROON J M, VERHEES W J, et al. Efficient methano [70] fullerene/MDMO-PPV bulk heterojunction photovoltaic cells. Angewandte Chemie International Edition, 2003, 42 (29): 3371-3375.

[55] LENES M, WETZELAER G J A, KOOISTRA F B, et al. Fullerene bisadducts for enhanced open-circuit voltages and efficiencies in polymer solar cells. Advanced Materials, 2008, 20 (11): 2116-2119.

[56] LENES M, SHELTON S W, SIEVAL A B, et al. Electron trapping in higher adduct fullerene-based solar cells. Advanced Functional Materials, 2009, 19 (18): 3002-3007.

[57] ZHAO G, HE Y, LI Y. 6.5% Efficiency of polymer solar cells based on poly (3-hexylthiophene) and indene-C60 bisadduct by device optimization. Advanced Materials, 2010, 22 (39): 4355-4358.

[58] HE Y, ZHAO G, PENG B, et al. High-yield synthesis and electrochemical and photovoltaic properties of indene-C70 bisadduct. Advanced Functional Materials, 2010, 20 (19): 3383-3389.

[59] GUO X, CUI C, ZHANG M, et al. High efficiency polymer solar cells based on poly (3-hexylthiophene)/indene-C 70 bisadduct with solvent additive. Energy & Environmental Science, 2012, 5 (7): 7943-7949.

[60] SUN Y, CUI C, WANG H, et al. Efficiency enhancement of polymer solar cells based on poly (3-hexylthiophene)/indene-c70 bisadduct via methylthiophene additive. Advanced Energy Materials, 2011, 1 (6): 1058-1061.

[61] LIU Q, JIANG Y, JIN K, et al. 18% Efficiency organic solar cells. Science Bulletin, 2020, 65 (4): 272-275.

[62] LIU L, KAN Y, GAO K, et al. Graphdiyne derivative as multifunctional solid additive in binary organic solar cells with 17.3% efficiency and high reproductivity. Advanced Materials, 2020, 32 (11): 1907604.

[63] FAN B, ZHANG D, LI M, et al. Achieving over 16% efficiency for single-junction organic solar cells. Science China Chemistry, 2019, 62 (6): 746-752.

[64] MENG L, ZHANG Y, WAN X, et al. Organic and solution-processed tandem solar cells with 17.3% efficiency. Science, 2018, 361 (6407): 1094-1098.

第 7 章　有机太阳能电池活性层形貌

聚合物共混是调控聚合物性能的重要手段之一,聚合物共混体系不但具有各组分的优异性质,其微结构还具有各组分都不具有的新性质。聚合物共混体系的形态结构是决定其性能的最基本要素之一,因此研究各种聚合物共混体系的形态结构、探讨形态结构与性能之间的联系以及有意识地对共混体系进行形态结构设计,一直是高分子科学研究的核心主题。高分子材料的许多性能,如力学性能、光电性能等,都与聚合物的凝聚态结构和形貌密切相关。

聚合物-富勒烯有机太阳能电池活性层中给受体共混所构成的体相异质结(BHJ)是典型的共混体系,为有机太阳能电池的发展提供了新的契机。体相异质结大大增加了给受体间的接触面积,极大地提升了激子的分离效率。同时,聚合物给体与富勒烯受体各自形成贯穿活性层的网络状连续相(bicontinuous network),激子分离后的电子和空穴在输运至相应的电极前复合的概率显著降低,从而提高了器件的光电流和光电转换效率。本章主要以共轭聚合物/富勒烯共混体系为例,从材料发展角度切入,阐述聚合物相对分子质量、给受体比例等对共混体异质结形貌的影响;同时,从形貌调控角度入手,介绍溶剂性质、添加剂及各种退火处理对活性层结晶及相分离行为的影响。

7.1　体相异质结三相模型

为什么活性层要由给体材料与受体材料共同组成呢? 这是由于有机半导体材料介电常数低,激子束缚能大。p 型半导体材料和 n 型半导体材料接触后,在两种不同的半导体界面区域会形成异质结结构(pn 结),异质结界面处形成内建电场,可有效促进激子分离。按照活性层中给受体排列方式的不同,异质结结构主要分为双层异质结结构及体相异质结结构。

体相异质结活性层是,通过在有机溶剂中混合电子给体和电子受体两类有机材料,经旋涂等溶液加工工艺得到的有机固态共混膜。由于活性层中给体及受体相区尺寸均为纳米级,因此增加了给受体间的接触面积,解决了平面异质结中激子分离效率低的问题。有机薄膜太阳能电池活性层形貌与光伏电池性能密切相关。

首先,给体微区和受体微区的尺寸要与激子的扩散距离相近,以确保激子在复合之前顺利到达给体/受体界面分离形成能够自由移动的电子和空穴。一般激子在有机半导体中的扩散距离小于 10 nm,所以微区尺寸应当在 20 nm 左右。

其次,为了防止在界面处分离的电子-空穴对重新复合,载流子在给体相和受体相中的迁移率要足够大。载流子迁移率除了与材料本身有关外,还与微区内分子的有序堆叠程度有关,高度无序的分子排列会降低载流子迁移率;相反,有序的分子堆叠则有益于载流子的传输。给受体微区要形成双连续通路,确保电极有效收集载流子,避免类似于孤岛状的微区存在,防止空间电荷的积累。由此可见,优化活性层结晶性、相区尺寸及互穿网络结构是制备高性能器件的重要前提。

最初,人们对有机光伏器件光物理过程的认识较为浅显,认为其主要包含光子吸收、激子分离、载流子传输及载流子收集四个基本过程。体相异质结概念引入有机太阳能领域之后,人们认为理想的活性层形貌应当具备以下特征:①给体、受体形成互穿网络结构;②给体及受体均形成有序堆叠的晶体;③相区尺寸小于 20 nm,即活性层中要形成所谓的两相模型,如图 7-1 左侧图所示。两相模型中给受体分子均聚集结晶,各自形成纯相区并相互连接形成载流子传输通路。此模型能够很好地解释当时人们对有机太阳能电池光物理过程的认识,因此在有机太阳能电池发展初期被广泛接受。

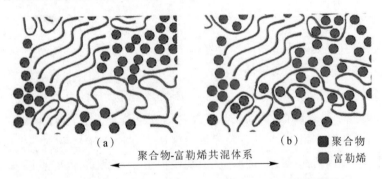

图 7-1 聚合物-富勒烯共混体系两相模型(a)及三相模型(b)

随着对光伏电池工作原理认识的逐步深入,人们发现,扩散至界面的激子并不会即刻实现电荷的分离,而是首先在两相界面处形成电荷转移(Charge Transfer,CT)态,如图 7-2 所示。由于 CT 态通常被认为是存在于给体/受体界面处的具有库仑束缚作用的成对电荷(在文献报道中也常常将这种状态称为成对电子-空穴对)。CT 态形成之初具有过量的热能,当成对电子和空穴的空间距离逐渐拉大并大于库仑捕获半径 r_c 时,CT 态就会逐渐转变为电荷分离态(CS 态),即不受库仑束缚的自由电荷。由于电子-空穴对本身具有相对较弱的电子耦合能力,CT 态会在单线态(^{1}CT)与三线态(^{3}CT)之间采取迅速的自旋混合。当界面处成对的电子-空穴对不能摆脱库仑捕获半径 r_c 时,成对的电子-空穴对则会在给体/受体界面处发生复合(称为成对复合过程),并依据其自旋状态衰减到基态(S_0)或者形成三线态激子(T_1)。从激子实现电荷分离的能级示意图如图 7-2(b)所示,自由电荷的产生实际上是多个转化过程动力学竞争的结果。由此,人们开始关注给体/受体材料之间存在的共混相,该共混相与给受体结晶纯相构建起了活性层的三相模型。

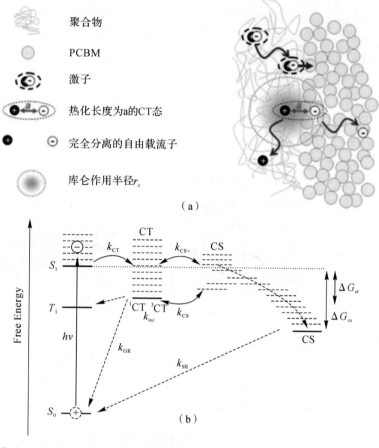

图 7-2 聚合物/富勒烯共混体系界面处电荷分离示意图及 激子实现电荷分离的能级示意图

研究发现,共混相的存在及其组成比例对器件性能具有非常显著的影响。一方面,由于共混相所产生的能级相比于纯相会发生位移,因此在共混相与纯相之间会产生一个能级梯度,如图 7-3 所示。该能级梯度无疑有助于光致产生的电子和空穴的空间分离。另一方面,共混相增大了给受体间界面面积,同样利于激子扩散效率的提高。而对于结晶纯相(包括给体和受体),则可作为有效的电荷传输通道,保证产生的自由载流子能够有效传输至相应的电极。对于 P3HT/PC$_{61}$BM 共混体系,P3HT 与 PC$_{61}$BM 间是部分相溶的,且相容性随聚合物相对分子质量及温度的变化而变化。Yin 及 Dadmun 课题组利用小角中子散射(Small Angle Neutron Scattering,SANS)表征发现,PC$_{61}$BM 在 P3HT 中的极限溶剂度约为 20%(质量分数)。因此,P3HT/PC$_{61}$BM 共混薄膜是由给体纯相、受体纯相以及给体/受体共混相组成的。McGehee 课题组则系统地研究了三相模型中共混相对器件性能的影响,指出三相模型所构建起的瀑布式的能级结构大大增加了界面处的电荷分离效率。例如,由于 P3HT/PC$_{61}$BM 共混体系中可形成足够多的无定形共混相,增大该体系电荷分离的驱动力,因此获得了较高的内量子效率(75%~90%)。

因此,调控共混相含量对有机太阳能电池活性层而言至关重要。研究表明,给体/受体共混相与结晶纯相的比例可以通过改变给体与受体材料的相容性来实现。以具有良好相容性的聚(3-己基硒吩)(P3HS)/$PC_{61}BM$ 体系为例,由于给受体之间相容性好,因此多数 $PC_{61}BM$ 分子会与聚合物形成分子级共混,从而得到相区尺寸小、结晶性差的活性层结构。这样的结构会导致载流子在传输过程中更容易发生双分子复合。通过改变富勒烯的分子结构,降低聚合物与富勒烯分子之间的相容性,薄膜中的共混相含量将会降低,而聚合物相和富勒烯富相含量则会增多,相区尺寸随之增大,从而有利于形成互穿网络结构,可有效改善器件的电荷收集效率。Han 等则利用不同富勒烯衍生物与 P3HT 相容性不同这一性质,通过调节 bis-$PC_{71}BM$ 和 $PC_{71}BM$ 的比例,实现了对共混相中富勒烯含量的调控。结果表明,在一定范围内,增加相容性更好的 $PC_{71}BM$ 含量可有效提高共混相中富勒烯的比例。而共混相中富勒烯含量增多,有利于增加给受体间的界面面积,并提高纯相与共混相之间的能级差,进而提高激子扩散效率及 CT 态分离效率,如图 7-4 所示。

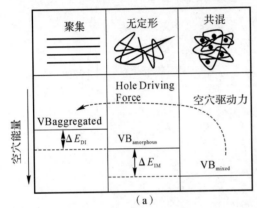
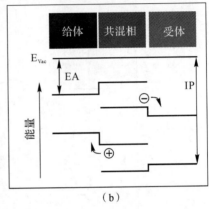

图 7-3 共混相能带结构

聚合物有序相、无定型相及聚合物/富勒烯共混相价带结构示意图及给受体纯相及共混相能级结构示意图[3,11]

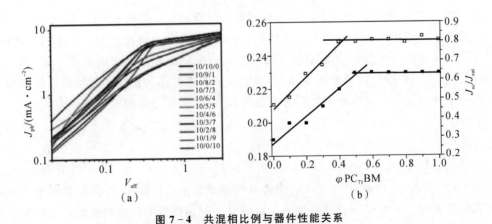

图 7-4 共混相比例与器件性能关系

(a)饱和光电流密度与共混相含量的关系;(b)给受体能级差 ΔE 及 J_{sc}/J_{sat} 与共混薄膜中 $PC_{71}BM$ 含量的关系

随着表征技术的发展,人们已经逐渐意识到聚合物/富勒烯共混体系活性层为包含共混相的三相模型。然而,共混相是把双刃剑,共混相含量高利于激子分离,但是不利于载流子传输;共混相含量低则利于载流子传输,但不利于激子分离。因此,如何实现给定体系下共混相含量的精确控制是目前仍需解决的问题。与此同时,打破热力学状态限制,实现给定体系下共混相中给/受体含量间的调控可能会进一步加深人们对有机太阳能电池光物理过程的理解,并将有机太阳能电池形貌的发展推向一个新的高度。

7.2 活性层形貌调控

聚合物/富勒烯共混体系活性层结构直接决定器件性能。近年来,众多学者进行了大量的研究工作,发现活性层形貌除了受共混体系本身属性(包括聚合物规整度、相对分子质量及给体与受体比例)影响外,还与成膜过程中所用溶剂、添加剂及后续退火处理密切相关。迄今为止,人们发展并报道了多种优化活性层形貌的方法、手段。通常情况下,在溶液旋涂方法制备的初始活性层中,给/受体分子在共混薄膜中并未达到热力学平衡态。因此,在活性层的制备过程中,通过选择不同类别的溶剂或引入添加剂等,对活性层退火处理(溶剂蒸气退火处理及热退火处理等),可以驱动活性层中分子向热力学稳定态方向转变,从而引起给受体分子的自组织结晶、相区尺寸的增大及互穿网络结构的形成等。下面以聚合物/富勒烯共混体系为例,着重介绍影响活性层形貌的各因素及优化活性层形貌的方法及原理。

7.2.1 共轭聚合物规整度

P3HT规整度直接影响分子在薄膜中的结晶度及分子取向。高规整度的P3HT结晶度较高,同时也倾向于采取edge-on取向,因此有利于载流子在平行于基底的方向传输。然而,在有机太阳能电池中,活性层形貌不仅涉及P3HT的结晶性、相分离尺寸,同时也要考虑其对活性层形貌稳定性的影响(直接关系到器件的稳定性)。因此,需要重新审视P3HT的规整度在有机太阳能电池应用中的作用。

由于提高P3HT规整度可增加P3HT薄膜光子吸收效率并提高其载流子迁移率,起初人们片面地认为在基于P3HT/PCBM的有机太阳能电池中,应当用高规整度的P3HT材料作为电子给体。2006年,McCulloch课题组研究了P3HT规整度对器件性能的影响,实验中所用P3HT的基本信息如下:P3HT-1(规整度95.2%,$M_n=1.42\times10^4$,PDI=1.57);P3HT-2(规整度93%,$M_n=1.78\times10^4$,PDI=1.79);P3HT-3(规整度90.7%,$M_n=2.37\times10^4$,PDI=1.94)。结果表明,规整度为95.2%的P3HT器件性能最优,该课题组认为其主要原因为高规整度P3HT结晶性最好。然而,其并未意识到三种不同规整度的P3HT相对分子质量不一致。对于共轭聚合物而言,相对分子质量直接影响晶体间连接,进而对载流子传输亦有影响。P3HT-3分子规整度低,其相对分子质量也低,因此相对应的器件性能差并不能完全归因于其较低的规整度。Mauer课题组进一步论证了P3HT规整度对器件性能的影响,对比了低相对分子质量高规整度的P3HT-4(规整度>98%,$M_w=25$ kg/mol)与高相对分子质量低规整度的P3HT-5(规整度94%,$M_w=60$ kg/mol),制备了有机太阳能电池。两组器件性能相差无几,这表明高规整度的P3HT即使相对分子质量较低,但其自组织能力强,易于有序堆叠形成晶体,因此利于光子吸收及空穴传输,促使器件性能提高。

除了会对器件性能产生影响,P3HT规整度还决定了活性层的热稳定性。Ebadian课题组利用高规整度的P3HT-6(规整度>98%,M_w=60 kg/mol)作为电子给体材料,初始器件性能高达2.7%,但是稳定性较差,在放置20 d左右后器件性能骤降到1%以下;与此相反,如果利用低规整度的P3HT-7(规整度94%,M_w=50 kg/mol)作为电子给体材料,虽然初始器件性能略低(2.3%),但是器件稳定性较好,放置120 d后器件性能依然保持在2%以上。由此可见,高规整度的P3HT虽然便于提高器件性能,但并不利于增加器件稳定性。为了改善器件稳定性,Sivula等将三己基噻吩与3,4-二己基噻吩共聚形成poly(1-co-2),从而有效地降低了给体材料的的规整度,如图7-5所示。对于P3HT及poly(1-co-2)而言,与富勒烯共混后均能形成理想的互穿网络结构;然而P3HT/PCBM共混薄膜加热后会形成大尺寸相分离,而poly(1-co-2)/$PC_{61}BM$共混薄膜加热后则无大尺寸聚集体出现。由图7-5(b)可知,经过150 ℃热退火处理30 min,基于P3HT/$PC_{61}BM$为活性层的器件(device-1)能量转换效率为4.3%,而基于poly(1-co-2)/$PC_{61}BM$为活性层的器件(device-2)能量转换效率为4.4%;然而,当退火时间延长至300 min时,device-1的能量转换效率急转直下(降至2.6%),而相同条件下处理的device-2性能仅降至3.5%。

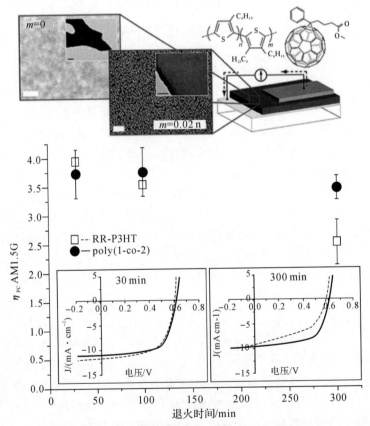

图7-5 含不同给体材料的活性层形貌图、活性层分子结构式及器件结构示意图及器件性能与热退火时间关系图及相应的$J-V$曲线

共轭聚合物规整度对器件稳定性的影响主要体现在活性层形貌的热稳定性上，Fréchet 等研究了 P3HT 规整度对 P3HT/$PC_{61}BM$ 共混薄膜相分离结构的影响，结果如图 7-6 所示。对共混薄膜进行相同的热退火处理后，薄膜中的 $PC_{61}BM$ 聚集程度随着 P3HT 规整度的升高而增大——聚集体数量增多、尺寸增大。前面已经提到，P3HT/$PC_{61}BM$ 共混薄膜中包含聚合物纯相、富勒烯纯相及聚合物-富勒烯共混相。热退火处理过程中，P3HT 分子运动能力增强，可进一步自组织结晶；在其结晶过程中会将共混相中的 $PC_{61}BM$ 排斥出来发生聚集，诱导形成大尺寸相分离；而 P3HT 规整度越高，其热退火处理过程中的结晶能力越强，从而导致富勒烯的聚集尺寸越大。另外，高规整度的 P3HT 也不适用于大面积成膜的喷墨打印(ink-jet printing)工艺。Hoth 等指出，当 P3HT 规整度较高时(规整度为 98.5%，M_w = 37 kg/mol, PDI = 1.76)，由于 P3HT 自组织能力较强，其在较短时间内便会形成尺寸超过 75 nm 的聚集体，从而使溶液黏度增大，阻塞喷头。综上所述，高规整度的共轭聚合物鉴于其较强的结晶能力，确实可提高器件的性能；然而对于结合器件，需要适当降低规整度，保证器件在性能及热稳定性上有均衡的表现。

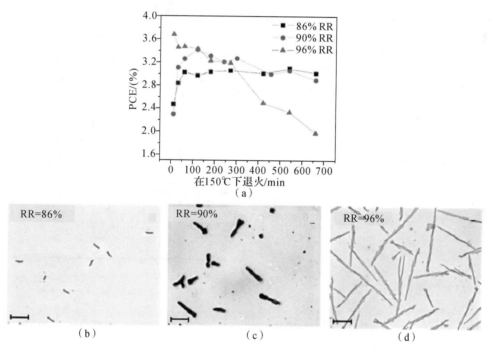

图 7-6　器件性能与热退火时间关系图及含不同规整度的 P3HT 活性层热退火后的透射电子显微镜图

7.2.2　共轭聚合物相对分子质量

聚合物相对分子质量决定了分子所采取的构象及分子刚性主链的堆积程度，进而影响活性层结晶性。另外，从聚合物/富勒烯共混角度出发，聚合物相对分子质量还会影响薄膜的相分离尺寸，因此研究相对分子质量对有机太阳能电池活性层形貌及性能的影响至关重要。

聚合物相对分子质量影响活性层结晶性。Brabec 课题组通过改变 P3HT 相对分子质量(2.2～11.3 kg/mol),研究了相对分子质量对P3HT/PC$_{61}$BM共混体系器件性能的影响。结果表明,P3HT相对分子质量越高,器件性能越好。这是由于在其所研究的相对分子质量范围内高相对分子质量的P3HT自组织能力更强,且晶体间连接紧密,因此利于光子吸收及载流子传输。然而,当相对分子质量进一步升高时,器件性能则不再继续升高。Dagron-Lartigau课题组系统地建立了P3HT相对分子质量与P3HT/PC$_{61}$BM共混体系器件性能的关系:当P3HT相对分子质量在4.5～280 kg/mol范围内时,相对分子质量为14.8 kg/mol的P3HT所对应的器件性能最优。为了进一步解释相对分子质量与器件性能间的关系,Nelson课题组研究了P3HT纯相薄膜中载流子迁移率与相对分子质量(13～121 kg/mol)的关系,当P3HT相对分子质量为13～34 kg/mol时迁移率最高,同时其对应的太阳能电池器件性能也达到最优,如图7-7所示。这个现象要从以下几方面思考:首先,相对分子质量过低,晶体间连接性较差,不利于载流子传输;当相对分子质量升高到一定程度后,晶体间连接趋于完善,因此继续增大相对分子质量对载流子传输则无更明显影响。其次,相对分子质量增大后分子间缠结程度也增大,分子难以扩散,堆叠成有序晶体,导致结晶度下降,因此不利于载流子迁移率的提高。由此可以推测,当相对分子质量在10～30 kg/mol范围内,不仅有利于形成晶体间连接,而且P3HT还具有较好的结晶性,因此器件性能最优。

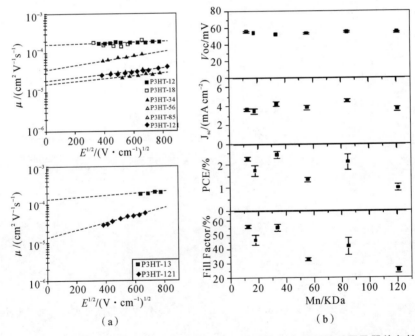

图7-7 不同相对分子质量P3HT空穴迁移率及电子迁移率与电场间关系图及器件各性能参数与P3HT相对分子质量关系

由于不同相对分子质量的聚合物与富勒烯的相容性不一致,因此聚合物相对分子质量直接决定了共混体系内给受体分子间的最佳比例。以P3HT/PC$_{61}$BM共混体系为例,P3HT相对分子质量越高,其与PC$_{61}$BM的相容性越好。Nicolet课题组通过研究P3HT/PC$_{61}$BM共混体系相图指出,增大P3HT相对分子质量后共混体系低共熔组分发生变化——P3HT 相对分子质量越低,低共熔组分中 P3HT 的含量越高,如图 7-8 所示。这是由于低相对分子质量的 P3HT 分子结晶完善性好,无定形区域较少,因此低共熔组分中富勒烯含量低;反之,增大 P3HT 相对分子质量后,低共熔组分中富勒烯的含量也会相应增加。从互穿网络结构构筑的角度综合考虑,当聚合物相对分子质量低时,低含量的富勒烯便可发生聚集形成连续通路,但是由于 P3HT 晶体间连接差,空穴迁移率低,因此性能无法达到最佳;增大 P3HT 相对分子质量,P3HT 晶体完善性变差,薄膜内将存在较多的无定形相,因此溶于 P3HT 无定形相内的富勒烯分子变多,为形成富勒烯连续电子通路,则需要进一步增加富勒烯含量。

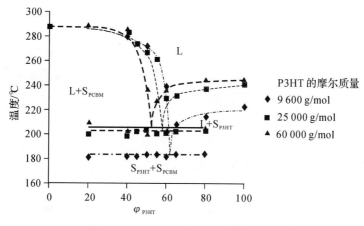

图 7-8　P3HT/PC$_{61}$BM 共混体系相图

高性能的 P3HT/PC$_{61}$BM 体系太阳能电池活性层需要 P3HT 与 PC$_{61}$BM 间形成大量的给受体界面,同时晶体间相互连接形成网络——可增大激子扩散效率并降低载流子迁移势垒。Heeger 课题组通过将中等及高等相对分子质量的 P3HT 共混(P3HT$_{medium}$:M_w=26.2 kg/mol,P3HT$_{high}$:M_w=153.8 kg/mol),实现了活性层形貌的优化。如图 7-9 所示,P3HT$_{medium}$/PC$_{61}$BM 共混薄膜中 P3HT 形成了大量纤维状晶体,

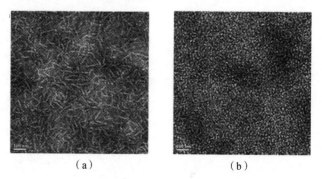

图 7-9　热退火处理后的 P3HT$_{medium}$/PC$_{61}$BM 共混薄膜(a)与 P3HT$_{high}$/PC$_{61}$BM 共混薄膜透射电子显微镜图(b)

且晶体间连接程度较高,利于载流子传输;但是给受体间界面面积较小,不利于激子扩散。由于 P3HT$_{high}$/PC$_{61}$BM 共混薄膜中 P3HT 分子缠结严重,无纤维晶出现,仅形成了小尺寸的粒状晶体,利于激子扩散;但是 P3HT 结晶性较差,不利于载流子传输。按照 1∶4 比例共混后,活性层中在形成互穿网络结构的基础上,还能为激子扩散提供大量界面,既有利于载流子传输又有利于激子扩散,器件性能也达到最佳。

7.2.3 给体与受体比例

在有机体相异质结太阳能电池中,给体材料和受体材料要形成连续性的互穿网络结构,因此要求给体和受体的比例必须保持在一定的范围之内。在聚合物/富勒烯体系中,可以通过逾渗理论来理解共混体系形成互穿网络结构的过程。逾渗过程就是在庞大无序系统中随着连接程度,或某种密度、占据数、浓度增加(或减少)到一定程度,系统内突然出现(或消失)某种长程连接性,性质发生突变的现象。在体系中往往存在一个极端尖锐的临界值 p_c,当 p 减小(或增大)到 p_c 时,系统的性质值发生突变。当 $p>p_c$ 时,会出现连通整个网络的大集团,这个集团就是逾渗通路,而 p_c 就被称为逾渗阈值。当富勒烯含量较低时,聚合物相区可以形成良好的连续相,但是富勒烯相区之间则不能相互连接;随着富勒烯含量增加到逾渗阈值,富勒烯相区之间形成良好的连续相,而聚合物相区之间的连接性不受影响,共混体系形成互穿网络结构。而当富勒烯含量进一步增加时,聚合物在共混体系中的含量降低,导致其相区连接性变差,不能形成互穿网络结构。由此可见,给/受体的共混比例直接决定了体系是否可以形成互穿网络结构。大量研究表明,形成互穿网络结构时,给/受体的最佳比例并不固定,而是受给体结晶性、相对分子质量及溶剂性质等因素的影响。下面将详细论述给/受体比例对形成互穿网络结构及给/受体间相互作用的影响。

1. 低相容性共混体系

根据逾渗理论,聚合物/富勒烯共混体系中富勒烯的含量要足够高,从而相互连接形成连续电子通路。然而,大量研究表明,对不同的共轭聚合物,富勒烯形成连续电子通路所需的含量差异很大。例如,在弱结晶性的 PPV/富勒烯共混体系中,以及窄带隙材料 PCDTBT/富勒烯共混体系中,富勒烯的最佳含量通常约为 80%(质量分数)。然而,对于 P3HT/富勒烯共混体系,富勒烯最佳含量为 50%(质量分数)左右。由此可见聚合物分子性质是决定富勒烯最佳含量的一个主要因素。

Nelson 等利用差示扫描量热法(DSC)通过监测低相容性体系(P3HT/PC$_{61}$BM 体系)给体材料和受体材料熔融温度的变化绘制出了两元体系相图,并且建立了给/受体比例-共混相分离结构-器件性能间的关系,如图 7-10 所示。P3HT/PC$_{61}$BM 体系为简单的低共熔体系,低共熔点时 P3HT 的质量分数(C_e)约为 65%。当 P3HT 质量分数为 C_e 时,体系温度 T 降低至低共融温度 T_e 以下,将得到给受体共混程度很高的薄膜(给受体固化过程中同时析出,给受体间相互抑制结晶,因此薄膜内部给体晶体及受体晶体尺寸均较小);当 P3HT 浓度偏离 C_e 时($C<C_e$ 或 $C>C_e$),在共混体系温度下降过程中当体系温度介于某相熔融温度与低共融温度之间($T_e<T<T_m$)时,共混体系中过量组分将先析出结晶,随着温度进一步降低,当降至低共融温度以下时($T<T_e$),共混体系中给受体将同时发生固化。这种相分离随组分变化的行为也直接反映在升温过程共混薄膜形貌变化上:在不同 P3HT 质量分数下直接旋涂成膜均可得到均一的薄膜(动力学控制,获得热力学不稳定状态薄膜);当 P3HT 含量过低时[如 40%(质量分数)],随着温度升高薄膜中将出现 PC$_{61}$BM 大尺寸晶体(PC$_{61}$BM 含量高,易于结晶成核);同样,当 P3HT 质量分数过高时(如 P3HT 质量分数为 80%),随着温度升高,薄膜中将出现 P3HT 大尺寸晶体(P3HT 含量高易于结晶成核);仅

当 P3HT 含量在 C_e 附近时（50%～60%），经退火才能获得纳米级别的互穿网络结构。通过图 7-10 可以看到，在未退火情况下，当 P3HT 含量在 C_e 附近时，此时器件的 J_{sc} 可达到最大值；而经过 145 ℃ 热退火处理 45 min 后，当 P3HT 质量分数为 50%～60% 时（此时 P3HT 的质量分数略小于 C_e）器件的 J_{sc} 达到最大值，器件的能量转换效率也相应达到极值。通过对文献调研，不难发现聚噻吩其他衍生物（如 P3BT，P3DDT）与富勒烯组成的共混体系中，最佳聚合物含量均略小于 C_e。此现象需要从三方面进行解释：首先，共混体系需要为激子分离提供大量界面，因此相分离尺寸要尽可能小，而当 P3HT 浓度为 C_e 时，恰好满足此需求；其次，从载流子传输平衡角度考虑，由于 P3HT 空穴迁移率 $[10^{-4}\ cm^2/(V \cdot s)]$ 低于 $PC_{61}BM$ 的电子迁移率 $[>10^{-3}\ cm^2/(V \cdot s)]$，因此共混体系中需要提高 P3HT 含量，从而尽量确保空穴与电子传输平衡；最后，从光子吸收角度考虑，高含量 P3HT 在可见光区可吸收更多的光子。

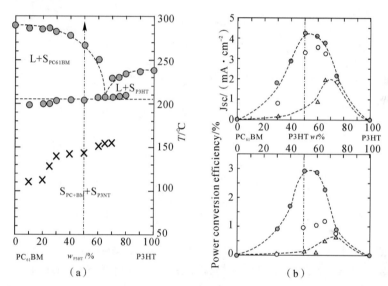

图 7-10 $P3HT/PC_{61}BM$ 共混体系相图及 $P3HT/PC_{61}BM$ 共混体系活性层中给/受体比例与器件短路电流及能量转换效率的关系

2. 高相容性共混体系

当聚合物与富勒烯间相容性较高时，给/受体最佳含量往往差别较大，例如在 MDMO-PPV/$PC_{61}BM$ 体系中，最佳给/受体比例仅为 1∶4。其主要原因是在 MDMO-PPV/$PC_{61}BM$ 体系中，MDMO-PPV 与 $PC_{61}BM$ 间形成了一种分子级共混的稳定结构，相分离后活性层中形成了富勒烯微区及聚合物/富勒烯分子级共混区。正是这种给/受体分子级共混行为导致共混体系中给/受体比例存在较大差异。McGehee 课题组将这种分子级共混现象定义为双分子穿插结构——两种性质截然不同的化学物质以一种有序的方式排列，形成热力学上的稳定结构。研究表明，形成双分子穿插结构，主要由以下两方面决定：①聚合物侧链间距与小分子的相对体积；②聚合物主链和小分子之间能够形成基态-电荷转移态复合物。因此，当小分子尺寸小于聚合物侧链间距时，且与聚合物相互作用能形成基态-电荷转移态复合物时便能够形成双分子穿插结构。由于共轭聚合物和富勒烯分子间普遍存在基态-电荷转移态相互作用,因此当富勒烯分子体积小于聚合物侧链间尺寸时,便能发生双分子穿插现象形成双分子晶体,如图7-11(a)所示,较为常见的与富勒烯分子共混可发生双分子穿插的聚合物,如图7-11(b)所示。

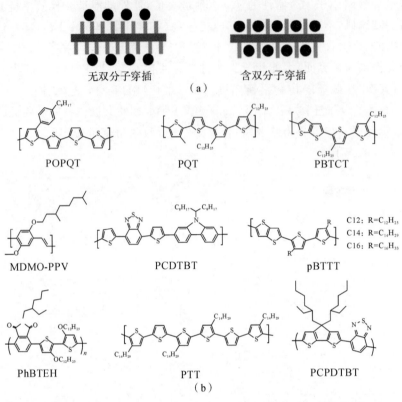

图7-11 无双分子穿插(左)及含双分子穿插行为(右)的聚合物/富勒烯共混体系示意图;及与$PC_{61}BM$共混后存在双分子穿插行为的部分聚合物分子结构式(SCIENTIA SINICA Chimica 2015, 45, 1-13)

双分子穿插结构抑制聚合物/富勒烯共混体系发生相分离,不利于形成双连续结构及纯相区,且双分子穿插程度直接决定了共混体系中给/受体的最佳比例。McGehee研究小组利用差示扫描量热法(Differential Scanning Calorimetry,DSC)确定了pBTTT/$PC_{71}BM$共混体系不同给受体比例下的相转变温度,通过将相转变温度与浓度结合,并利用2D-GI-WAXS确定不同相图区域的相组成,如图7-12(a)所示,得到具有双分子穿插共混体系的共熔相图如图7-12(b)所示。当pBTTT:$PC_{71}BM$>1:3时,由于聚合物侧链间有足够的空间容纳富勒烯分子,共混体系中只存在pBTTT纯相及pBTTT/$PC_{71}BM$双分子穿插结构;而只有当pBTTT:$PC_{71}BM$≤1:3时,多余的富勒烯才能够逃出聚合物分子的束缚,聚集形成富勒烯纯相。由此可见,共混体系中存在大量分子级共混相,因此双分子穿插行为抑制共混体系发生相分离,不利于形成富勒烯纯相及聚合物纯相。当pBTTT:$PC_{71}BM$=1:4时,两相的相区尺寸相近,界面积最大,同时相的连续性最佳,可形成双连续的互穿网络结构。同时

McGehee 指出,在存在双分子穿插的共混体系中,富勒烯和聚合物侧链间的相对体积决定了给受/体共混可形成互穿网络结构的最佳比例。例如:在 PCPDTBT/PC$_{71}$BM 共混体系中,烷基侧链间距较小(每两个聚合物单体单元可容纳一个富勒烯分子),因此受体在共混体系中最佳质量分数为 67%~75%;而在 MDMO-PPV/PC$_{61}$BM 共混体系中,烷基侧链间距较大(每一个聚合物单体单元可容纳一个富勒烯分子),因此富勒烯最佳质量分数相对较高,达到 80%。McGehee 研究组认为,聚合物/富勒烯共混体系中,给体与受体均形成连续通路,富勒烯含量可按照下式计算:

$$\chi = \frac{100 \cdot n \cdot \zeta + 50}{1 + n \cdot \zeta} \tag{7-1}$$

式中:ζ 为富勒烯分子与聚合物分子单体单元的摩尔质量比值;n 为双分子穿插相中每个聚合物单体单元所对应的富勒烯分子数量,其中当给受体分子间不存在双分子穿插时,n 值为 0。表 7-1 比较了几组常见的聚合物/富勒烯共混体系中根据式(7-1)计算的 χ 值与经实验优化得到的富勒烯含量真实数值,对比发现,两组数值较为接近,因此通过式(7-1)可成功预测相应共混体系中的富勒烯最优含量。

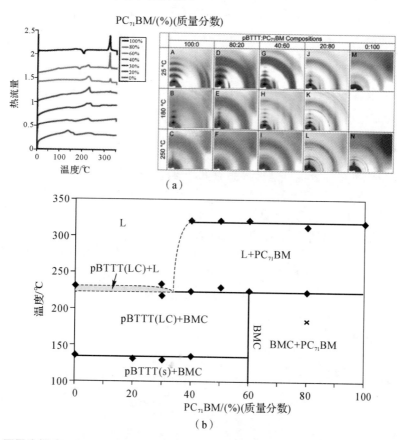

图 7-12 不同比例 pBTTT:PC$_{71}$BM 共混体系 DSC 第二次热循环的曲线和不同比例 pBTTT:PC$_{71}$BM 共混体系在不同退火温度下的 2D-GIXD 图;及 pBTTT:PC$_{71}$BM 共混体系相图

表 7-1 具有双分子穿插行为的不同聚合物/$PC_{61}BM$ 共混体系给受体比例

聚合物	单体相对分子质量 Mw/(g·mol^{-1})	单体/富勒烯	$PC_{61}BM$ 理想含量/%	最优实验结果
MDMO-PPV	262.2	2	80.7(82.16)	80
APFO-Green5	1091	1	72.75(74.29)	67~75
pBTTT-C14	692.726	1	78.4(79.9)	80
PCPDTBT	548.5634	≈2	72.68(74.22)	67~75
PQT-C12	664.704	1	78.9(80.4)	80
P3HT	166.18	N/A	50(50)	50

双分子穿插虽然抑制了给/受体形成纯相,但是通过合理的给/受体比例调控,完全能够实现互穿网络结构的构筑。从好的方面讲,双分子穿插的结构特点也为其带来了特殊的电学性质,例如双极传输及高激子猝灭效率。利用双分子穿插行为特点在调控共混体系相分离结构的基础上放大其电学性质,可能会成为制备高效有机太阳能电池的新突破口。例如,通过精细调控薄膜形貌,控制共混体系中双分子穿插结构含量,构筑分子级共混的双分子穿插区域与高结晶性的纯相相区相结合的相分离结构,将利于激子扩散与分离及载流子传输,从而满足高效太阳能电池对薄膜形貌的要求。另外,一些共混体系中给/受体相容性差,薄膜中易形成大尺寸相区,不利于激子分离;引入具有双分子穿插性质的聚合物作为添加剂,形成部分分子级共混区域,在降低薄膜相区尺寸的基础上,提供大量激子分离界面及载流子传输通道,为薄膜形貌调控提供了一种新的有效途径。

7.2.4 溶剂效应

有机光伏电池的最显著优点是可溶液加工,将给体及受体材料溶于溶剂形成均一溶液,通过旋涂、刮涂等成膜手段可方便、迅捷地制备活性层薄膜。目前,由于氯化溶剂(如氯苯、二氯苯及 1,2,4-三氯苯、氯仿等)及芳香族溶剂(如甲苯、二甲苯等)对有机聚合物材料有较好的溶解性,因此经常用作溶剂用于有机太阳能电池溶液的加工。在成膜过程中,给/受体分子在溶剂中的溶解度决定了分子间的相互作用,而溶剂蒸气压及沸点则决定了分子间作用力持续的时间。因此,活性层形貌强烈依赖于给/受体在溶剂中的溶解度、溶剂的沸点及蒸气压。深入理解溶剂性质对活性层形貌的影响是为特定给/受体共混体系选择合适溶剂进一步优化其形貌的必要前提。

1. 汉森溶解度理论

溶液加工过程中,有机溶剂性质及给/受体间相互作用均可影响薄膜形貌。然而溶剂种类繁多,针对特定给/受体共混体系特点甄选出理想的溶剂显得尤为重要。在溶液中溶剂分子和溶质分子间均具有一定的吸引力,要形成均一溶液,溶剂分子必须瓦解和克服溶质分子相互间的作用力,渗入溶质分子之间。在这种情况下,溶剂分子之间、溶质分子之间及溶剂和溶质分子之间的作用力要大致相等。这就是溶解理论中最重要的一个原则——相似相溶原理。然而,利用实验手段从数以千计的溶剂中选择出针对特定体系的不同溶解度的溶剂是一项耗时耗力的工程。汉森溶解度理论(Hansen solubility theory)则通过预测很好地解决了溶剂选择问题。1966 年,经过了对各种溶剂无数次的测试和计算,美国科学家查理斯·汉森将希尔布莱德的溶度参数拆分成为三个部分,分别是色散力部分参数、极性力部分参数和氢键黏合力部分参数。极性力部分参数来自于对分子的偶极矩、介电系数和折射率的测量和计算;氢键黏合力部分参数来自于使用红外光谱对单个氢键黏合力的测量和氢键数量的计算;在取得上述两个部分的参数后,剩下的即为色散力的参数。下式是汉森溶度参数公式:

$$\delta_t = (\delta_d^2 + \delta_p^2 + \delta_h^2)^{1/2} \tag{7-2}$$

式中:δ_t 为汉森溶解度参数总值,δ_d 为色散力部分参数,δ_p 为极性力部分参数,δ_h 为氢键黏合力部分参数,这些参数的单位均为 $MPa^{1/2}$。为了便于理解,可以将汉森溶度参数想象为一个三维空间,三个参数分量则为三维空间的三个坐标,这样每个特定化合物其参数值都对应于汉森溶解度三维空间的一个特定位置。表 7-2 列举了几种制备有机太阳能电池活性层常见的溶剂及其相关参数。

表 7-2 常见溶剂各物理参数及溶度参数值

溶 剂	汉森溶解度参数 $\delta_D + \delta_P + \delta_H (MPa^{1/2})$	摩尔体积/$(m^3 \cdot mol^{-1})$	沸点/℃	密度/$(g \cdot cm^{-3})$	25 ℃的蒸气压/kPa
氯苯	19.0 + 4.3 + 2.0	102.1	131.72	1.105 8	1.6
邻二氯苯	19.2 + 6.3 + 3.3	112.8	180	1.305 9	0.18
氯仿	17.8 + 3.1 + 5.7	80.7	61.17	1.478 8	26.2
邻二甲苯	17.8 + 1.0 + 3.1	121.2	144.5	0.880 2	0.88
甲苯	18.0 + 1.4 + 2.0	106.8	110.63	0.866 8	3.79
1,2,4-三氯苯	20.2 + 6.0 + 3.2	125.5	213.5	1.459	0.057
环己酮	17.8 + 6.3 + 5.1	104	155.43	0.947 8	0.53
硝基苯	20.0 + 8.6 + 4.1	102.7	210.8	1.203 7	0.03
1,8-辛二硫醇	17.2 + 6.8 + 6.4[c]	185.6[c]	269[d]	0.97[d]	0.012[d]
1,8-二溴辛烷	17.6 + 4.3 + 2.7[c]	188.6[c]	270[d]	1.477[d]	—

利用相似相溶原理,通过比较溶质和溶剂的汉森溶解度参数即可判断溶剂的溶解性。这种相似度可以定量描述为溶质与溶剂在汉森溶解度三维空间上的距离 R_A。例如:溶剂的汉森溶解度参数分量分别为 $\delta_{d1}, \delta_{p1}, \delta_{h1}$,溶质的汉森溶解度参数分量分别为 $\delta_{d2}, \delta_{p2}, \delta_{h2}$。$R_A$ 的计算公式可以表述为

$$R_A^2 = 4(\delta_{d1} - \delta_{d2})^2 + (\delta_{p2} - \delta_{p2})^2 + (\delta_{h1} - \delta_{h2})^2 \tag{7-3}$$

除 $\delta_{d2}, \delta_{p2}, \delta_{h2}$ 外,还需确定特定溶质的良溶剂或是劣溶剂的边界溶解度,将特定溶质在汉森溶解度空间的坐标作为球心,定义 R_0 为特定溶质的溶解度半径。当某溶剂与特定溶质相互作用较强时(即良溶剂),其汉森溶解度空间所对应的位置则应处于以 R_0 为半径的球体内——溶剂与溶质在汉森溶解度空间的空间距离 R_A 小于 R_0;反之,当溶剂的汉森溶解度空间所对应的位置处于以 R_0 为半径的球体外侧时,则为此特定溶质的劣溶剂。为了便于描述溶剂性质,人们引入相对能量差异(RED):

$$RED = R_A/R_0$$

如果 RED 值大于 1,则说明溶剂为劣溶剂;当 RED 值介于 0~1 之间时,此时溶剂为良溶剂。常规溶剂的溶解度参数值可通过溶剂手册进行查找。表 7-3 为常见的共轭聚合物分子溶解度参数值。

汉森溶解度参数值有助于简化甄选溶剂的烦琐过程。以 P3HT/$PC_{61}BM$ 共混体系为例,其理想形貌要求薄膜中部分 P3HT 自组织形成纤维晶,而 $PC_{61}BM$ 则形成微晶,均一分散在薄膜内部。因此最佳溶剂性质应当是 P3HT 的劣溶剂,也是 PCBM 的良溶剂:P3HT 劣溶剂可诱导 P3HT 在溶液中聚集形成一定量的晶核,从而促进成膜过程中 P3HT 进一步结晶生成纤维;$PC_{61}BM$ 良溶剂使 $PC_{61}BM$ 在溶液中均一分散,在成膜过程中聚集成微晶均匀析出。通过计算相关溶度参数,可以分别计算 P3HT 和 $PC_{61}BM$ 的溶解度半径(R_{O-P3HT} = 3.90、R_{O-PCBM} = 8.40),绘制相应的溶解度球,如图 7-13 所示[43]。根据溶解度要求,可以将溶剂性质量化为 RED_{P3HT} > 1.0,RED_{PCBM} < 1.0,在这一范围内进行溶剂性质调整,将大大减小甄选溶剂的工作量。

表 7-3　常见聚合物及富勒烯溶度参数值

分子	δ_d/MPa$^{1/2}$	δ_p/MPa$^{1/2}$	δ_h/MPa$^{1/2}$	R_O
$PC_{61}BM$	19.89 ± 0.34	5.68 ± 1.03	3.64 ± 0.92	6.6
$PC_{71}BM$	20.16 ± 0.28	5.37 ± 0.80	4.49 ± 0.57	7.0
DPP(TBFu)$_2$	19.33 ± 0.05	4.78 ± 0.50	6.26 ± 0.48	5.1
F8 - NODIPS	18.48 ± 0.28	2.62 ± 0.56	3.24 ± 0.91	8.1
DPP(PhTT)$_2$	19.64 ± 0.32	3.54 ± 0.56	6.12 ± 0.65	—
MDMO - PPV	19.06	5.62	5.28	5.5
MEH - PPV	19.06	5.38	5.44	6.0
P3HT	18.56	2.88	3.19	3.6
PFO	18.55	2.8	4.51	4.1

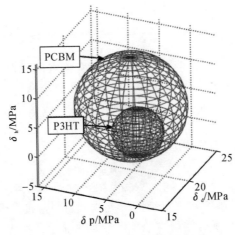

图 7-13　P3HT 及 PCBM 溶剂球

2. 混合溶剂溶解度参数计算原则

由于 CB 以及 O-DCB 等氯代苯类溶剂为大部分共轭聚合物材料的良溶剂(溶解度通常大于 10 mg/mL),因此通常被人们用来制备高性能有机太阳能电池活性层。但由于其毒性较高,环境污染程度大,因此并不适用来于商业化生产过程中。为解决这一问题,科研工作者们也在积极寻找非芳香性及非氯化类的环境友好型溶剂,以替代人们常用的氯带苯类溶剂。然而,单一的环境友好型溶剂往往无法达到氯带苯类溶剂的效果,因此需要借助混合溶剂的方法来实现上述诉求。混合溶剂是把两种或两种以上的溶剂,按一定的规律混合在一起的产物。共混后溶剂各参数可以按照下式计算:

$$\delta_{Mixed-t} = (\delta_{Mixed-d}^2 + \delta_{Mixed-p}^2 + \delta_{Mixed-h}^2)^{1/2}$$
$$\delta_{Mixed-d} = \varphi_1 \cdot \delta_{d1} + \varphi_2 \cdot \delta_{d2} + \varphi_3 \cdot \delta_{d3} + \cdots$$
$$\delta_{Mixed-p} = \varphi_1 \cdot \delta_{p1} + \varphi_2 \cdot \delta_{p2} + \varphi_3 \cdot \delta_{p3} + \cdots$$
$$\delta_{Mixed-h} = \varphi_1 \cdot \delta_{h1} + \varphi_2 \cdot \delta_{h2} + \varphi_3 \cdot \delta_{h3} + \cdots \quad (7-4)$$

式中:$\delta_{Mixed-t}$ 为混合溶剂汉森溶度参数总值,δ_{dn} 为第 n 组分溶剂色散力部分参数,δ_{pn} 为第 n 组分溶剂极性力部分参数,δ_{hn} 为第 n 组分溶剂氢键黏合力部分参数,φ_n 为第 n 组分溶剂所占体积分数。Vogt 课题组利用共混溶剂(乙酰苯与 1,3,5-三甲基苯共混)实现了 P3HT/PC$_{61}$BM 共混体系活性层制备过程中氯带苯类溶剂的替换,形貌及性能表征结果证实:通过调节共混溶剂各组分性质及含量,可达到与 O-DCB 相似的效果。如图 7-14 所示,1,3,5-三甲基苯(MS)为共混体系的良溶剂,乙酰苯(AP)为共混体系的劣溶剂,相关文献作者将 MS 与 AP 混合后为体积分数为(27%~73%)的 MS-AP,经计算混合溶剂的溶度参数($\delta_{Mixed-d} = 19.2$,$\delta_{Mixed-p} = 6.3$,$\delta_{Mixed-h} = 2.9$ MPa$^{1/2}$)与 O-DCB($\delta_{Mixed-d} = 19.2$,$\delta_{Mixed-p} = 6.3$,$\delta_{Mixed-h} = 3.3$ MPa$^{1/2}$)相近。选择体积分数为 20%~80% 的 MS-AP 的混合溶剂进行成膜,未选择 27%~73% 的 MS-AP 的混合溶剂主要有以下原因:①汉森溶度参数并未考虑到溶剂间静电力相互作用;②混合溶剂中各溶剂沸点不同,因此成膜动力学与 O-DCB 并不一致。原子力显微镜数据表明[见图 7-14(b)],利用混合溶剂所制备的活性层形貌与利用 O-DCB 所制备活性层形貌相似,器件性能相近。因此,通过调节溶剂的种类及各个溶剂所占的比例,可实现溶剂性质的线性调控,从而进一步丰富溶剂多样性,为制备活性层形貌提供多种溶剂方案。

3. 溶剂溶解度

在溶液旋涂制备活性层的过程中,溶剂性质对活性层形貌有着至关重要的影响。溶质在不同溶剂中溶解度不同,同时溶剂的各个参数,如沸点、蒸气压、极性及黏度等都会对给/受体在溶液中的聚集状态及成膜动力学产生重要影响。因此,根据溶质性质优化溶剂种类实现活性层互穿网络结构的构筑显得尤为重要。

2001 年,Yang 课题组等分别对比了非芳香类溶剂(如四氢呋喃和氯仿)以及芳香类溶剂(如二甲苯、二氯苯及氯苯等)对 MEH-PPV/C60 体系器件性能的影响。研究发现,与芳香类溶剂相比非芳香类溶剂对应的器件具有较大的开路电压及较小的短路电流。其原因主要为,共轭聚合物的非共轭侧链在非芳香类溶剂作用下,阻碍了 MEH-PPV 与 C$_{60}$ 之间的紧密接触,因而制约了二者之间的电荷转移,从而导致短路电流较低。Shaheen 课题组同样也报道了甲苯及氯苯对 MDMO-PPV/PC$_{61}$BM 活性层形貌及器件性能的影响。PC$_{61}$BM

在氯苯中具有更好的溶解性(25~59.5 mg/mL),而在甲苯中溶解度较差(9~15.6 mg/mL)。当以氯苯为溶剂时,由于溶解度较高,PCBM 分子能够均一分散于溶剂中,因此成膜过程中无大尺寸聚集体出现(聚集体尺寸约为 50 nm),给/受体之间混合得更为均匀紧密;当以甲苯为溶剂时,在溶剂化作用下 $PC_{61}BM$ 倾向于发生聚集(聚集体尺寸为 200~500 nm),因此成膜后将出现大尺寸聚集体,如图 7-15 所示,下方曲线为相应原子力显微镜高度图中箭头所处位置的高度变化[52]。以甲苯为溶剂时,相区尺寸远大于激子扩散长度,不利于激子分离,导致器件的短路电流较低。因此,以氯苯为溶剂制备器件,其能量转换效率可达 2.5%,而以甲苯为溶剂制备器件,其性能仅为 0.8%。

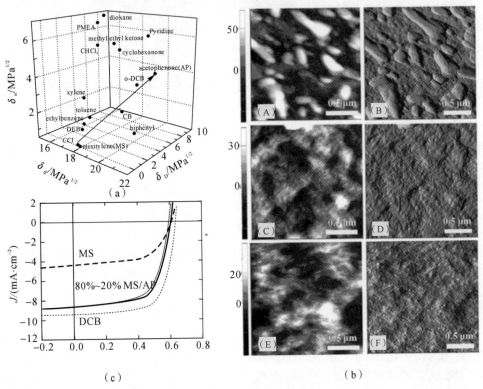

图 7-14 相关溶剂及共混溶剂的汉森溶度参数和 MS,80 vol% MS-20 vol% AP 和 80%MS-20%AP 共混溶剂,以及 DCB 为溶剂的共混薄膜原子力显微镜高度图及相图 MS、80 vol% MS-20 vol% AP 共混溶剂及 DCB 为溶剂器件的 J-V 曲线

Martens 等和 Hoppe 等通过 TEM 及 AFM 等表征手段进一步研究了 MDMO-PPV/$PC_{61}BM$ 体系的相分离形貌。结果表明,$PC_{61}BM$ 晶体是在成膜过程中形成的,其大小受溶剂性质影响,并且均一分布在 MDMO-PPV 所形成的网络结构中。当溶剂为 $PC_{61}BM$ 劣溶剂甲苯时,$PC_{61}BM$ 晶体尺寸较大,平均尺寸约为 600 nm;而当溶剂为 $PC_{61}BM$ 良溶剂氯苯时,$PC_{61}BM$ 晶体尺寸降低至 80 nm 左右。Hoppe 等应用断层 SEM 技术对活性层三维形貌进行了深入研究,如图 7-16 所示。结果表明,以甲苯为溶剂制备的活性层中,有大尺寸 $PC_{61}BM$ 聚集体产生,每个聚集体周围都由直径约为 30 nm 的聚合物粒子所包覆。相

反,以氯苯为溶剂时,由于富勒烯聚集尺寸较小且与聚合物形成的纳米粒子尺寸相当,活性层中给受体均一共混,形成了互穿网络结构。因此,当以氯苯为溶剂时,器件在光照条件下,电子和空穴得以有效分离,并且电子和空穴分别可经由$PC_{61}BM$通路及MDMO-PPV通路传输至阴极及阳极,如图7-16(c)所示;而当以甲苯为溶剂时,由于$PC_{61}BM$聚集体被MDMO-PPV粒子所包覆,在光照情况下,产生的电子会在聚合物表面与空穴发生复合,而难以传输至阴极,从而导致了较低的短路电流及器件效率,如图7-16(d)所示。

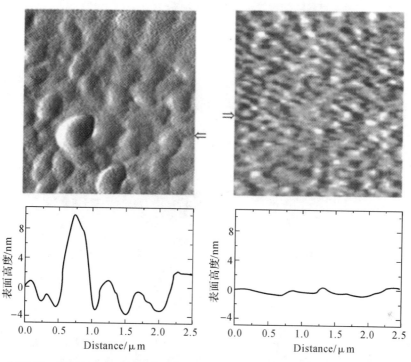

图7-15 MDMO-PPV/PC_{61}BM以甲苯为溶剂(左)及以氯苯为溶剂(右)时的原子力显微镜高度图

溶剂性质也会影响聚合物结晶行为。聚合物结晶过程为:解缠结—线-棒转变(无序-有序转变)—分子间堆叠形成晶体。通过调节溶剂种类可调节聚合物的溶解度,从而调控这些基本物理过程,达到控制聚合物结晶的目的。共轭聚合物分子在不同的溶剂环境中,溶液中晶核的尺寸和数量均不一致,从而造成薄膜结晶性及相分离尺寸的差异。Hotta根据溶致变色和热致变色实验提出溶液中无序-有序转变为两步机理以后,大量研究者接着对这两种显色效应进行了更深入的研究并提出了切实有效调控溶液中聚合物聚集的手段——共混溶剂。这种手段以调控溶剂效应来实现聚合物在溶液中的溶解度差异,从而提高/降低溶液中晶核的数量,以此提高/降低薄膜相分离程度。

Moule等向P3HT/PC_{61}BM氯苯溶液中添加硝基苯(nitrobenzene)等劣溶剂,调节含量控制溶液中P3HT有序聚集体与无定形分子链的比例。随着劣溶剂含量的升高,P3HT为减少和溶剂的接触面积,部分分子链将通过链间π-π堆叠形成有序聚集体(晶核)。在成膜过程中,溶液中的晶核将诱导P3HT分子继续结晶生长。因此,成膜后薄膜中P3HT结晶度得到提高,有利于形成互穿网络结构。此方法不需要对器件进行后退火处理,大大简化了电池的制备工艺,器件的能量转换效率达 4.3%。同理,Zhao 等利用极性的不良溶剂丙酮促使 P3HT 在溶液中聚集形成纳米纤维,然后使之与 $PC_{61}BM$ 混合,也获得了互穿网络结构。同时 Zhao 等指出,混入少量的 P3HT 纳米纤维晶还可促使 P3HT 和 $PC_{61}BM$ 发生微相分离,但是过多的 P3HT 纤维晶则会抑制 $PC_{61}BM$ 发生聚集从而形成电子陷阱,降低了电荷收集效率。

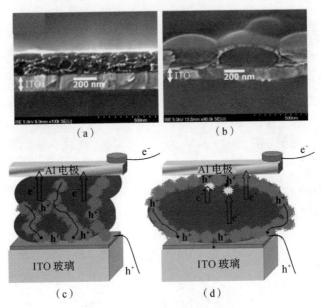

图 7-16 活性层三维形貌

(a)MDMO-PPV/PC_{61}BM 以氯苯为溶剂时的共混薄膜扫描电子显微镜截面图;(b)MDMO-PPV/PC_{61}BM 以甲苯为溶剂时的共混薄膜扫描电子显微镜截面图;(c)MDMO-PPV/PC_{61}BM 以氯苯为溶剂时的载流子传输示意图;
(d)MDMO-PPV/PC_{61}BM 以甲苯为溶剂时的载流子传输示意图

反之,向溶液中加入良溶剂来降低溶液中晶核数量,亦可实现相分离尺寸的调控。氯萘为部分共轭聚合物良溶剂,通过向溶液中添加氯萘可有效增加聚合物在溶液中的溶解度,降低其聚集程度。例如,在共轭聚合物 P1/PC_{71}BM 共混体系中,由于共轭聚合物与富勒烯分子间相容性较差,因此当以 CB 为溶剂时共混薄膜中形成大尺寸相分离结构。如图 7-17 所示,薄膜中出现大量(400 ± 100) nm 的聚集体,同时薄膜表面粗糙度达到 9 nm 左右。加入氯萘后薄膜中大尺寸聚集体消失,表面粗糙度降至 2 nm 左右,同时大量纤维状聚集体构成了互穿网络结构。P1 在 CB 中的溶解度为 5.0 mg/mL,在 CN 中的溶解度为 6.2 mg/mL;而 PC_{71}BM 在 CB 中的溶解度为 110 mg/mL,在 CN 中的溶解度高达 400 mg/mL。形貌变化归因于以下两点:首先聚合物溶解度增大,减少了溶液中的晶核数量;其次 PC_{71}BM 溶解度增加,抑制了其成膜过程中的聚集,从而形成纳米级互穿网络结构。由于形貌得到改善,器件性能也从 1.8% (J_{sc} = 4.8 mA·cm^{-2}, FF = 0.55, V_{oc} = 0.70 V)提升至 4.9% (J_{sc} = 13 mA·cm^{-2}, FF = 0.55, V_{oc} = 0.68 V)。

4. 溶剂沸点

利用溶液加工法制备有机太阳能电池活性层的过程中,在从均一溶液至溶剂完全挥发这一过程中,溶液中给受体分子将直接析出并沉积于基底上。溶剂挥发速率则会关系到活性层的结晶及相分离行为。

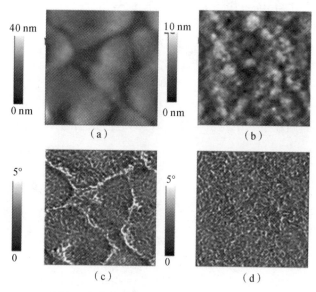

图 7-17 P1/PC$_{71}$BM 共混体系的原子力图

P1/PC$_{71}$BM 共混体系在不添加 CN(A, a)及添加 CN(B, b)时的原子力显微镜高度图(A, B)及相图(A, B);图片标尺为 1 μm×1μm

当选用低沸点溶剂时,由于溶剂挥发较快,薄膜在较短时间内即可完成干燥过程,此时薄膜干燥速率远大于薄膜内部分子自组织速率,分子将被冻结在非平衡态;相反,当选用高沸点溶剂时,由于溶剂挥发较为缓慢,薄膜内部分子有充分的时间进行自组织,从而可以向热力学稳定态方向移动。Ruderer 等研究了 4 种不同沸点溶剂(氯仿、氯苯、甲苯及二甲苯)对 P3HT/PC$_{61}$BM 共混薄膜形貌的影响。由 2D-GIWAXS 数据可知,随着溶剂沸点的升高,薄膜中 P3HT 结晶性逐渐增强。另外,Verploegen 等发现当选用高沸点溶剂时(氯苯)薄膜相分离尺寸也有所增加。结晶程度及相分离尺寸的变化主要归因于薄膜干燥时间的延长——为聚合物自组织提供了足够长的时间,因此聚合物分子能够扩散、聚集从而达到一个能量较低的结晶状态。基于上述原因,在 P3HT/PC$_{61}$BM 共混体系成膜过程中选用不同沸点溶剂的情况下,当溶剂沸点较高时器件性能可以和选用低沸点溶剂并经热退火处理的器件性能相媲美。高沸点溶剂对窄带隙聚合物也有类似效果,例如在 PCPDTBT 体系中,当以二硫化碳为溶剂时,旋涂成膜后薄膜表面无明显结晶及相分离特征。然而选用高沸点溶剂后,薄膜表面出现纤维状聚集体,这可能是由于高沸点溶剂促进了 PCPDTBT 发生聚集结晶。

除了溶剂挥发速率外,还应考虑溶剂挥发过程中给受体间的相互作用、给/受体在溶剂中的溶解度等参数对活性层结构的影响。Hoppe 等通过恒定的温度和压力下的聚合物-富勒烯-溶剂三元体系相图(见图 4-23)进一步阐明了溶剂种类及沸点对成膜后活性层结构的影响。溶液中,相对于溶剂而言给体及受体含量较低,溶剂分子可视为促进给/受体互溶的相容剂;溶剂含量越低,意味着相容剂越少,给/受体分子间的斥力也就越大。如果溶剂挥发速率大,聚合物与富勒烯间的斥力尚未完全促进给/受体发生相分离,活性层便被冻结于亚稳态,从而形成小尺寸相分离;如果溶剂挥发速率小,给/受体间斥力作用则会促进相分离发生,同时,溶质分子也有足够的时间自组织发生结晶,因此通常形成结晶性较高的大尺寸相分离结构。另外,溶液进入两相区的时间亦会对相区尺寸产生影响。通常情况下,富勒烯分子在溶剂中的溶解度低于聚合物,因此在溶剂挥发过程中富勒烯通常先达到饱和溶解度,进而析出;富勒烯分子开始析出后,共混体系则进入相图的两相区域。不同溶剂对富勒烯的溶解度不同,导致共混体系进入两相区的时间也不一致:由于富勒烯在甲苯中的溶解度小于在氯苯中的溶解度,因此在甲苯中将更早地进入两相区,从而有更长的时间进行结晶生长,形成大尺寸聚集体。

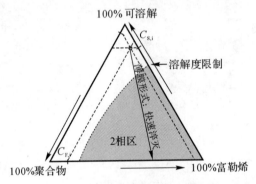

图 7-18 聚合物-富勒烯-溶剂三元体系相图[40]

除横向相分离外,溶剂沸点对垂直相分离也有影响。当聚合物/富勒烯共混薄膜作为有机太阳能电池中的活性层时,人们希望得到聚合物富集于阳极(底面)而富勒烯富集于阴极(表面)的结构,这样将有助于提高电荷的收集效率,减少电荷在电极界面处的复合,并且可以提升内部量子效率。然而,由于聚合物表面能较低,与富勒烯共混时倾向于富集于薄膜表面,例如在 P3HT/PC$_{61}$BM 共混体系中,由于 P3HT 的表面张力较低(γ_{PCBM} = 37.8 mN/m, γ_{P3HT} = 26.9 mN/m),P3HT/PC$_{61}$BM 共混薄膜的垂直分布与理想结构相反。时间飞行二次离子质谱(ToF-SIMS)、X 射线光电子能谱(X-ray Photoelectron Spectroscopy,XPS)、角度可变椭圆偏振仪(Variable Angle Spectroscopic Ellipsometry,VASE)和中子散射(Neutron Reflectivity)等方法都已经证明了未处理的薄膜表面以 P3HT 分子为主,而底面则多为 PC$_{61}$BM 分子。

当选用不同溶剂旋涂薄膜时,成膜过程中溶剂挥发动力学及溶质析出顺序会直接影响薄膜的垂直相分离结构。Buschbaum 课题组发现,在 P3HT/PC$_{61}$BM 体系中,当利用甲苯、氯苯及二甲苯为溶剂时器件性能相似,然而使用氯仿做溶剂时器件性能则较低。通过对活性层相分离结构表征,发现在不同的溶剂体系下会直接导致 P3HT/PC$_{61}$BM 共混薄膜具有不同的纵向和横向结构,如图 7-19 所示。以低沸点的氯仿为溶剂时,P3HT 富集于阴极附近而 PC$_{61}$BM 富集于阳极附近,导致载流子不能有效传输至相应电极,因此器件性能较差。

当以氯苯为溶剂时,P3HT 富集于活性层表面;而当以甲苯和二甲苯为溶剂时,$PC_{61}BM$ 富集于活性层表面。然而,分别以氯苯、甲苯及二甲苯为溶剂的器件性能并没有明显差别。其主要原因可能是横向相分离尺寸不一致:以甲苯、氯苯及二甲苯为溶剂时,活性层横向相分离结构明显,由于相区尺寸过大,导致激子无法有效扩散至界面,因此性能不佳。Sun 等从成膜动力学的角度入手,控制 $P3HT/PC_{61}BM$ 共混体系成膜过程中 $PC_{61}BM$ 的扩散过程,改变分子的运动方向,进而改变组分的垂直分布。以 CB 为主溶剂,向其中混入少量四氢萘作为第二溶剂。第二溶剂的选择应遵循两个条件:一是沸点高于主溶剂,二是对 $PC_{61}BM$ 的溶解性要明显高于对 P3HT 的溶解性。这样,当主溶剂先行挥发后,残留的第二溶剂则主要溶解 $PC_{61}BM$ 分子;随后 $PC_{61}BM$ 则随着第二溶剂的挥发而向上扩散。结果表明,该方法可以使薄膜表面 $PC_{61}BM$ 和 P3HT 的质量比由 0.1 增至 0.7。由该方法制得的电池效率是缓慢挥发的 3 倍,是单一溶剂的 1.5 倍。

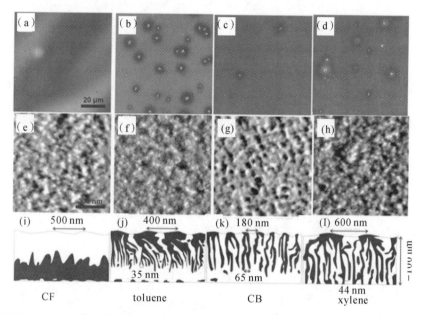

图 7-19 $P3HT/PC_{61}BM$ 共混体系分别以 CF(a, e, i),toluene(b, f, j),CB(c, g, k)及 xylene(d, h, l)为溶剂旋涂成膜的光学照片[(a)~(d)]、原子力显微镜照片[(e)~(h)]及形貌示意图(i, j, k, l)

以上结果表明,制备活性层时溶剂种类的选择对最终形貌影响不容忽视。通过对富勒烯溶解度的调节,可以控制富勒烯相区尺寸:在富勒烯的良溶剂作用下,活性层内给/受体材料间的相分离尺寸较小,有利于激子在扩散距离内有效分离,从而可以得到较高效率的器件。同样,通过调节聚合物在溶液中的聚集状态,也可以实现对活性层形貌的调控:当共混薄膜相分离程度小时,可以添加聚合物劣溶剂,促进聚合物在溶液中聚集,实现活性层相区尺寸的增大,当成膜过程中发生液-液相分离导致相区尺寸过大时,也可以利用聚合物聚集抑制大的富勒烯相区形成。同时,利用溶剂沸点对成膜动力学的影响,控制活性层结晶性、横向相分离程度及垂直相分离等,使活性层形貌达到最优。

7.2.5 添加剂

在有机太阳能电池中,加入添加剂是优化活性层形貌的有效手段。在不同给/受体共混体系中,根据添加剂的性质及作用主要可以分为以下两类:①溶剂添加剂,主要通过改变溶液状态及成膜过程动力学,调节薄膜结晶性及相分离程度等,随着薄膜干燥而最终挥发,不在活性层中残留;②固体添加剂,主要通过改变给/受体相互作用增强薄膜热稳定性,最终存留在活性层中。

1. 溶剂添加剂

溶剂添加剂处理是优化活性层形貌的有效手段,这种方法是在溶液中加入少量(通常情况下体积分数<5.0%)与主溶剂性质(包括沸点及对溶质的溶解度)相差较大的溶剂,通过改变成膜动力学实现对活性层结晶性及相分离尺寸的调控,进而提升器件性能。

2006年Bazan课题组首次将烷基硫醇作为添加剂引入PCPDTBT/$PC_{71}BM$共混体系中,优化了活性层相分离尺寸,并提升了器件性能。以PCPDTBT/$PC_{71}BM$作为活性层的光伏电池器件对热退火及溶剂退火并不敏感,而将少量烷基硫醇加入溶液中后,会诱导PCPDTBT分子在薄膜中发生自组织,提升器件性能。同时,Heeger课题组深入研究了不同链长的烷基硫醇对活性层的影响,结果表明硫醇的加入能够促进活性层光谱吸收红移,使聚合物链区域规整度提高,链间相互作用增加,相分离尺寸增大。其中,以长烷基链1,8-辛二硫醇为添加剂的活性层内形成纤维状聚集体,且相区尺寸适宜(见图7-20),器件性能由未添加1,8-辛二硫醇的2.8%提高至5.5%。此外,主溶剂与溶剂添加剂要满足一定关系才能达到改善活性层形貌的目的,选择主溶剂和添加剂时主要有两个标准:①主溶剂通常具有较高的溶解性以同时溶解给体分子和受体分子,而添加剂对给受体分子具有选择溶解性(特别是受体);②相比于主溶剂而言,添加剂的沸点应更高(蒸气压更低),成膜过程中后挥发。从此,不同种类的溶剂添加剂逐渐进入科研工作者的视野,并被不断应用于不同有机太阳能电池共混体系中,对改善活性层形貌、提高器件性能作出了重要贡献。图7-21列举了部分聚合物/富勒烯共混体系常用的溶剂添加剂。

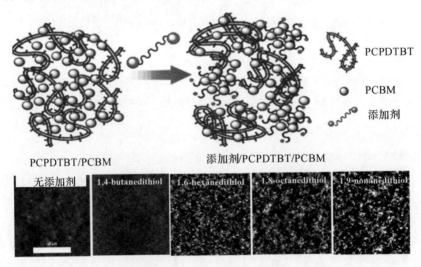

图7-20 溶剂添加剂影响共混形貌示意图及PCPDTBT/$PC_{71}BM$共混体系添加不同添加剂的原子力显微镜照片

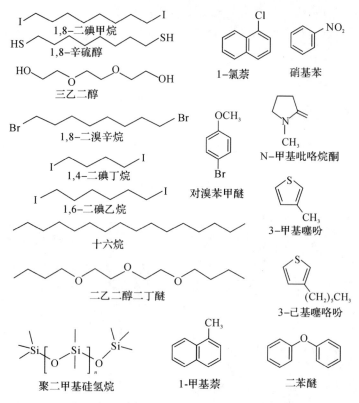

图 7-21 常见的用于聚合物/富勒烯共混体系溶剂添加剂结构式

(1)聚合物结晶性质调控。添加剂可增强聚合物/富勒烯共混体系中聚合物的结晶性——晶体尺寸增加、晶体数量增多、晶面间距减小。以研究较为广泛的 P3HT/PC$_{61}$BM 共混体系为例,共混薄膜中 P3HT 分子链倾向于自组织形成片层结构,然后在片层间堆积形成晶体;片层结构垂直于基底排列,即采取 edge-on 取向,如图 7-22(a)所示。由于 P3HT 分子采取 edge-on 取向,因此在掠入射模式 2D-GIWAXS 的面外方向(q_z)可观测到相应的(100)衍射信号,如图 7-22(c)所示。当向体系加入少量 ODT 为添加剂后(主溶剂为 CB),经旋涂(spin-coating)成膜后共混薄膜在 q_z 方向上的(100)衍射信号强度增加,且方位角略有偏移;这意味着加入 ODT 后,P3HT 晶体取向基本仍然保持 edge-on 取向,结晶度有所增加。结晶度增加的原因有两种——晶体尺寸增大或晶体数量增多。利用 Scherrer 公式结合 GIWAXS 半峰宽(FWHM)可计算晶体尺寸,分析可知 P3HT 结晶性提高可归因于晶体尺寸增加,而并非晶体增多。除晶体尺寸外,晶体中分子间距会影响载流子迁移率——分子间距越小,载流子传输过程中的势垒越小,就越利于提高载流子迁移率。Chen 等计算了添加 ODT 前后 P3HT/PC$_{61}$BM 共混薄膜中 P3HT 晶胞间距,根据公式 $d_{(hkl)} = 2\pi/q_{(hkl)}$ 可知,无添加剂时晶胞间距为16.4 Å(1 Å=10^{-10} m),加入添加剂后晶面间距降低至 15.7 Å。添加剂促进聚合物结晶并不受成膜方式的影响,Andreasen 课题组向 P3HT/PC$_{61}$BM 共混体系中添加少量氯萘为添加剂(主溶剂为氯苯),利用 roll-to-roll 方式成膜,结果表明[见图 7-22(d)],P3HT 的结晶性及晶体尺寸均增加,与旋涂结果类似。同样,将受体分子更换为 ICBA 后,添加剂也会起到类似效果。由此可知,在 P3HT/富勒烯共混体系中,添加剂通常可以促进聚合物结晶尺寸增加,晶面间距降低——有利于光子吸收及载流子传输,提高器件性能。

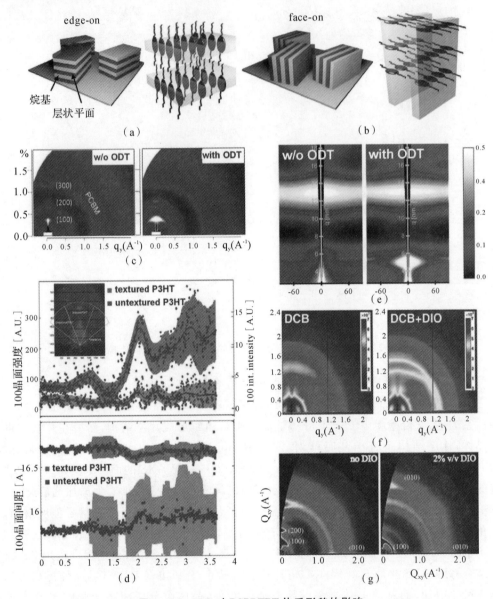

图 7-22　DIO 对 PCPDTBT 体系形貌的影响

(a,b)共轭聚合物晶体中分子采取 edge-on 取向及 face-on 取向示意图;(c)～(d)聚合物/富勒烯共混体系加溶剂添加剂前后薄膜中分子结晶性 2D-GIWAXS 及 2D-GIAXS 表征

然而,当给体材料为 D-A 类聚合物时,添加剂对聚合物晶体结构的影响较为复杂,不能一概而论。例如,Rogers 等研究了 DIO 作为添加剂时对 PCPDTBT/$PC_{71}BM$ 共混体系形貌的影响,如图 7-22(e)所示。PCPDTBT 在薄膜中存在两种晶体结构,即第一种为

(100)衍射峰对应于 GIWAXS 衍射图面外方向 $q_z = 5.1$ nm^{-1}(晶面间距为 1.26 nm),第二种为(100)衍射峰对应于 GIWAXS 衍射图面外方向 $q_z = 5.5$ nm^{-1}(晶面间距为 1.14 nm),且两种结构的晶体均采取 edge-on 取向。然而,向体系添加 DIO 后,第一种晶体 edge-on 数量增多,而第二种晶体 edge-on 数量减少。另外,对于异靛蓝类聚合物/富勒烯共混体系(PII2T - Si/PC$_{71}$BM),加入添加剂后晶体取向则由 edge-on 取向转变为无规取向,如图 7 - 22(g)所示。在 PTB7/PC$_{71}$BM 共混薄膜中,由于 PTB7 分子构象为"之"字形,因此成膜后晶体主要呈 face-on 排列,这种晶体取向更有利于载流子传输。然而,向 PTB7/PC$_{71}$BM 共混体系中加入 DIO 后,晶体数量增多导致聚合物结晶性增强,除此之外晶体取向、晶面间距及晶体尺寸均未发生明显变化。

目前对于添加剂影响聚合物结晶性质的机理认识还较为模糊,也鲜有研究者对此有较为深入的研究。Lee J. Richter 等研究了不同沸点的添加剂、成膜动力学过程中给/受体聚集行为与最终相分离结构之间的内在联系,如图 7 - 23 所示。当只采用 CB 作为溶剂时,相区主要分为两相,分别为结晶 P3HT 相和无定形 P3HT 相,其成核过程主要发生在给受体界面处;GISAXS 信号变化与 GIWAXS 变化的一致性表明 P3HT 结晶诱导相分离发生,在 P3HT 结晶后 PCBM 开始聚集。当采用沸点较高的 CN 作为添加剂时,P3HT 结晶信号持续增强,表明添加剂不仅促进了早期 P3HT 的有序堆叠,也延长了成膜的时间,利于 P3HT 进一步结晶。GISAXS 信号强度在 CN 挥发过程中持续增强,然而相分离尺寸变化并不明显,表明聚合物的网络形成限制了相分离尺寸的变化,信号强度的变化是由于结晶成核形成了新的有序的相区。与之相反的是,在选用沸点稍低一些的 ODT 作为添加剂时,成膜中期 P3HT 的结晶性变化不明显,后期逐渐提高;而相区尺寸则持续发生变化。这是由于在 CB 挥发后,液膜中主要分为三相,分别为结晶 P3HT 相、ODT 溶解的 PCBM 相以及无定形 P3HT 相;中期相区尺寸变化是 PCBM 聚集引起的,但相分离尺寸随着时间的延长而减小,这表明在 ODT 挥发过程中 P3HT 形成的结晶网络结构在持续塌缩。

(2)活性层相分离结构调控。添加剂对聚合物/富勒烯体系相分离结构也具有调节作用,其中包括相区尺寸及垂直相分离。添加剂对于相区尺寸的调控作用主要可以归结为两类:一种是增加相分离程度,另一种是抑制相分离程度。另外,添加剂的存在会增加聚合物/富勒烯共混体系中聚合物在薄膜表面的分布。

如前所述,聚合物/富勒烯共混体系相区尺寸影响激子扩散效率以及载流子双分子复合概率,因此控制相区尺寸显得尤为重要。添加剂可增强 PCPDTBT/PC$_{71}$BM 共混体系的相区尺寸。Heeger 课题组系统研究了添加剂对 PCPDTBT/PC$_{71}$BM 器件性能的影响,结果表明,加入 ODT 作为添加剂后器件的 J_{sc} 由 11.74 mA/cm^2 增加至 15.73 mA/cm^2,器件性能也由 3.35% 大幅提升至 5.12%。笔者将性能提高归因于相区尺寸的增大。正如图 7 - 24 (a)(b)中的原子力显微镜照片和透射电子显微镜照片所示,不含添加剂的 PCPDTBT/PC$_{71}$BM 共混薄膜较为均一,薄膜中仅有少量纳米纤维,无明显相分离结构出现,这表明薄膜中给受体分子共混程度较高,各自尚未形成相区。相反,加入添加剂后可以看到共混薄膜表面粗糙度增大,薄膜中出现富勒烯聚集区域,且纤维晶数量增多,这表明薄膜中聚合物分子自组织能力增强,而富勒烯分子聚集程度增大,相互连接形成互穿网络结构。为进一步证实上述结果,笔者将上述两种共混薄膜浸泡于 ODT 中,由于 ODT 对富勒烯分子具有选择溶解性,因此可将共混薄膜中的 PCBM 分子溶解掉,而仅保留 PCDTBT 结构[78]。从图 7-24(溶掉 PCPDTBT 后的网络结构)中可以看到,加入 ODT 的薄膜中聚合物给体相形成了尺寸更大和网络更加密集的结构。TEM 结果进一步证实了共混薄膜中聚合物给体纤维状聚集体和网络结构的存在。

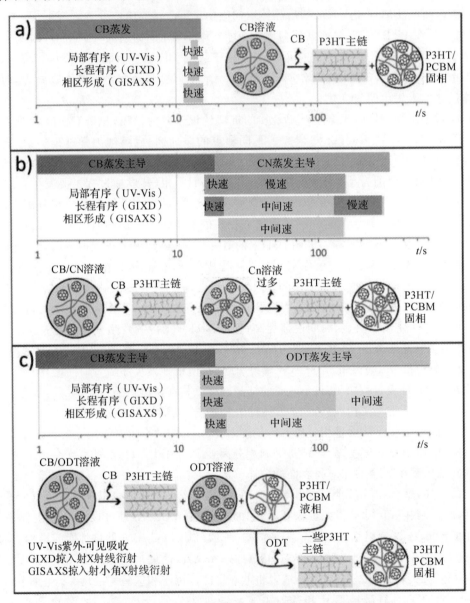

图 7-23　三种不同溶剂体系薄膜成膜动力学示意图
(a)CB;(b)具有 CN 添加剂的 CB;(c)具有 ODT 的 CB[89]

添加剂还可以减小相分离尺寸。例如,利用单一溶剂制备 PTB7/PC$_{71}$BM 共混体系的体相异质结,由图 7-25(a)可知,活性层中形成了大量尺寸达上百纳米的富勒烯聚集体,薄膜相分离尺度较大;然而,加入 DIO 后富勒烯聚集体消失,相分离程度降低。Collins 等也表征了添加剂 DIO 对 PTB7/PC$_{71}$BM 共混体系相分离尺寸的影响:在 PTB7/PC$_{71}$BM 共混体系活性层中,球形的聚集体依然是富勒烯聚集形成的,其尺寸约为 177 nm;加入 DIO 后富勒烯聚集尺寸急剧降低至 34 nm,器件的能量转换效率也相应提高至原来的 2 倍。相似的形貌变化规律在其他体系中亦有报道,例如在 Si-PDTBT/PC$_{71}$BM 共混体系中,无添加剂时薄膜内部形成了大量 PC$_{71}$BM 聚集;由活性层横截面 TEM 图可以看到,富勒烯形成大于 200 nm 的聚集体,贯穿于活性层中,破坏了活性层的互穿网络结构。而添加 CN 后活性层中富勒烯聚集体消失;由活性层横截面 TEM 图也可以看到,小的富勒烯相区和聚合物相区相互连接形成互穿网络结构,如图 7-25(b)所示。研究表明上述形貌变化源于加入添加剂后活性层内部形成了多级相分离结构:首先,聚合物和富勒烯均形成了各自的富集区,富集区相互连接形成互穿网络结构;其次,富集区由大量几十纳米的聚合物及富勒烯微晶组成,为激子扩散提供了截面,如图 7-25(c)所示。Lou 等认为添加 DIO 后造成的形貌变化依然可归结为 DIO 对富勒烯的选择溶解性及其高沸点特性:在不添加 DIO 的情况下,富勒烯在溶液中易形成大尺寸聚集体;由于聚集尺寸较大,富勒烯在成膜过程中无法进入聚合物网络状,因此无法形成互穿网络结构。添加 DIO 后,由于 DIO 对富勒烯具有较高的溶解度,因此可降低富勒烯在溶液中的聚集尺寸,利于其扩散进入聚合物网络间。另外,DIO 沸点较高,挥发缓慢,进一步为富勒烯扩散进入聚合物网络间提供了充足时间,从而形成了纳米级互穿网络结构,如图 7-25(d)所示。

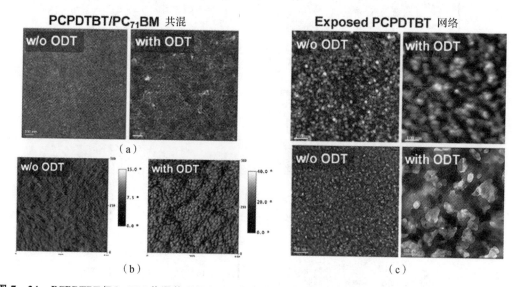

图 7-24 PCPDTBT/PC$_{71}$BM 共混体系添加 ODT 前后[(a)(b)]及溶解掉 PC$_{71}$BM 掉后的聚合物网络(c) 原子力显微镜高度图照片(上)及透射电子显微镜照片(下)

添加剂可以有效地调节相区尺寸,除前面所解释添加剂的选择溶解性外,添加剂改变成膜动力学过程也是相区尺寸变化的一个重要原因。Rogers 等利用原位 GIWAXS 表征了刚旋涂完的 PCPDTBT/PC$_{71}$BM 体相异质结薄膜干燥过程中各组分结晶性质的变化。如图 7-26(a)所示,在薄膜形成的早期阶段(2 min)添加 ODT 后活性层中 PCPDTBT 分子的(100)晶面的衍射峰强度明显强于未添加 ODT 的薄膜,这表明 ODT 能够减小 PCPDTBT

结晶的成核势垒;成核势垒减小可增强 PCPDTBT 结晶性,利于在成膜后期(78 min)晶体继续生长。Gu 等进一步地研究了该体系从溶液状态到成膜过程中的结构变化过程。如图 7-26(b)所示,当只使用单一溶剂 CB 制备 PCPDTBT/$PC_{71}BM$ 薄膜时,成膜过程中只能观测到 $PC_{71}BM$ 在 $q = 1.4$ Å^{-1} 附近的信号。当使用添加剂 DIO 时,能观测到溶液中 PCPDTBT 分子链聚集体($q = 0.65$ Å^{-1})、溶剂溶胀的 PCPDTBT 分子链聚集体($q = 0.49$ Å^{-1})以及晶体中 PCPDTBT 分子折叠链($q = 0.51$ Å^{-1})的信号。上述现象意味着加入 DIO 后,活性层中 PCPDTBT 分子结晶性增强。笔者认为随着 CB 溶剂的挥发,溶剂中 DIO 含量逐渐增多,CB/DIO 溶剂变成了 PCPDTBT 分子的劣溶剂,迫使分子链结晶。另外,聚合物分子在结晶后可排除聚合物相区内的 $PC_{71}BM$ 分子,从而促进 $PC_{71}BM$ 分子聚集并填充于 PCPDTBT 非晶区,构成互穿网络状结构。

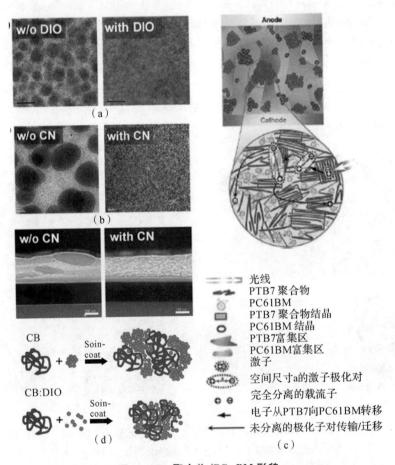

图 7-25 聚合物/$PC_{71}BM$ 形貌

(a)PTB7/$PC_{71}BM$ 共混体系添加 DIO 前后透射电子显微镜照片;(b)Si-PDTBT/PC71BM 共混体系添加 CN 前后透射电子显微镜照片;(c)PTB7/$PC_{61}BM$ 共混体系多级结构示意图;(d)PTB7/$PC_{71}BM$ 共混体系添加 DIO 前后溶液状态及薄膜相分离结构示意图

前面已经提到,添加剂还能够抑制大尺寸相分离的发生,例如在基于四噻吩的聚合物

(pDPP)/富勒烯共混体系中,向溶液中添加DCB(主溶剂为CF)即可实现相区尺寸的减小。Gu等通过原位GISAXS/GIWAXS技术研究了这一体系成膜过程中活性层中晶面间距及相区尺寸随溶剂挥发的变化,如图7-27所示。DCB的沸点高且选择性溶解$PC_{71}BM$,在成膜初期随着CF挥发,聚合物在CF/DCB中溶解度降低,导致pDPP聚合物在剩余CF/DCB劣溶剂中结晶。随着溶剂的进一步挥发,剩余的聚合物和富勒烯分子填充在聚合物晶体间。这一变化过程与上述的$PCPDTBT/PC_{71}BM$体系一致。然而,不同的是:在pDPP/富勒烯共混体系中早期阶段聚合物可聚集形成网络状结构,从而阻止富勒烯聚集形成大尺寸相区;在$PCPDTBT/PC_{71}BM$体系中,添加剂阻止了富勒烯分子进入聚合物分子间,从而促使聚合物结晶成核。

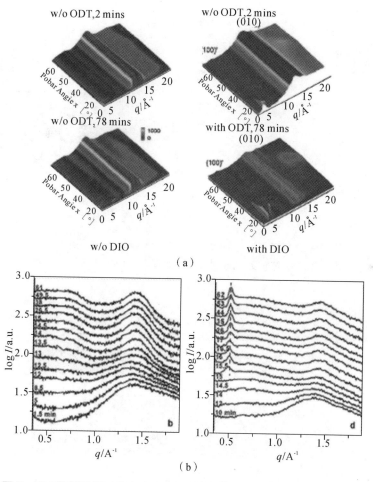

图7-26 溶剂干燥过程中$PCDTBT/PC_{71}BM$共混体系活性层原位表征
(a) 3D-GIWAXS;(b) GIWAXS

(3) 垂直相分离结构调控。除相区尺寸外,添加剂对活性层垂直相分离也有影响。Yang课题组针对$P3HT/PC_{61}BM$共混体系系统地研究了1,8-二辛硫醇(ODT)对活性层形貌的影响(主溶剂为DCB)。结果表明,添加剂除促进P3HT结晶,增强给受体间相分离程度外,还改变了P3HT在活性层内部垂直基底方向上的分布。笔者通过XPS检测发现,未添加 ODT 的活性层表面 S(2p)/C(1s) 比值为 0.132,而薄膜底部比值为 0.130,意味着给/受体垂直方向上分布均一；添加 ODT 后,活性层表面的 S(2p)/C(1s) 比值升高为 0.132,而底部的比值下降为 0.106,说明 ODT 促使薄膜内部 $PC_{61}BM$ 向薄膜底部富集。根据该数据结果,笔者分析了添加剂对垂直相分离影响的详细过程,如图 7-28 所示。在无添加剂情况下,给/受体间混合均匀,薄膜表面粗糙度较小,且给/受体分子在垂直于基底方向分布较为均一,如图 7-28 (a)~(c)所示。ODT 沸点较 DCB 高,且选择溶解 PCBM；在旋涂过程中随着 DCB 的挥发,聚合物先析出；由于 ODT 仍有残余,因此可溶解部分 $PC_{61}BM$,增强了 $PC_{61}BM$ 分子运动能力,且为 $PC_{61}BM$ 扩散提供了充足的时间；$PC_{61}BM$ 表面能大于 P3HT,在表面能的驱动下倾向于在薄膜底部富集,如图 7-28 (d)~(f)所示。

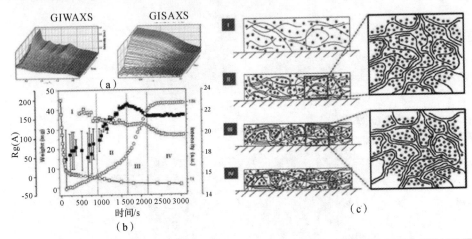

图 7-27 聚合物/$PC_{71}BM$ 共混体系原位 GIWAXS 及 GISAXS 图谱；利用 GIWAXS 及 GISAXS 区分的成膜过程的四个阶段；成膜过程四个阶段活性层相分离结构示意图

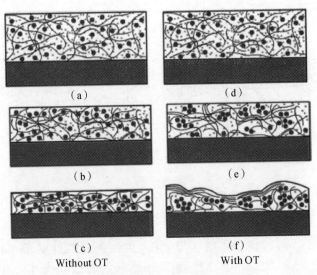

图 7-28 P3HT/$PC_{61}BM$ 共混体系添加 ODT 前后成膜过程中薄膜相分离结构变化示意图[92]

在正置结构太阳能电池中，$PC_{61}BM$ 分子分布于活性层底部并不利于电荷的传输与收集。为了降低添加剂的引入对富勒烯分子垂直分布的影响，Hou 课题组采用降低成膜后添加剂在活性层中残留时间的方法来抑制添加剂对垂直相分离的破坏，如图 7-29（a）所示。笔者以 PBDTTT-C-T/$PC_{71}BM$ 共混体系为研究对象（主溶剂为 O-DCB，添加剂为 DIO），对比了溶剂缓慢挥发、真空下溶剂快速挥发及过甲醇旋洗（由于甲醇和 DIO 互溶，且甲醇不溶于给体及受体材料，因此在不破坏活性层结构的基础上可快速除掉 DIO）3 种方法（3 种方法的甲醇移除速率依次增加）对活性层垂直相分离及器件性能的影响。结果表明，随着甲醇移除速率的增大，器件性能由 5.49% 大幅提升至 7.06%。通过对活性层表面组成的分析可知，溶剂缓慢挥发方法中薄膜表面的 $PC_{71}BM$ 含量为 6.0%，溶剂快速挥发方法中薄膜表面 $PC_{71}BM$ 含量为 19.4%，而甲醇旋洗方法中 $PC_{71}BM$ 含量急剧提高至 49.7%，如图 7-29（b）所示。由此可见，降低 DIO 在薄膜中的残留时间，可有效改善薄膜垂直相分离结构，此方法对于其他聚合物/富勒烯体系，如 PTB7/$PC_{71}BM$ 体系、PDPP3T/$PC_{71}BM$ 体系及 PBDTTPD/$PC_{71}BM$ 体系等同样适用。

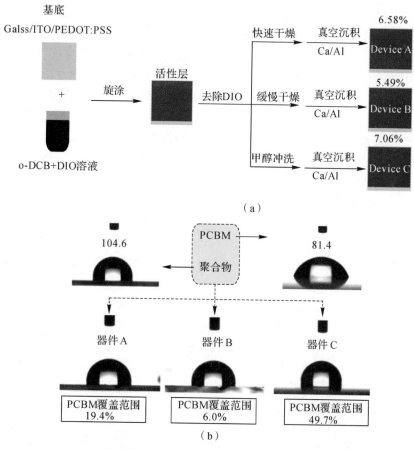

图 7-29　成膜后不同方式处理薄膜示意图及相应器件性能及纯相薄膜及不同处理方式的共混薄膜接触角图片

2. 固体添加剂

前文所述的溶剂添加剂可随溶剂的挥发而消失，并不在活性层内残留。除此之外，还有一些固体类添加剂也可用于调节有机太阳能电池活性层形貌，且此材料最终仍存留于活性层中。鉴于有机半导体材料较小的激子扩散距离，优化后的活性层相区尺寸通常在几十纳米左右。然而，器件工作过程中温度升高会诱导活性层相分离尺寸进一步增加，严重削弱器件性能。通过向共混体系中加入增溶剂作为添加剂，能够有效抑制相分离进一步发生，提高器件稳定性。

共聚物尤其是二嵌段共聚物是具有广泛前景的相容剂，通常表现出独特的自组装纳米结构和半导体特性。有研究者已经设计、合成了多种多样的共聚物并将它们应用于光伏器件中。例如，Fréchet 研究小组利用开环易位聚合（ROMP）的方法合成了一端具有噻吩单元、一端具有 $PC_{61}BM$ 单元的二元嵌段共聚物 poly(1)-block-poly(2)。poly(1)-block-poly(2)两嵌段各自分别与 P3HT 及 $PC_{61}BM$ 相容性较好。如图 7-30(a)所示，直接旋涂的 P3HT/$PC_{61}BM$ 薄膜未显示出明显的相分离结构，而在 140 ℃下热退火 1 h 后，P3HT 及 $PC_{61}BM$ 开始发生扩散聚集，形成微米级别的 P3HT 富集区（亮区域）及 $PC_{61}BM$ 富集区（暗区域）。同时室温下这些微区尺寸仍会继续增大，大约 10 h 后便达到肉眼可见级别。向共混体系加入 17.0%（质量分数）的 poly(1)-block-poly(2)，旋涂成膜后，薄膜不具有明显的相分离结构，在 140 ℃下热退火 1 h 后薄膜内部也未发现明显相分离结构。聚集微区尺寸未增大，说明加入 poly(1)-block-poly(2)后降低了 PCBM 微区和薄膜间的表面张力，使活性层热稳定性增加。随后，Chen 等研究了 rod-coil 二嵌段共聚物 P3HT-b-PEO 对 P3HT/PCBM 共混体系形貌的调控作用。由于 PEO 部分与 PCBM 分子间作用较强，因此将 P3HT-b-PEO 添加至 P3HT/$PC_{61}BM$ 共混体系中，可分散至给/受体界面，减小相分离尺寸。结果如图 7-30(b)所示，热退火后 P3HT/$PC_{61}BM$ 活性层形成纳米级互穿网络结构，而添加 P3HT-b-PEO 后相区尺寸明显降低。通过灰度值计算量化了 P3HT 相区尺寸，发现 P3HT 的相区尺寸从两元体系的 (17 ± 3) nm 分别减小到含 5% P3HT-b-PEO 时的 (14 ± 3) nm 和含 10% P3HT-b-PEO 时的 (10 ± 2) nm。Lee 等合成了一种 coil 部分带 C_{60} 单元的 P3HT-b-C_{60} 二嵌段共聚物，并且研究了这种添加剂对 P3HT/$PC_{61}BM$ 共混体系活性层形貌的影响。从 TEM 图中可以看到，P3HT/$PC_{61}BM$ 体系经长时间退火后可以观察到明显的大尺寸 $PC_{61}BM$ 相，而添加 P3HT-b-C_{60} 后富勒烯聚集相尺寸减小，同时在 TEM 图中给/受体的对比度明显降低，表明活性层具有更小的相区尺寸和更完善的互穿网络结构。笔者认为形貌变化主要源于 P3HT-b-C_{60} 的两亲性质，促使其分散于给受体界面处，从而在动力学上可降低给受体相各自的聚集速率，在热力学上则能降低给受体相间的表面张力。

添加增容特性的添加剂可以降低活性层相区尺寸并提高活性层的热稳定性，通过对文献的总结，设计具有增容特性的添加剂应遵循以下原则：①某一组成单元与 $PC_{61}BM$ 相有相互作用，以抑制热处理时 $PC_{61}BM$ 的相分离；②添加剂选择性地分布于给/受体界面以减小表面张力；③添加剂能够自组织形成纳米结构（尤其对于包含绝缘部分的共聚物），避免成为载流子传输的限制因素。只有遵循上述原则，添加剂才能在不损坏器件能量转换效率的基础上优化活性层热稳定性。

综上所述，可优化聚合物/富勒烯共混体系太阳能电池形貌的添加剂主要分为两大类：

一类是可挥发性溶剂添加剂,另外一类是固体类添加剂。溶剂添加剂主要通过调节溶液状态及成膜动力学实现对给/受体结晶性及相区尺寸的调控,从而实现有机太阳能器件性能的提高。固体添加剂则主要是降低给受体间的表面能,抑制在高温下活性层相分离结构的增大,实现有机太阳能器件热稳定性的提高。

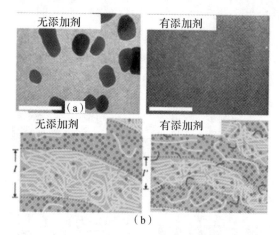

图7-30 P3HT/PC61BM共混体系添加嵌段聚合物前后薄膜热退火处理的透射电子显微镜照片(图中标尺为2 μm)及P3HT-b-PEO对P3HT/PC$_{61}$BM共混体系相分离结构影响示意图

7.2.6 退火处理

退火处理(annealing)是目前普遍使用的优化活性层形貌的方法。退火方法主要可以分为两大类——热退火处理(thermal annealing)及溶剂蒸气退火处理(solvent vapor annealing)。热退火处理是将活性层加热到适当温度,根据活性层的特性及形貌要求采用不同的退火时间然后降温冷却的过程;溶剂蒸气退火处理则是将活性层放置于溶剂蒸气中,根据活性层的特性及形貌,通过采用不同种类的蒸气、不同的蒸汽压及不同的蒸气处理时间达到优化形貌的目的。热退火处理和溶剂蒸气退火处理其本质均为提高给受体分子运动能力,促使其从被冻结的亚稳态(结晶性差、相区尺寸小)向稳定态过渡(结晶性高、相区尺寸大),从而提高器件的光子吸收效率、载流子迁移率及降低双分子复合,进而优化器件性能。下面主要以P3HT/PC$_{61}$BM体系为例,介绍退火处理对活性层形貌及器件性能的影响。

1. 热退火处理

热退火处理是调节共混体系活性层形貌的有效手段,Friend课题组首次发现热退火可促进P3HT/EP-PTC共混体系器件性能后,热退火便正式步入有机太阳能电池活性层调控领域。其主要原理为:加热至聚合物玻璃化转变温度以上,促进聚合物链段运动,从而实现聚合物分子的有序堆积;同时,富勒烯在退火过程中扩散结晶,最终形成互穿网络结构。

Friend课题组最早将热退火处理应用于P3HT/EP-PTC共混体系中,经80 ℃退火60 min后,有机太阳能电池器件的外量子效率(EQE)在整个光谱响应范围内均有提升,而在605 nm附近的提升尤为显著。笔者认为,这是由于热退火提高了P3HT的结晶性,从而提高了载流子在活性层中的迁移率。自此以后,热退火便被人们广泛关注,并被应用于聚合物/富勒烯共混体系中。

热退火处理包含前热退火处理和后热退火处理两种。前热退火是指在未蒸镀金属顶电极前,对共混薄膜进行热退火处理;而后退火处理是在蒸镀完金属顶电极后,再对活性层进行热退火处理。Heeger 课题组系统地对比了前退火处理及后退火处理对 P3HT/PC$_{61}$BM 共混体系器件性能的影响。笔者指出后退火处理器件性能及热稳定性均高于前退火处理的器件,这是因为后退火处理既利于形成纳米尺寸相区又改善了电极与活性层间的接触。如图 7-31(a)(b)所示,后退火处理后薄膜的表面粗糙度与前退火相比更小,意味着活性层内部相区尺寸更小,利于激子扩散。另外,在后退火处理过程中顶电极中的金属原子可以扩散进入活性层中,形成 C-Al 或者 C-O-Al 键。如图 7-31(b)(d)所示,AFM 相图中白色区域为活性层和电极间接触部分,后退火处理后活性层与电极接触面积更大,改善了活性层与电极间的接触,利于载流子收集。另外,后退火处理的器件热稳定性更好,由图 7-31(e)所示,在高温下退火后,前退火处理的器件性能衰减的速率高于后退火处理的器件。这是由于后退火处理中,活性层的两个接触面均与电极接触,因此分子扩散受到空间限制作用更大,从而抑制了过大相区尺寸的形成。

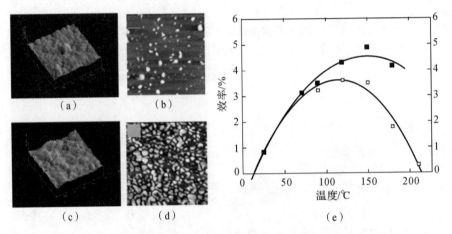

图 7-31 P3HT/PC$_{61}$BM 共混体系活性层前热退火处理
(a)(d)及后热退火处理(b)(c)原子力显微镜高度图(a)(b)及相图(d)(c),图片标尺为 500 nm×500 nm;
(B)前热退火处理(空心点)及后热退火处理(实心点)器件性能随退火时间关系图

Camaioni 等报道了将 P3HT/PC$_{61}$BM 共混薄膜在 55 ℃下(接近 P3HT 的 T_g)后退火 30 min 后,器件短路电流和能量转换效率均显著提高了。Padinger 等也进一步研究了后热退火处理及在偏压下后热退火处理对 P3HT/PC$_{61}$BM 共混体系性能的影响。器件经后热退火处理后,性能由 0.4% 提至 2.5%,而当偏压和后退火处理结合使用时器件性能进一步提升至 3.5%。器件的开路电压及填充因子的提升可能源于并联电阻的提高,而短路电流的提升则主要归因于载流子迁移率的提升。Ma 等通过对 P3HT/PC$_{61}$BM 器件性能的对比,清楚地看到未经处理的器件效率仅为 0.82%。当器件在 150 ℃后退火 30 min 后,器件在 AM1.5、80 mW/cm^2 的光照下,短路电流密度为 9.5 mA/cm^2,器件效率高达 5.0%。

热退火处理提高器件性能的主要原因在于活性层形貌的优化,其中包括给受体结晶性的增强及互穿网络结构的形成。Heeger 课题组研究了活性层在不同退火温度下退火后的

P3HT/PC$_{61}$BM 共混薄膜形貌,如图 7-32(a)所示,未退火处理的薄膜无明显相分离结构,而在 150 ℃下退火 30 min 后,活性层中相区尺寸增加,形成互穿网络结构;进一步延长退火时间至 120 min 后,活性层中相分离尺寸进一步增大。Yang 等通过分析 P3HT/PC$_{61}$BM 共混薄膜的明场 TEM 图及电子衍射图谱指出,未退火的薄膜中 P3HT 自组织能力较差,薄膜中仅有少量 P3HT 纤维形成;同时,薄膜中富勒烯并未发生聚集,给体及受体均无法形成互穿网络结构,如图 7-32(b)(c)所示。退火促进薄膜中分子运动,P3HT 自组织形成纤维晶,相互连接形成网络状结构;PC$_{61}$BM 也在 P3HT 网络结构的限制下聚集形成微晶,从而形成互穿网络结构,如图 7-32(d)(e)所示。该结构大大增加了给受体间的接触面积,有利于电荷的分离。此外,给受体高的结晶性也提高了载流子迁移率,降低了双分子复合概率。

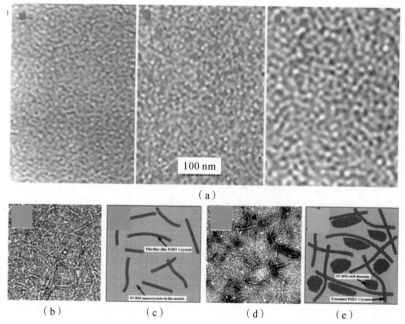

图 7-32　P3HT/PC$_{61}$BM 共混体系活性层无热退火处理(a),150 ℃后退火 30 min (b)及 150 ℃后退火 120 min 透射电子显微镜照片;P3HT/PC$_{61}$BM 共混体系活性层热退火处理前(a)(b)后(c)(d)透射电子显微镜图片(a)(c)及相应的示意图(b)(d)[35, 114]

除相分离结构外,热退火处理对 P3HT 的结晶也有重要影响。Kim 研究小组详细研究了热退火处理对 P3HT/PC$_{61}$BM 复合薄膜中 P3HT 晶体的影响。研究指出,未处理的复合薄膜中 P3HT 晶体尺寸很小,热退火处理后 P3HT 晶体尺寸在垂直于基底方向与平行与基底方向均增加,但是在平行于基底方向尺寸增加的幅度远大于垂直于基底方向。这是由于未处理的薄膜中 P3HT 分子链并不是采取严格意义上的 edge-on 取向,而是和基底有一定的夹角,退火后分子链转变为 edge-on 取向,所以使得垂直于基底方向的晶体尺寸增加幅度很小;而平行方向上由于分子间堆叠加作用,晶体将持续生长,所以平行于基底方向增加幅度较大。同样,Erb 等人指出,热退火处理 P3HT/PC$_{61}$BM 薄膜,可诱导 P3HT 以 edge-on 的方式进行结晶,如图 7-33 (a)所示。经 XRD 表征,在未经过热退火处理的薄膜中,并未发现 P3HT 衍射峰信号;而经过热退火处理后,P3HT 的(100)衍射信号强度明显增加,意味着退火后 P3HT 发生结晶,且晶体以 edge-on 方式排列。笔者认为,初始薄膜中由于 P3HT 和 $PC_{61}BM$ 分子间相容性较好,因此两组分混合均匀。热退火过程中,P3HT 分子链运动能力增强,形成热力学上更稳定的晶体;在 P3HT 分子结晶过程中,将溶解于 P3HT 分子间的 $PC_{61}BM$ 分子排除出去,从而形成了 P3HT 纯相及 $PC_{61}BM$ 纯相;纯相的形成利于分子自聚集形成晶体,P3HT 形成纤维晶,而 $PC_{61}BM$ 形成微晶;鉴于 P3HT 纤维晶相互连接,从而抑制了 $PC_{61}BM$ 的过分聚集,形成了纳米级别的互穿网络结构,如图 4-38(B)所示。

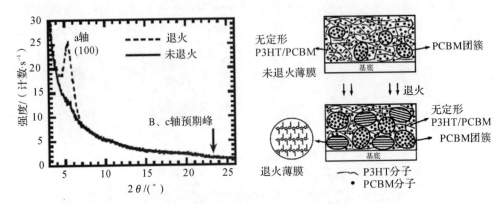

图 7-33　P3HT/PC_{61}BM 共混体系活性层 XRD 图谱及 P3HT/PC_{61}BM 共混体系活性层热退火前后相分离结构示意图

2. 溶剂蒸气退火处理

溶剂退火(SVA)方法是除了加热退火外另一种优化活性层自组装形貌的退火方法。它主要是通过以下两种方式实现:其一,在旋涂成膜过程中使用高沸点溶剂,通过控制溶剂挥发速率来诱导活性层的固化干燥过程,从而控制活性层的形貌。其二,将共混膜放置在溶剂蒸气中,溶剂分子渗入活性层后,溶胀薄膜。Vogelsang 等通过从单分子荧光光谱中得到的平均各向异性参数(M),在实验中利用分子 coil 构象和 rod 构象解释了蒸气退火过程原理,如图 7-34 所示。在溶液中,分子处于溶解/溶胀的 coil 构象;直接旋涂薄膜,由于成膜速率快,聚合物分子来不及进行构象调整,便被冻结在亚稳态。蒸气处理过程中分子处于溶解或溶胀状态,分子自由体积大,局部链段/整链有足够的时间进行构象调整,从而形成热力学上更加稳定的晶态。

Yang 小组最早使用溶剂退火的方法来改进基于 P3HT/PCBM 体系的聚合物太阳能电池的性能,并对这种溶剂退火方法进行了系统性的研究。2005 年,Li 等在制备 P3HT/PCBM 薄膜过程中,通过控制溶剂挥发速率(将湿的共混膜放在不同环境下干燥)来控制活性层固化成膜速率,并结合不同的热退火时间(110 ℃,10～30 min),使器件的光伏特性能显著提高,他们还通过 AFM 以及吸收光谱等检测方法对共混膜的自组装排列特性进行了详细的对比。表 7-4 比较了不同热退火和溶剂退火条件下器件的光伏性能和串联电阻。在制备活性层时使用高沸点的二氯苯为溶剂,用 600 r/min 慢速旋涂 60 s 制备 210 nm 左右厚的 P3HT/PCBM 共混膜。从图 7-34 和表 7-4 可以看出,不同膜生长速度溶剂退火

(SVA)对器件的光伏性能具有显著的影响,溶剂 20 s 快速蒸发形成的活性层(器件 7)器件效率只有 1.36%,而溶剂 20 min 缓慢蒸发形成的活性层(器件 1),其光伏效率提高到 3.52%。在经过 110 ℃ 热处理 10 min(器件 2)后器件效率进一步提高到 4.37%。慢速成膜和热退火对光伏性能的改善应该与器件电荷传输性能的提高和串联电阻(R_{SA})的降低有关(见表 7-4)。他们还发现,经过 110 ℃ 退火处理后,共混活性层吸收光谱红移、吸收强度增加、共混膜的空穴迁移率提高。他们还系统地对比了 600 r/min 慢速旋涂过程中、不同旋涂时间(20~80 s)对溶剂挥发速率以及活性层的影响。当旋涂时间小于 50 s、溶剂退火(湿膜干燥固化)时间超过 1 min 时,相应器件的短路电流和器件效率都达到了平衡稳定的最高值;而旋涂时间超过 50 s 后,P3HT 自组装排列规整度下降,并导致器件短路电流和器件效率急剧减小。此外,他们还发现,与热退火不同,溶剂退火方法对 P3HT 规整排列的影响并不受共混层中受体材料含量的制约。当 PCBM 质量分数高达 67% 时,溶剂退火方法仍然可以诱导 P3HT 链规整排列。

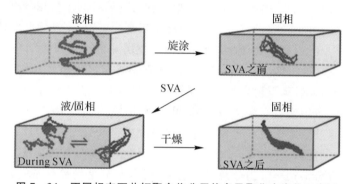

图 7-34　不同相态下共轭聚合物分子构象及聚集态变化示意图

表 7-4　溶剂退火和热退火对器件光伏性能和串联电阻的影响

器件编号	J_{sc}/(mA·cm^{-2})	V_{oc}/V	PCE/%	FF/%	R_{SA}/(Ω·cm^2)
1	9.86	0.59	3.52	60.3	2.4
2	10.6	0.61	4.37	67.4	1.7
3	10.3	0.60	4.05	65.5	1.6
4	10.3	0.60	3.98	64.7	1.6
5	8.33	0.60	2.80	56.5	4.9
6	6.56	0.60	2.10	53.2	12.5
7	4.50	0.58	1.36	52.0	19.8

Xie 等使用将蒸气退火与热退火联合对 P3HT/PCBM 体系进行了处理,他们以二氯苯为溶剂制备了 P3HT/PCBM 共混膜,然后将共混膜转移到装有二氯苯溶剂的容器中放置 30 min,最后蒸镀金属负极。吸收光谱表明,溶剂蒸气处理后共混膜的吸收光谱在 P3HT 吸收区域红移并且吸收强度显著增加,长波长处出现新的肩峰,并且活性层空穴迁移率有所

提高。这表明在二氯苯蒸气诱导下 P3HT 共轭链长度增加,链间有序结构形成。在经过 150 ℃热处理后,PCBM 团聚体大量出现,形成了相分离结构,进一步提高了电荷的分离和传输效率。Park 等系统地比较了不同溶剂蒸气对 P3HT/PCBM 活性层形貌以及器件性能的影响。其中所使用的溶剂包括不良溶剂丙酮和二氯甲烷,良溶剂氯仿、氯苯以及二氯苯等。经过溶剂退火的器件其开路电压均有不同程度的降低。在不良溶剂中退火后,器件的电子/空穴传输效率趋于平衡,器件电流和效率显著提高。在良溶剂中退火的器件虽然吸收强度显著增大,但由于给/受体相分离尺寸过大,造成激子复合概率增加,制约了器件电流的进一步提高。此外,丙酮对活性材料的溶解性较差,而二氯苯具有较低的饱和蒸气压,因此基于这两种退火溶剂的器件需要较长的时间来诱导活性层形貌达到平衡。其他几种溶剂退火 5 min,器件性能就发生了明显变化。

然而窄带隙聚合物分子刚性强,分子间缠结严重,难以迁移,抑制了其有效自组织。另外,窄带隙聚合物分子相邻侧链间距大,共混体系中富勒烯分子能够穿插进入聚合物分子侧链间,与聚合物形成双分子穿插结构,抑制了聚合物与富勒烯间发生相分离。因此促进给体及受体有序排列并发生相分离,形成双连续通路是提高窄带隙/富勒烯共混体系太阳能电池性能的关键。而单一溶剂蒸气处理此类薄膜后,活性层并未达到理想结构。Han 等利用混合溶剂蒸气处理手段,通过促进富勒烯聚集,诱导富勒烯与窄带隙聚合物材料 PCDTBT 侧链发生相分离;同时,通过降低聚合物分子链间的缠结作用增强其迁移能力,实现其自组织能力的提高,最终形成纳米级互穿网络结构,提升器件性能,如图 7 - 35 所示。研究表明,蒸气退火过程中,四氢呋喃蒸气能够有效促进共混薄膜中富勒烯分子聚集结晶,而二硫化碳能够有效增加分子运动能力,促进聚合物分子聚集。因此,利用四氢呋喃及二硫化碳的混合溶剂蒸气,通过改善混合溶剂蒸气组分及蒸气退火条件,调节富勒烯分子间、富勒烯分子与聚合物分子间及聚合物与聚合物分子间范德华力的相互竞争关系。在提高分子迁移及扩散能力的基础上,混合蒸气处理能够促进富勒烯分子聚集,诱导聚合物侧链与富勒烯间发生相分离;富勒烯聚集体反作用于聚合物,降低聚合物间缠结程度,进一步提高聚合物分子自组织能力。通过混合蒸气处理后,共混薄膜中聚合物自组织能力提高(玻璃化转变温度提高至 153 ℃),同时晶体尺寸增大,共混体系形成明显互穿网络状结构。通过混合蒸气处理,富勒烯及聚合物均形成了高结晶度载流子传输通道,有利于激子由三线态转变为自由移动的载流子,器件能量转换效率也由未处理的 4.67%($V_{oc}=0.87$ V,$J_{sc}=10.88$ mA/cm^2,FF=0.48)提高至 6.55%($V_{oc}=0.86$ V,$J_{sc}=12.71$ mA/cm^2,FF=0.60)。

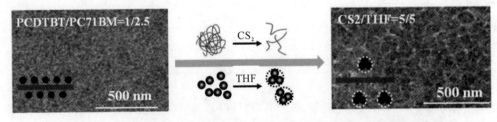

图 7 - 35 混合蒸汽处理优化 PCDTBT/PC$_{71}$BM 共混体系相分离形貌示意图及相应瞬态吸收光谱和 J - V 曲线

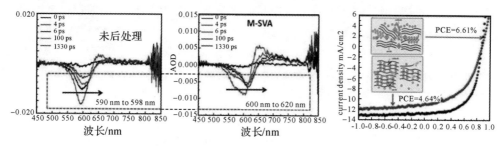

续图 7-35　混合蒸汽处理优化 PCDTBT/PC_{71}BM 共混体系相分离形貌示意图
及相应瞬态吸收光谱和 J-V 曲线

综上所述,热退火和溶剂蒸气退火均能促进共混体系向热力学稳定态方向发展,从而提高薄膜相分离尺寸及给/受体的结晶性。此外,溶剂退火方法对活性层形貌的优化不受 PCBM 受体含量的影响。当活性层经过溶剂退火后再进行热退火处理,可以进一步提升器件的性能。其原因为,热退火可以有效去除活性层中残留的溶剂,减少界面间的陷阱,平滑活性层表面,使其与电极之间形成紧密接触。

7.3　结构与性能间的关系

有机太阳能电池活性层形貌与器件性能关系密不可分,比如:相分离结构决定载流子传输、相区尺寸决定激子分离效率、结晶性决定激子分离效率,以及载流子传输效率及分子取向决定载流子迁移率等。然而,上述形貌对性能的影响并不是绝对的,很多情况下形貌这一变量将会影响诸多光物理过程。本节中选取合适的例子来说明相分离结构、相区尺寸、结晶性及相区纯度、分子取向对性能的影响。

7.3.1　相分离结构

有机太阳能电池中激子分离后将形成电子和空穴,电子和空穴将分别通过受体及给体传输至相应电极。因此,只有给/受体形成双连续通路才能确保自由载流子传输,如图 7-36(a)所示。然而,当给体或者受体无法形成连续通路时(孤岛状相分离),如图 7-36(b)所示,则增大了载流子在传输过程中的双分子复合概率,并且增大了空间限制电荷密度。为此,构筑给/受体互穿网络相分离结构,保证载流子有效传输至相应电极是制备高效太阳能电池的重要前提。

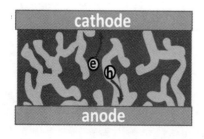 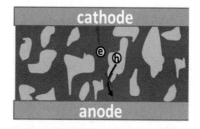

图 7-36　有机太阳能电池活性层(a)双连续结构及孤岛相分离结构;(b)示意图

前文中已经讲述，给受体比例直接决定共混体系相分离结构，而不同的相分离结构则直接影响载流子迁移率，仅当电子和空穴迁移率达到平衡时(即活性层形成完善的互穿网络结构)，才能降低载流子传输过程中的复合，使器件性能达到最佳以 P3HT/PC$_{61}$BM 体系为例，研究了相分离结构与器件性能间的关系，如图 7-37 所示。当活性层中仅存在 P3HT 时，此时 P3HT 具有双极传输性质，但空穴迁移率远高于电子迁移率($\mu_e \approx 10^{-7}$ cm^2 V^{-1} s^{-1}，$\mu_h \approx 10^{-4}$ cm^2 V^{-1} s^{-1})。当共混体系中富勒烯含量升高至38%(质量分数)时，电子迁移率急剧升高至 9.6×10^{-6} cm^2 V^{-1} s^{-1}；富勒烯含量继续升高(38%～44%)(质量分数)，电子迁移率也随之升高；当富勒烯含量超过43%(质量分数)时，共混薄膜电子迁移率不再发生变化，维持在 5.0×10^{-4} cm^2 V^{-1} s^{-1}。这是由于当富勒烯含量较低时，富勒烯聚集体无论是数量方面还是尺寸方面，均难以保证形成连续电子通路；而当含量为44%(质量分数)时，富勒烯形成20 nm左右的微晶，且微晶数量足够多，可以形成连续通路；继续增大富勒烯含量，微晶数量虽然进一步增加，但尺寸变化不明显，对连续电子通路基本无贡献。而对于 P3HT 而言，其空穴迁移率随着富勒烯含量的增加则表现出了持续降低的趋势，如图7-37(b)所示。这是由于：一方面，过多的富勒烯抑制了 P3HT 的有序聚集，减小了其结晶尺寸；另一方面，富勒烯聚集形成的微晶分布在 P3HT 结晶片层间，阻隔了 P3HT 形成连续通路。只有当给/受体比例适中时[即富勒烯含量(质量分数)为44%]，才能够形成连续的电子通路与空穴通路，电子迁移率与空穴迁移率接近，器件性能达到最优。

虽然双分子穿插结构可有效增加给受体界面面积，增加激子扩散效率，但是给体与受体的分子级共混严重抑制了互穿网络结构的形成，既不利于载流子传输，也不利于电荷转移态分离。因此在相应体系中必须严格控制给/受体比例，使富勒烯分子能够达到形成连续通路的阈值。Durrant 等指出，在 PCDTBT、pBTTT 及 PCPDTBT 等与 PC$_{71}$BM 共混体系中，当富勒烯含量小于双分子穿插阈值时，不能够形成富勒烯纯相，此时共混薄膜中电荷转移态分离效率低；当富勒烯含量超过双分子穿插阈值时，额外的富勒烯将形成纯相结构，电荷转移态分离效率及器件短路电流随着富勒烯含量的增大而迅速升高。这是由于聚合物或富勒烯形成纯相有序聚集后，聚合物的电离电势及富勒烯的电子亲合势会发生偏移，能够为电荷转移态分离提供较大的驱动力。然而，在双分子穿插结构中富勒烯未能有序聚集，同时聚合物也无法形成纯相区，因此在给/受体界面处能级差小，电荷转移态分离效率低。如果提高富勒烯含量，在形成双分子穿插结构的基础上，额外的富勒烯分子可有序聚集，形成富勒烯纯相。此时，富勒烯电子亲合势将发生偏移，升高100～200 meV，为电荷转移态分离提供更大的驱动力。因此，为促进富勒烯纯相形成、提高富勒烯的电子亲合势及促进形成聚合物纯相形成，降低聚合物的电离电势是增加电子-空穴对有效分离的重要途径，如图7-38所示。

7.3.2 相区尺寸

有机太阳能电池中活性层的相区尺寸决定了激子分离效率及载流子传输效率。相区尺寸减小，给/受体微界面面积增大，可以确保激子能够扩散到异质结界面，有效提高激子分离效率；然而，相区尺寸过小，将导致电子和空穴在传输过程中易受到库仑引力作用，相互吸引，从而发生双分子复合，降低载流子收集效率，如图7-39所示。因此，相区尺寸应当处于既能满足激子分离又能满足载流子收集的范围内。目前研究表明，相区尺寸分布在10～20

nm 范围内可有效提高光伏电池能量转换效率。

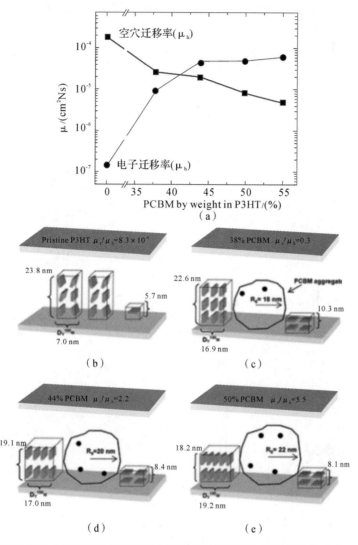

图 7-37　P3HT/PC$_{61}$BM 共混体系中电子及空穴迁移率与给受体比例间的关系；(B)P3HT/PC$_{61}$BM 薄膜中给受体不同比例下形貌示意图(a) Pristine P3HT, (b) 38wt% PC$_{61}$BM, (c) 44wt% PC$_{61}$BM, (d) 50wt% PC$_{61}$BM

活性层相区尺寸大不利于激子分离，导致器件短路电流较低。Janssen 课题组指出，当采用氯仿做溶剂旋涂 PDPP5T/PC$_{71}$BM 共混体系时，富勒烯形成大于 100 nm 的富集区；当加入 DCB 形成混合溶剂后，随着 DCB 含量的提高，富勒烯聚集尺寸逐渐减小，直至形成纳米互穿网络结构。这主要源于 DCB 对成膜动力学的影响，如图 7-40 所示。当未添加 DCB 时，共混体系按照箭头的位置发生液-液相分离：①当溶液旋涂开始后，氯仿在共混体系中的浓度随着挥发而降低；②当溶剂含量约为 80% 时，共混体系开始发生液-液相分离；③当溶剂含量约为 50% 时，聚合物开始聚集。由此可见，薄膜的相区尺寸由第二步的液-液相分离决定。当向共混体系添加 DCB 时，共混体系按照箭头的位置发生相分离：①溶剂总含量随着氯仿挥发逐渐降低；②当溶剂含量为 80%～95% 时，聚合物开始聚集；③在发生液-液相分离之前聚合物聚集，共混体系发生液-固相分离，进而限制了大尺寸相区的形成。液-液相分离一般会导致薄膜形成大尺寸的相区，而共混体系发生液-固相分离时，由于聚合物的聚集限制了另外一相的聚集，最终形成小尺寸的相分离形貌。激子分离效率增大，使得器件短路电流由不到 5 mA/cm² 增加到大于 15 mA/cm²，能量转换效率也由 1.2% 提高至 6.3%。

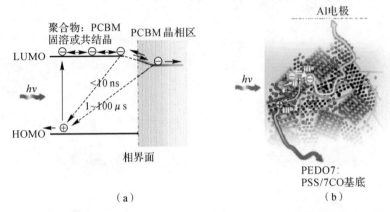

图 7-38　聚合物/富勒烯体系双分子穿插结构促进电荷转移态分离示意图及含有双分子穿插行为的聚合物/富勒烯共混体系光电转换过程示意图

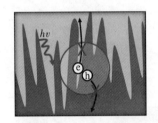 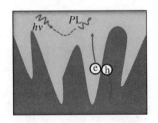

图 7-39　有机太阳能电池活性层激子分子及载流子传输示意图
(a)小相区尺寸；(b)大厢区尺寸

P3HT/PC_{61}BM 体系旋涂成膜后通常为均一薄膜，在热退火处理情况下富勒烯才发生聚集结晶。Ruderer 等利用甲苯、二甲苯及氯苯等为溶剂旋涂 P3HT/PC_{61}BM 溶液，成膜后对薄膜进行热退火处理。规律与 MDMO-PPV/PC_{61}BM 共混体系类似，当溶剂对富勒烯溶解度较差时(甲苯、二甲苯)，富勒烯大尺寸聚集体；而当选用氯苯为溶剂时，富勒烯聚集尺寸则较小。Troshin 等则利用合成手段合成了一系列在氯苯中具有不同溶解度的富勒烯衍生物(4～130 mg/mL)，用以研究富勒烯在溶液中的溶解度对 P3HT/富勒烯共混体系薄膜形貌的影响。结果表明，当选用溶解度较低的富勒烯衍生物作受体时(<10 mg/mL)，薄膜中将出现大尺寸聚集体；而当选用溶解度较高的富勒烯衍生物作受体时(>20 mg/mL)，薄膜中富勒烯大尺寸聚集体消失。更为有趣的是，利用 P3HT/富勒烯衍生物共混体系制备的器件性能随着富勒烯溶解度的升高而呈现出先增加后保持恒定的趋势。如图 7-41 所示，当富勒烯溶解度从 4 mg/mL 增加至 20 mg/mL 时，器件的 J_{sc} 及 FF 逐渐增加；而当进一步增加富勒烯溶解度时，器件的 J_{sc} 及 FF 开始下降。笔者认为，当富勒烯溶解度为 20 mg/mL 时，此时富勒烯可形成纳米尺寸的聚集，适合激子分离及载流子传输；而当富勒烯溶解度较低时，由于富勒烯聚集尺寸大而不利于激子分离；相反，当富勒烯溶解度较高时，富勒烯分子不容易聚集结晶,因此相分离尺寸过小,不利于载流子传输。这些研究均表明,富勒烯在溶剂中的溶解性决定了其在薄膜中的聚集形态,进而影响器件性能。

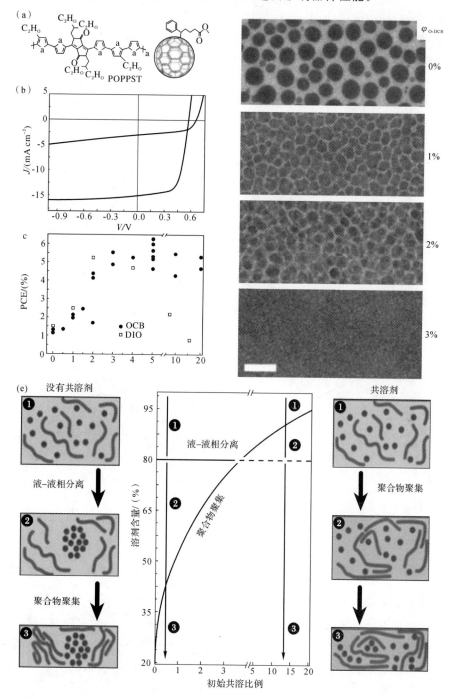

图 7-40　PDPP5T/PC$_{71}$BM 体系或膜动力学

PDPP5T、PC$_{71}$BM 分子结构式(a);以共混体系以氯仿或氯仿-DCB 为溶剂时器件的 $J-V$ 曲线(b)及器件性能与添加剂种类及含量间关系(c);氯仿为溶剂时及以氯仿-DCB 为共溶剂时旋涂所得薄膜的透射电子显微镜图(d)及成膜过程相图及活性层形貌演变示意图(e)

7.3.3 结晶性及相区纯度

有机太阳能电池活性层中给/受体的结晶性直接影响光子吸收效率及载流子迁移率等。结晶性增强意味着分子间耦合程度增大,从而使得分子带隙变窄,吸收光谱红移;另外,分子耦合程度增加,也降低了载流子传输过程的能垒,从而提高了载流子迁移率。然而,在共混体系中,结晶和相分离行为往往密不可分。结晶在一定程度上会促进给/受体发生相分离,从而形成相对较纯的给体及受体区域,提高相区纯度;而相区纯度的提高则意味着共混相含量的降低,对激子分离效率会产生负面影响。

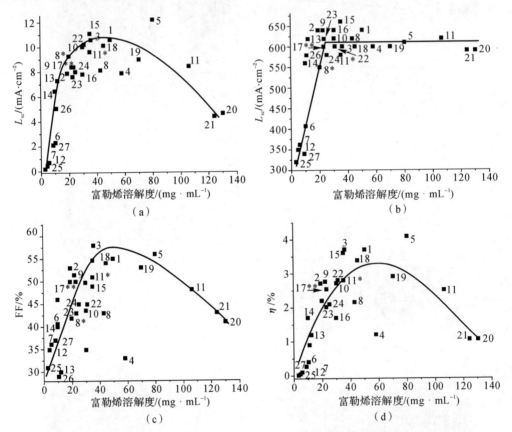

图 7-41 P3HT/富勒烯共混体系不同富勒烯为受体时器件各参数与富勒烯溶解度关系
(a) J_{sc};(b) V_{oc};(c) FF;(d) PCE[135]

通过调节旋涂过程时间,能够控制成膜过程中的薄膜干燥时间:旋涂时间越短,溶剂干燥所需时间越长,薄膜中给/受体分子越有足够时间自组织,导致结晶性越高。Yang 等通过调节旋涂时间,通过调节 P3HT 的结晶性建立了 P3HT/PCBM 共混体系结晶性与器件性能间的关联。结果表明,随着旋涂时间由 20 s 延长至 80 s,薄膜干燥时间由 1 200 s 缩短至旋涂结束薄膜已经完全干燥(0 s),结晶性则大幅降低,如图 7-42 所示。通过器件各参数可以看到,器件的短路电流急剧下降,而开路电压显著提高。电流下降的主要原因在于,P3HT 结晶性降低,光子吸收效率及空穴迁移率降低。另外,P3HT 结晶性差,导致难以形成空穴的连续通路,也会进一步增大载流子传输过程中的复合概率。而器件的开路电压增加则主要源于 P3HT 能级结构的变化。有机光伏电池开路电压取决于给体材料 HOMO 能级与受体材料 LUMO 能级的差值。由能带理论可知,当分子结晶后,分子间相互作用增强会促使分子 HOMO 及 LUMO 能级劈裂形成连续能带,从而降低了两者之间的差值,导致开路电压随结晶性增强而降低。但是,结晶性增强后短路电流增大所带来的正面影响远超过开路电压降低所带来的负面影响,通过器件性能也能够看到,高结晶性薄膜器件性能为 3.6%,而低结晶性器件性能仅为 1.2%。

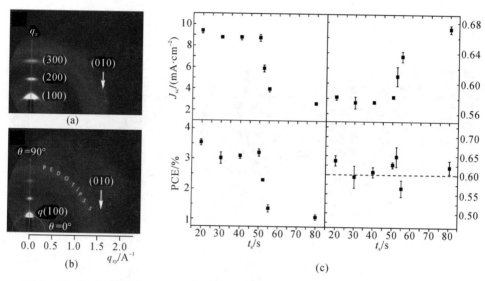

图 7-42 P3HT/富勒烯共混体系短时间(a)及长时间旋涂(b)薄膜的 2D-GIWAX 数据 (c)器件各参数与活性层旋涂时间关系图

相区纯度也直接影响器件性能,然而由于相区纯度往往与相区尺寸及结晶性等密切关联,因此,无法将其分离而直接研究纯度对性能的影响。Ade 课题组利用两个分别与富勒烯分子有着不同相容性的聚合物 QxO 及 QxT 作为给体(富勒烯分子在 QxO 及 QxT 中的溶解度分别为 5% 及 11%),研究了不同聚合物/富勒烯共混体系相区尺寸及纯度与器件性能间的关系。结果表明,给/受体间相容性主导相区纯度,在低相容性的 $QxO/PC_{71}BM$ 体系,相区纯度远高于高相容性的 $QxT/PC_{71}BM$ 体系。而在过高的相区纯度下,激子无法有效分离,从而导致短路电流较小。另外,笔者还指出聚合物/富勒烯共混体系相分离结构为多级结构,主要由聚合物富集相、富勒烯富集相及共混相组成(介观尺度相分离),而聚合物富集相中则包含聚合物晶相及富勒烯晶相(微观尺度相分离),如图 7-43(a)所示。活性层多级相分离结构中介观相区纯度与微观相区纯度往往呈非线性关系,介观纯度高时,微观纯度往往较低,如图 7-43(b)所示。例如,在 $PDPP3T/PC_{71}BM$ 共混体系中,在保证激子能够有效扩散至界面分离的前提下,介观相区纯度越高,聚合物及富勒烯相应的短路电流越大,这是由于相区纯度提高,载流子传输过程中双分子复合的概率减小,如图 7-43(c)所示。然而,填充因子随着微观相区纯度及介观相区纯度的增加均表现出先升高后降低的趋势,如图7-43(d)(e)所示。这是由于当介观相区纯度提高时,电子与空穴传输过程双分子复合概率降低,导致FF升高;而当相区纯度过高时,由于微观相区纯度低,破坏了聚合物及富勒烯的有序结构,从而导致载流子迁移率下降,因此FF开始下降。

7.3.4 分子取向

共轭聚合物为各向异性分子,其取向方式有3种,具体为edge-on取向、flat-on取向及face-on取向。通过理论及实验证实分子取向所产生的影响主要包括光子吸收、激子扩散长度、载流子迁移率及界面处电荷转移态分离效率。

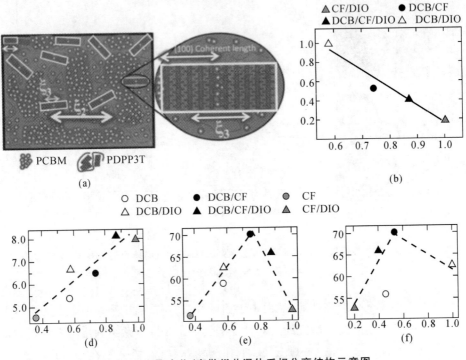

图7-43 聚合物/富勒烯共混体系相分离结构示意图
(a)介观相区纯度与微观相区纯度间关系;
(b)器件各参数与微观相区纯度及介观相区纯度关系[(c)~(e)]

分子取向影响光子吸收效率及激子扩散长度。由共轭平面型分子采取face-on取向时,薄膜光子吸收效率最高。这是由于平面型分子瞬时偶极方向平行于分子主链方向,而入射光产生的电场方向与入射光方向相垂直。因此当入射光垂直照射薄膜表面,分子采取face-on取向时,瞬时偶极方向与光生电场方向平行,分子跃迁的共振吸收的强度最强。Rand等人研究了$ZnPc/C_{60}$体系中ZnPc分子取向与光子吸收效率间的关系,结果表明当ZnPc分子采取face-on取向时薄膜的折射率和消光系数增大,与分子采取edge-on取向相比,光子吸收效率增加12%。另外,还指出共轭分子呈edge-on取向时其激子垂直于基底方向一维跳跃传输速率为分子呈face-on取向时的5.3倍,而激子寿命不随分子取向变化而发生变化,因此由公式 $L_D = d \cdot \sqrt{\dfrac{h\tau}{2}}$ 可知,分子采取 edge-on 取向时激子扩散长度为分子采取 face-on 取向时的 2 倍左右。因此,ZnPc 采取 edge-on 排列时激子扩散长度为(26 ± 2) nm,而当分子采取 face-on 排列时激子扩散长度减少至(15 ± 2) nm。同时,通过量子化学计算认为,当 ZnPc 分子采取 edge-on 排列时,ZnPc 与 C_{60} 分子的 π 平面夹角较大,如图 7-44(c)所示;而当 ZnPc 分子采取 face-on 排列时,ZnPc 与 C_{60} 分子的 π 平面夹角小,如图 7-44(d)所示。当 ZnPc 分子采取 edge-on 排列时,更利于给受体分子间的电子耦合,利于电荷转移态分离。

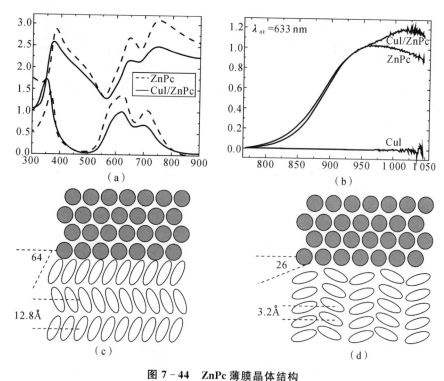

图 7-44 ZnPc 薄膜晶体结构

(a)采取不同取向的 ZnPc 薄膜的折射率;(b)发射光谱;ZnPc 分别分子采取 edge-on
(c)与 face-on (d)时,给受体分子 π 平面间夹角示意图

载流子在共轭聚合物晶体中传输存在 3 种途径:沿共轭聚合物主链方向传输、沿分子间 π-π 堆叠方向传输及沿烷基侧链方向传输。理论及实验研究表明,这三种传输路径中载流子沿分子主链传输效率最高,空穴迁移率可高于 $1.0\ \text{cm}^2\text{V}^{-1}\text{s}^{-1}$;载流子沿 π-π 堆叠方向传输效率次之,可达 $1.0 \times 10^{-2}\ \text{cm}^2\ \text{V}^{-1}\ \text{s}^{-1}$,载流子沿烷基侧链方向传输效率最低,通常小于 $1.0 \times 10^{-3}\ \text{cm}^2\ \text{V}^{-1}\ \text{s}^{-1}$。有机薄膜太阳能电池中载流子沿垂直于基底方向传输,因此若获得高载流子迁移率,需要分子主链或 π-π 堆叠方向沿垂直于基底方向排列,即分子采取 flat-on 排列(共轭聚合物相对分子质量较大,通常难以采取 flat-on 排列)或 face-on 排列。Osaka 通过调节共轭聚合物分子 PTzBT 侧基,实现了分子取向由 edge-on 到 face-on 的转变。笔者利用空间限制电荷的方法测试了聚合物/富勒烯共混体系中聚合物给体在垂直于

基底方向上的空穴迁移率：当聚合物采取 edge-on 排列时，迁移率仅为 1.89×10^{-4} cm^2 V^{-1} s^{-1}，而当聚合物采取 face-on 排列时，迁移率提高至 6.04×10^{-4} cm^2 V^{-1} s^{-1}。载流子迁移率提高降低了双分子复合概率，器件的能量转换效率也由 5.1% 提高至 7.5%，如图 7-45 所示。

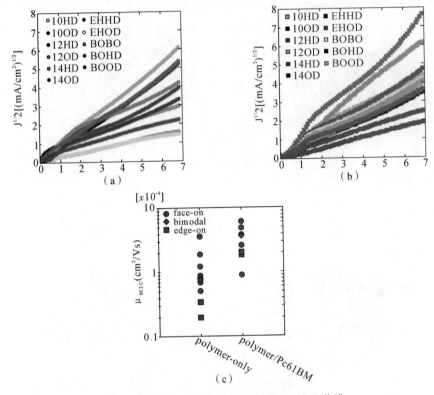

图 7-45　空穴传输器件中活性层为聚合物薄膜
(a)及聚合物/富勒烯共混薄膜；(b)的情况下的 J-V 曲线；(c)聚合物采取 edge-on、face-on 及 bimodal(edge-on/face-on 共混)的空穴迁移率

Ade 课题组通过调节溶剂性质(氯苯及二氯苯)及分子属性(氟或者氢取代)，实现了 PNDT-DTBT 分子取向的调控，并且建立了分子取向与器件性能间的关联。利用偏振软 X 射线散射表征了分子取向，通过计算散射各向异性比衡量分子取向程度：当数值为 -1 时说明分子呈 edge-on 取向，数值为 +1 时为 face-on 取向。结果表明，当聚合物分子采取 edge-on 取向时，器件的 FF 及 J_{sc} 均较低；随着活性层中采取 face-on 取向的聚合物分子含量提高，器件的 FF 及 J_{sc} 均呈线性增加，器件性能也获得了大幅提升，如图 7-46 所示。这主要是由于当聚合物分子采取 face-on 取向时，界面处 PNDT-DTBT 分子与 PCBM 分子轨道重叠程度大，电子耦合程度强，因此给受体分子四极矩诱导产生的电势较大，可最大程度上促进电荷转移态分离，降低界面处单分子复合概率，提高器件短路电流。另外，如前所述，当聚合物采取 face-on 取向时，空穴迁移率显著提高，从而能够降低载流子在传输过程中的双分子复合概率，有效提高器件短路电流及填充因子。

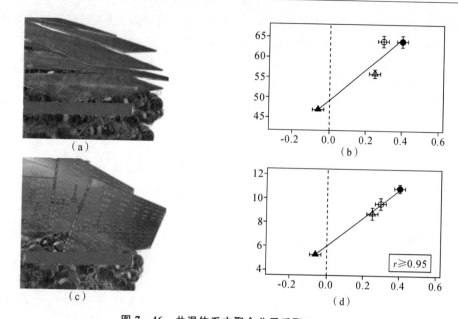

图 7-46 共混体系中聚合分子采取 face-on
(a)取向时界面分子排布示意图;器件的填充因子;(b)与短路电流(d)数值与共混体系中分子取向关系

通过上面讨论,可以看到有机太阳能电池活性层形貌与器件性能间联系密不可分。通过优化并控制活性层结构能够加深我们对活性层结构影响光物理过程的认识,从而进一步提高器件性能。然而,由于表征手段的限制,目前尚无法去揭示一些分子层面小尺度的形貌信息以及形貌形成的动态过程。

7.4 小 结

有机太阳能电池是一种极具潜力的能源转换器件。在聚合物/富勒烯共混体系太阳能电池中,光电转换过程主要是在活性层本体异质结薄膜中发生的。为了获得"理想"的微观形貌,通过控制热力学因素(其中包括给体聚合物分子规整度、相对分子质量、给受体比例及在溶剂中的溶解度等参数)、动力学因素(其中包括溶剂挥发速率、给受体析出次序及结晶速率等参数),可以实现纳米尺度(10~20 nm)的相分离和良好的互穿网络结构。本章重点介绍了影响活性层微观形貌的调控手段,包括溶剂种类、混合溶剂、添加剂、热退火处理及溶剂蒸气退火处理。通过形貌优化可以简单、有效地提高给/受体结晶性、改善相分离,从而利于实现高效的激子扩散、激子分离与电荷传输。通过以上调控方法的综合运用,聚合物/富勒烯共混体系太阳能电池的能量转换效率已经超过12%。

然而,由于富勒烯分子在可见光区光吸收较差,同时其能级结构可调空间较小,因此聚合物/富勒烯共混体系太阳能电池在短路电流及开路电压上的突破空间已经不大。但其作为模型体系,用于研究并建立分子结构-活性层形貌-器件性能的关系,指导全聚合物共混体系及聚合物/非富勒烯小分子共混体系形貌调控仍具有重要的意义。目前,聚合物/富勒烯太阳能电池还有几个重要问题有待研究。例如,从活性层微观结构角度考虑,尚无有效手段对活性层中的共混相含量及共混相中的给/受体含量进行定量调控,因此无法从本质上真正理解共混相对光物理过程的影响。从光物理过程角度考虑,给/受体间能量损失与激子分离具体存在何种关系? 能量损失的极限在哪里? 因此,要想进一步提高器件性能,围绕有机太阳能电池的分子结构、微观形貌与器件性能之间的构效关系开展研究,将是必经之路。

参 考 文 献

[1] HUANG Y,KRAMER E J,HEEGER A J,et al. Bulk heterojunction solar cells:morphology and performance relationships. Chemical Reviews,2014,114 (14):7006 – 7043.

[2] CLARKE T M,DURRANT J R. Charge photogeneration in organic solar cells. Chemical Reviews,2010,110 (11):6736 – 6767.

[3] BURKE T M,MCGEHEE M D. How high local charge carrier mobility and an energy cascade in a three-phase bulk heterojunction enable > 90% Quantum Efficiency. Advanced Materials,2014,26 (12):1923 – 1928.

[4] WESTACOTT P,TUMBLESTON J R,SHOAEE S,et al. On the role of intermixed phases in organic photovoltaic blends. Energy & Environmental Science,2013,6 (9):2756 – 2764.

[5] COLLINS B A,TUMBLESTON J R,ADE H. Miscibility,crystallinity,and phase development in P3HT/PCBM solar cells:toward an enlightened understanding of device morphology and stability. The Journal of Physical Chemistry Letters,2011,2 (24):3135 – 3145.

[6] GROVES C. Suppression of geminate charge recombination in organic photovoltaic devices with a cascaded energy heterojunction. Energy & Environmental Science,2013,6 (5):1546 – 1551.

[7] JAMIESON F C,DOMINGO E B,MCCARTHY W T,et al. Fullerene crystallisation as a key driver of charge separation in polymer/fullerene bulk heterojunction solar cells. Chemical Science,2012,3 (2):485 – 492.

[8] CHEN W,XU T,HE F,et al. Hierarchical nanomorphologies promote exciton dissociation in polymer/fullerene bulk heterojunction solar cells. Nano Letters,2011,11 (9):3707 – 3713.

[9] COLLINS B A,GANN E,GUIGNARD L,et al. Molecular miscibility of polymer-fullerene blends. The Journal of Physical Chemistry Letters,2010,1 (21):3160 – 3166.

[10] YIN W,DADMUN M. A new model for the morphology of P3HT/PCBM organic photovoltaics from small-angle neutron scattering:rivers and streams. ACS Nano,2011,5 (6):4756 – 4768.

[11] SWEETNAM S,GRAHAM K R,NGONGANG N G O,et al. Characterization of the polymer energy landscape in polymer: fullerene bulk heterojunctions with pure and mixed phases. Journal of the American Chemical Society,2014,136 (40): 14078-14088.

[12] ZHOU E,CONG J,HASHIMOTO K,et al. Control of miscibility and aggregation via the material design and coating process for high-performance polymer blend solar cells. Advanced Materials,2013,25 (48): 6991-6996.

[13] MA W,YE L,ZHANG S,et al. Competition between morphological attributes in the thermal annealing and additive processing of polymer solar cells. Journal of Materials Chemistry C,2013,1 (33): 5023-5030.

[14] BALLANTYNE A M,FERENCZI T A,CAMPOY Q M,et al. Understanding the influence of morphology on poly (3-hexylselenothiophene): PCBM solar cells. Macromolecules,2010,43 (3): 1169-1174.

[15] TREAT N D,VAROTTO A,TAKACS C J,et al. Polymer-fullerene miscibility: a metric for screening new materials for high-performance organic solar cells. Journal of the American Chemical Society,2012,134 (38): 15869-15879.

[16] CAO X,ZHANG Q,ZHOU K,et al. Improve exciton generation and dissociation by increasing fullerene content in the mixed phase of P3HT/fullerene. Colloids and Surfaces A: Physicochemical and Engineering Aspects,2016,506: 723-731.

[17] MCCULLOCH I,HEENEY M,BAILEY C,et al. Liquid-crystalline semiconducting polymers with high charge-carrier mobility. Nature Materials,2006,5 (4): 328-333.

[18] MAUER R,KASTLER M,LAQUAI F. The impact of polymer regioregularity on charge transport and efficiency of P3HT: PCBM photovoltaic devices. Advanced Functional Materials,2010,20 (13): 2085-2092.

[19] EBADIAN S,GHOLAMKHASS B,SHAMBAYATI S,et al. Effects of annealing and degradation on regioregular polythiophene-based bulk heterojunction organic photovoltaic devices. Solar Energy Materials and Solar Cells,2010,94 (12): 2258-2264.

[20] SIVULA K,LUSCOMBE C K,THOMPSON B C,et al. Enhancing the thermal stability of polythiophene:fullerene solar cells by decreasing effective polymer regioregularity. Journal of the American Chemical Society,2006,128 (43): 13988-13989.

[21] WOO C H,THOMPSON B C,KIM B J,et al. The influence of poly (3-hexylthiophene) regioregularity on fullerene-composite solar cell performance. Journal of the American Chemical Society,2008,130 (48): 16324-16329.

[22] HOTH C N,CHOULIS S A,SCHILINSKY P,et al. On the effect of poly (3-hex-

ylthiophene) regioregularity on inkjet printed organic solar cells. Journal of Materials Chemistry,2009,19 (30): 5398-5404.

[23] SCHILINSKY P,ASAWAPIROM U,SCHERF U,et al. Influence of the molecular weight of poly (3-hexylthiophene) on the performance of bulk heterojunction solar cells. Chemistry of Materials,2005,17 (8): 2175-2180.

[24] HIORNS R C,DE BETTIGNIES R,LEROY J,et al. High molecular weights, polydispersities,and annealing temperatures in the optimization of bulk-heterojunction photovoltaic cells based on poly (3-hexylthiophene) or poly (3-butylthiophene). Advanced Functional Materials,2006,16 (17): 2263-2273.

[25] BALLANTYNE A M,CHEN L,DANE J,et al. The effect of poly(3-hexylthiophene) molecular weight on charge transport and the performance of polymer: fullerene solar cells. Advanced Functional Materials,2008,18 (16): 2373-2380.

[26] NICOLET C,DERIBEW D,RENAUD C,et al. Optimization of the bulk heterojunction composition for enhanced photovoltaic properties: correlation between the molecular weight of the semiconducting polymer and device performance. The Journal of Physical Chemistry B,2011,115 (44): 12717-12727.

[27] MA W,KIM J Y,LEE K,et al. Effect of the molecular weight of poly (3-hexylthiophene) on the morphology and performance of polymer bulk heterojunction solar cells. Macromolecular Rapid Communications,2007,28 (17): 1776-1780.

[28] DANG M T,HIRSCH L,WANTZ G,et al. Controlling the morphology and performance of bulk heterojunctions in solar cells. Lessons learned from the benchmark poly (3-hexylthiophene):[6,6]-phenyl-C61-butyric acid methyl ester system. Chemical reviews,2013,113 (5): 3734-3765.

[29] CHEN H Y,HOU J,ZHANG S,et al. Polymer solar cells with enhanced open-circuit voltage and efficiency. Nature Photonics,2009,3 (11): 649.

[30] HOPPE H,NIGGEMANN M,WINDER C,et al. Nanoscale morphology of conjugated polymer/fullerene-based bulk-heterojunction solar cells. Advanced Functional Materials,2004,14 (10): 1005-1011.

[31] VAN DUREN J K,YANG X,LOOS J,et al. Relating the morphology of poly (p-phenylene vinylene)/methanofullerene blends to solar-cell performance. Advanced Functional Materials,2004,14 (5): 425-434.

[32] VANDEWAL K,GADISA A,OOSTERBAAN W D,et al. The relation between open-circuit voltage and the onset of photocurrent generation by charge-transfer absorption in polymer: fullerene bulk heterojunction solar cells. Advanced Functional Materials,2008,18 (14): 2064-2070.

[33] MÜLLER C,FERENCZI T A,CAMPOY Q M,et al. Binary organic photovoltaic

blends: a simple rationale for optimum compositions. Advanced Materials, 2008, 20 (18): 3510 - 3515.

[34] SHROTRIYA V, OUYANG J, TSENG R J, et al. Absorption spectra modification in poly (3-hexylthiophene): methanofullerene blend thin films. Chemical Physics Letters, 2005, 411 (1): 138 - 143.

[35] MA W, YANG C, GONG X, et al. Thermally stable, efficient polymer solar cells with nanoscale control of the interpenetrating network morphology. Advanced Functional Materials, 2005, 15 (10): 1617 - 1622.

[36] BLOM P W, MIHAILETCHI V D, KOSTER L J A, et al. Device physics of polymer: fullerene bulk heterojunction solar cells. Advanced Materials, 2007, 19 (12): 1551 - 1566.

[37] WISE A J, PRECIT M R, PAPP A M, et al. Effect of fullerene intercalation on the conformation and packing of poly-(2-methoxy-5-(3'-7'-dimethyloctyloxy)-1, 4-phenylenevinylene). ACS Applied Materials & Interfaces, 2011, 3 (8): 3011 - 3019.

[38] MAYER A, TONEY M F, SCULLY S R, et al. Bimolecular crystals of fullerenes in conjugated polymers and the implications of molecular mixing for solar cells. Advanced Functional Materials, 2009, 19 (8): 1173 - 1179.

[39] MILLER N C, GYSEL R, MILLER C E, et al. The phase behavior of a polymer-fullerene bulk heterojunction system that contains bimolecular crystals. Journal of Polymer Science Part B: Polymer Physics, 2011, 49 (7): 499 - 503.

[40] HOPPE H, SARICIFTCI N S. Morphology of polymer/fullerene bulk heterojunction solar cells. Journal of Materials Chemistry, 2006, 16 (1): 45 - 61.

[41] LI G, SHROTRIYA V, YAO Y, et al. Manipulating regioregular poly (3-hexylthiophene):[6,6]-phenyl-C 61-butyric acid methyl ester blends: route towards high efficiency polymer solar cells. Journal of Materials Chemistry, 2007, 17 (30): 3126 - 3140.

[42] DUONG D T, WALKER B, LIN J, et al. Molecular solubility and hansen solubility parameters for the analysis of phase separation in bulk heterojunctions. Journal of Polymer Science Part B: Polymer Physics, 2012, 50 (20): 1405 - 1413.

[43] VONGSAYSY U, PAVAGEAU B, WANTZ G, et al. Guiding the selection of processing additives for increasing the efficiency of bulk heterojunction polymeric solar cells. Advanced Energy Materials, 2014, 4 (3): 1300752.

[44] MA Y, CHEN Y, MEI A, et al. Fabricating and tailoring polyaniline (pani) nanofibers with high aspect ratio in a low-acid environment in a magnetic field. Chem Asian J, 2016, 11 (1): 93 - 101.

[45] CHEN Y, ZHANG S, WU Y, et al. Molecular design and morphology control to-

wards efficient polymer solar cells processed using non-aromatic and non-chlorinated solvents. Adv Mater,2014,26 (17): 2744 – 9,2618.

[46] AÏCH B R,BEAUPRÉ S,LECLERC M,ed al. Highly efficient thieno[3,4-c]pyrrole-4,6-dione-based solar cells processed from non-chlorinated solvent. Organic Electronics,2014,15 (2): 543 – 548.

[47] CHUEH C C,YAO K,YIP H L,et al. Non-halogenated solvents for environmentally friendly processing of high-performance bulk-heterojunction polymer solar cells. Energy & Environmental Science,2013,6 (11): 3241.

[48] EGGENHUISEN T M,GALAGAN Y,COENEN E W C,et al. Digital fabrication of organic solar cells by Inkjet printing using non-halogenated solvents. Solar Energy Materials and Solar Cells,2015,134:364 – 372.

[49] XIAO L,LIU C,GAO K,et al. Highly efficient small molecule solar cells fabricated with non-halogenated solvents. RSC Advances,2015,5 (112): 92312 – 92317.

[50] PARK C D,FLEETHAM T A,LI J,et al. High performance bulk-heterojunction organic solar cells fabricated with non-halogenated solvent processing. Organic Electronics,2011,12 (9): 1465 – 1470.

[51] FERDOUS S,LIU F,WANG D,et al. Solvent-polarity-induced active layer morphology control in crystalline diketopyrrolopyrrole-based low band gap polymer photovoltaics. Advanced Energy Materials,2014,4 (2): 1300834.

[52] SHAHEEN S E,BRABEC C J,SARICIFTCI N S,et al. 2.5% efficient organic plastic solar cells. Applied Physics Letters,2001,78 (6): 841 – 843.

[53] MARTENS T,D'HAEN J,MUNTERS T,et al. Disclosure of the nanostructure of MDMO-PPV:PCBM bulk hetero-junction organic solar cells by a combination of SPM and TEM. Synthetic Metals,2003,138 (1/2): 243 – 247.

[54] HOPPE H,GLATZEL T,NIGGEMANN M,et al. Efficiency limiting morphological factors of MDMO-PPV:PCBM plastic solar cells. Thin Solid Films,2006,511: 587 – 592.

[55] RUGHOOPUTH S,HOTTA S,HEEGER A,et al. Chromism of soluble polythienylenes. Journal of Polymer Science Part B: Polymer Physics,1987,25 (5): 1071 – 1078.

[56] YAMAMOTO T,KOMARUDIN D,ARAI M,et al. Extensive studies on π-stacking of poly (3-alkylthiophene-2,5-diyl) s and poly (4-alkylthiazole-2,5-diyl) s by optical spectroscopy,NMR analysis,light scattering analysis,and X-ray crystallography. Journal of the American Chemical Society,1998,120 (9): 2047 – 2058.

[57] SAMITSU S,SHIMOMURA T,HEIKE S,et al. Effective production of poly(3-alkylthiophene) nanofibers by means of whisker method using anisole solvent: struc

tural, optical, and electrical properties. Macromolecules, 2008, 41 (21): 8000 - 8010.

[58] KIRIY N, JÄHNE E, ADLER H J, et al. One-dimensional aggregation of regioregular polyalkylthiophenes. Nano Letters, 2003, 3 (6): 707 - 712.

[59] SANDBERG H G, FREY G L, SHKUNOV M N, et al. Ultrathin regioregular poly (3-hexyl thiophene) field-effect transistors. Langmuir, 2002, 18 (26): 10176 - 10182.

[60] PARK Y D, LEE H S, CHOI Y J, et al. Solubility-induced ordered polythiophene precursors for high-performance organic thin-film transistors. Advanced Functional Materials, 2009, 19 (8): 1200 - 1206.

[61] MOULÉ A J, MEERHOLZ K. Controlling morphology in polymer-fullerene mixtures. Advanced Materials, 2008, 20 (2): 240 - 245.

[62] ZHAO Y, GUO X, XIE Z, et al. Solvent vapor-induced self assembly and its influence on optoelectronic conversion of poly (3-hexylthiophene): Methanofullerene bulk heterojunction photovoltaic cells. Journal of applied polymer science, 2009, 111 (4): 1799 - 1804.

[63] HOVEN C V, DANG X D, COFFIN R C, et al. Improved performance of polymer bulk heterojunction solar cells through the reduction of phase separation via solvent additives. Advanced Materials, 2010, 22 (8): 63 - 66.

[64] AÏCH B R, LU J, BEAUPRÉ S, et al. Control of the active layer nanomorphology by using co-additives towards high-performance bulk heterojunction solar cells. Organic Electronics, 2012, 13 (9): 1736 - 1741.

[65] NILSSON S, BERNASIK A, BUDKOWSKI A, et al. Morphology and phase segregation of spin-casted films of polyfluorene/PCBM blends. Macromolecules, 2007, 40 (23): 8291 - 8301.

[66] LEE C T, LEE C H. Conversion efficiency improvement mechanisms of polymer solar cells by balance electron-hole mobility using blended P3HT: PCBM: pentacene active layer. Organic Electronics, 2013, 14 (8): 2046 - 2050.

[67] VERPLOEGEN E, MILLER C E, SCHMIDT K, et al. Manipulating the morphology of P3HT-PCBM bulk heterojunction blends with solvent vapor annealing. Chemistry of Materials, 2012, 24 (20): 3923 - 3931.

[68] DANG M T, WANTZ G, BEJBOUJI H, et al. Polymeric solar cells based on P3HT: PCBM: Role of the casting solvent. Solar Energy Materials and Solar Cells, 2011, 95 (12): 3408 - 3418.

[69] AYZNER A L, TASSONE C J, TOLBERT S H, et al. Reappraising the need for bulk heterojunctions in polymer-fullerene photovoltaics: the role of carrier transport in all-solution-processed P3HT/PCBM bilayer solar cells. The Journal of Physical Chemistry C, 2009, 113 (46): 20050 - 20060.

[70] TREMOLET DE V B, TASSONE C J, TOLBERT S H, et al. Improving the reproducibility of P3HT: PCBM solar cells by controlling the PCBM/cathode interface. The Journal of Physical Chemistry C, 2009, 113 (44): 18978 – 18982.

[71] JO J, NA S I, KIM S S, et al.. Three-dimensional bulk heterojunction morphology for achieving high internal quantum efficiency in polymer solar cells. Advanced Functional Materials, 2009, 19 (15): 2398 – 2406.

[72] YAMAMOTO S, KITAZAWA D, TSUKAMOTO J, et al. Composition depth profile analysis of bulk heterojunction layer by time-of-flight secondary ion mass spec-trometry with gradient shaving preparation. Thin Solid Films, 2010, 518 (8): 2115 – 2118.

[73] YU B Y, LIN W C, WANG W B, et al. Effect of fabrication parameters on three-dimensional nanostructures of bulk heterojunctions imaged by high-resolution scanning ToF-SIMS. ACS Nano, 2010, 4 (2): 833 – 840.

[74] PARNELL A J, DUNBAR A D, PEARSON A J, et al. Depletion of PCBM at the cathode interface in P3HT/PCBM thin films as quantified via neutron reflectivity measurements. Advanced Materials, 2010, 22 (22): 2444 – 2447.

[75] KIEL J W, KIRBY B J, MAJKRZAK C F, et al. Nanoparticle concentration profile in polymer-based solar cells. Soft Matter, 2010, 6 (3): 641 – 646.

[76] RUDERER M A, GUO S, MEIER R, et al. Solvent-induced morphology in polymer-based systems for organic photovoltaics. Advanced Functional Materials, 2011, 21 (17): 3382 – 3391.

[77] YUE S, LIU J G, YAN D, et al. Controlling the surface composition of PCBM in P3HT/PCBM blend films by using mixed solvents with different evaporation rates. 高分子科学(英文版), 2013, 31 (7): 1029 – 1037.

[78] PEET J, KIM J Y, COATES N E, et al. Efficiency enhancement in low-bandgap polymer solar cells by processing with alkane dithiols. Nature Materials, 2007, 6 (7): 497.

[79] PEET J, SOCI C, COFFIN R, et al. Method for increasing the photoconductive response in conjugated polymer/fullerene composites. Applied Physics Letters, 2006, 89 (25): 252105.

[80] LEE J K, MA W L, BRABEC C J, et al. Processing additives for improved efficiency from bulk heterojunction solar cells. Journal of the American Chemical Society, 2008, 130 (11): 3619 – 3623.

[81] CHEN H Y, YANG H, YANG G, et al. Fast-grown interpenetrating network in poly (3-hexylthiophene): methanofullerenes solar cells processed with additive. The Journal of Physical Chemistry C, 2009, 113 (18): 7946 – 7953.

[82] BÖTTIGER A P, JØRGENSEN M, MENZEL A, et al.. High-throughput roll-to-

roll X-ray characterization of polymer solar cell active layers. Journal of Materials Chemistry,2012,22 (42)：22501 – 22509.

[83] SALIM T,WONG L H,BRÄUER B,et al. Solvent additives and their effects on blend morphologies of bulk heterojunctions. Journal of Materials Chemistry,2011,21 (1)：242 – 250.

[84] ROGERS J T,SCHMIDT K,TONEY M F,et al. Time-resolved structural evolution of additive-processed bulk heterojunction solar cells. Journal of the American Chemical Society,2012,134 (6)：2884 – 2887.

[85] KIM D H,AYZNER A L,APPLETON A L,et al. Comparison of the photovoltaic characteristics and nanostructure of fullerenes blended with conjugated polymers with siloxane-terminated and branched aliphatic side chains. Chemistry of Materials,2013,25 (3)：431 – 440.

[86] HAMMOND M R,KLINE R J,HERZING A A,et al. Molecular order in high-efficiency polymer/fullerene bulk heterojunction solar cells. ACS Nano,2011,5 (10)：8248 – 8257.

[87] COLLINS B A,LI Z,TUMBLESTON J R,et al. Absolute measurement of domain composition and nanoscale size distribution explains performance in PTB7：PC71BM solar cells. Advanced Energy Materials,2013,3 (1)：65 – 74.

[88] ROGERS J T,SCHMIDT K,TONEY M F,et al. Structural order in bulk heterojunction films prepared with solvent additives. Advanced Materials,2011,23 (20)：2284 – 2288.

[89] YAO Y,HOU J,XU Z,et al. Effects of solvent mixtures on the nanoscale phase separation in polymer solar cells. Advanced Functional Materials,2008,18 (12)：1783 – 1789.

[90] LIU F,GU Y,WANG C,et al. Efficient polymer solar cells based on a low bandgap semi-crystalline dpp polymer-pcbm blends. Advanced Materials, 2012, 24 (29)：3947 – 3951.

[91] MOON J S,TAKACS C J,CHO S,et al. Effect of processing additive on the nanomorphology of a bulk heterojunction material. Nano Letters,2010,10 (10)：4005 – 4008.

[92] KWON S,PARK J K,KIM G,et al. Synergistic effect of processing additives and optical spacers in bulk-heterojunction solar cells. Advanced Energy Materials,2012,2 (12)：1420 – 1424.

[93] ZHOU E,CONG J,HASHIMOTO K,et al. Introduction of a conjugated side chain as an effective approach to improving donor-acceptor photovoltaic polymers. Energy & Environmental Science,2012,5 (12)：9756 – 9759.

[94] MIN J,ZHANG Z G,ZHANG S,et al. Conjugated side-chain-isolated D-A copolymers based on benzo [1,2-b:4,5-b'] dithiophene-alt-dithienylbenzotriazole: synthesis and photovoltaic properties. Chemistry of Materials,2012,24 (16): 3247-3254.

[95] LOU S J,SZARKO J M,XU T,et al. Effects of additives on the morphology of solution phase aggregates formed by active layer components of high-efficiency organic solar cells. Journal of the American Chemical Society,2011,133 (51): 20661-20663.

[96] GU Y,WANG C,RUSSELL T P. Multi-length-scale morphologies in PCPDTBT/PCBM bulk-heterojunction solar cells. Advanced Energy Materials,2012,2 (6): 683-690.

[97] YE L,JING Y,GUO X,et al. Remove the residual additives toward enhanced efficiency with higher reproducibility in polymer solar cells. The Journal of Physical Chemistry C,2013,117 (29): 14920-14928.

[98] BRABEC C,PADINGER F,SARICIFTCI N,et al. Photovoltaic properties of conjugated polymer/methanofullerene composites embedded in a polystyrene matrix. Journal of Applied Physics,1999,85 (9): 6866-6872.

[99] BRABEC C,JOHANNSON H,PADINGER F,et al. Photoinduced FT-IR spectroscopy and CW-photocurrent measurements of conjugated polymers and fullerenes blended into a conventional polymer matrix. Solar Energy Materials and Solar Cells,2000,61 (1): 19-33.

[100] CAMAIONI N,CATELLANI M,LUZZATI S,et al. Morphological characterization of poly (3-octylthiophene): plasticizer: C60 blends. Thin Solid Films,2002,403 489-494.

[101] LEE M,CHO B K,ZIN W C. Supramolecular structures from rod-coil block copolymers. Chemical Reviews,2001,101 (12): 3869-3892.

[102] KLOK H A,LECOMMANDOUX S. Supramolecular materials via block copolymer self-assembly. Advanced Materials,2001,13 (16): 1217-1229.

[103] SIVULA K,BALL Z T,WATANABE N,et al. Amphiphilic diblock copolymer compatibilizers and their effect on the morphology and performance of polythiophene: fullerene solar cells. Advanced Materials,2006,18 (2): 206-210.

[104] CHEN J,YU X,HONG K,et al. Ternary behavior and systematic nanoscale manipulation of domain structures in P3HT/PCBM/P3HT-b-PEO films. Journal of Materials Chemistry,2012,22 (26): 13013-13022.

[105] LEE J U,JUNG J W,EMRICK T,et al. Morphology control of a polythiophene-fullerene bulk heterojunction for enhancement of the high-temperature stability of solar cell performance by a new donor-acceptor diblock copolymer. Nanotechnology,2010,21 (10): 105201.

[106] DITTMER J J, MARSEGLIA E A, FRIEND R H. Electron trapping in dye/polymer blend photovoltaic cells. Advanced Materials, 2000, 12 (17): 1270-1274.

[107] CAMAIONI N, GARLASCHELLI L, GERI A, et al. Solar cells based on poly (3-alkyl) thiophenes and [60]fullerene: a comparative study. Journal of Materials Chemistry, 2002, 12 (7): 2065-2070.

[108] PADINGER F, RITTBERGER R S, SARICIFTCI N S. Effects of postproduction treatment on plastic solar cells. Advanced Functional Materials, 2003, 13 (1): 85-88.

[109] ERB T, ZHOKHAVETS U, GOBSCH G, et al. Correlation between structural and optical properties of composite polymer/fullerene films for organic solar cells. Advanced Functional Materials, 2005, 15 (7): 1193-1196.

[110] YANG X, LOOS J, VEENSTRA S C, et al. Nanoscale morphology of high-performance polymer solar cells. Nano Letters, 2005, 5 (4): 579-583.

[111] SHIN M, KIM H, PARK J, et al. Abrupt morphology change upon thermal annealing in poly (3-hexylthiophene)/soluble fullerene blend films for polymer solar cells. Advanced Functional Materials, 2010, 20 (5): 748-754.

[112] LI G, YAO Y, YANG H, et al. "Solvent annealing" effect in polymer solar cells based on poly (3-hexylthiophene) and methanofullerenes. Advanced Functional Materials, 2007, 17 (10): 1636-1644.

[113] CHU C W, YANG H, HOU W J, et al. Control of the nanoscale crystallinity and phase separation in polymer solar cells. Applied Physics Letters, 2008, 92 (10): 86.

[114] GUO T F, WEN T C, PAKHOMOV G L, et al. Effects of film treatment on the performance of poly (3-hexylthiophene)/soluble fullerene-based organic solar cells. Thin Solid Films, 2008, 516 (10): 3138-3142.

[115] ZHAO Y, XIE Z, QU Y, et al. Solvent-vapor treatment induced performance enhancement of poly (3-hexylthiophene): methanofullerene bulk-heterojunction photovoltaic cells. Applied Physics Letters, 2007, 90 (4): 43504.

[116] PARK J H, KIM J S, LEE J H, et al. Effect of annealing solvent solubility on the performance of poly (3-hexylthiophene)/methanofullerene solar cells. The Journal of Physical Chemistry C, 2009, 113 (40): 17579-17584.

[117] VOGELSANG J, BRAZARD J, ADACHI T, et al. Watching the annealing process one polymer chain at a time. Angewandte Chemie-International Edition, 2011, 50 (10): 2257-2261.

[118] VOGELSANG J, LUPTON J M. Solvent vapor annealing of single conjugated polymer chains: building organic optoelectronic materials from the bottom up.

Journal of Physical Chemistry Letters, 2012, 3 (11): 1503-1513.

[119] SHROTRIYA V, YAO Y, LI G, et al. Effect of self-organization in polymer/fullerene bulk heterojunctions on solar cell performance. Applied Physics Letters, 2006, 89 (6): 63505.

[120] VOGELSANG J, BRAZARD J, ADACHI T, et al. Watching the annealing process one polymer chain at a time. Angewandte Chemie International Edition, 2011, 50 (10): 2257-2261.

[121] LIU J, CHEN L, GAO B, et al. Constructing the nanointerpenetrating structure of PCDTBT: PC 70 BM bulk heterojunction solar cells induced by aggregation of PC 70 BM via mixed-solvent vapor annealing. Journal of Materials Chemistry A, 2013, 1 (20): 6216-6225.

[122] LIU J, LIANG Q, WANG H, et al. Improving the morphology of PCDTBT: PC70BM bulk heterojunction by mixed-solvent vapor-assisted imprinting: Inhibiting intercalation, optimizing vertical phase separation, and enhancing photon absorption. The Journal of Physical Chemistry C, 2014, 118 (9): 4585-4595.

[123] NAKAMURA J I, MURATA K, TAKAHASHI K. Relation between carrier mobility and cell performance in bulk heterojunction solar cells consisting of soluble polythiophene and fullerene derivatives. Applied Physics Letters, 2005, 87 (13): 132105.

[124] KIM J Y, FRISBIE C D. Correlation of phase behavior and charge transport in conjugated polymer/fullerene blends. The Journal of Physical Chemistry C, 2008, 112 (45): 17726-17736.

[125] BAUMANN A, LORRMANN J, DEIBEL C, et al. Bipolar charge transport in poly (3-hexyl thiophene)/methanofullerene blends: A ratio dependent study. Applied Physics Letters, 2008, 93 (25): 252104-252106.

[126] CHIU M Y, JENG U S, SU M S, et al. Morphologies of self-organizing regioregular conjugated polymer/fullerene aggregates in thin film solar cells. Macromolecules, 2009, 43 (1): 428-432.

[127] CLARKE T M, BALLANTYNE A M, NELSON J, et al. Free energy control of charge photogeneration in polythiophene/fullerene solar cells: the influence of thermal annealing on P3HT/PCBM blends. Advanced Functional Materials, 2008, 18 (24): 4029-4035.

[128] VAN FRANEKER J J, TURBIEZ M, LI W, et al. A real-time study of the benefits of co-solvents in polymer solar cell processing. Nature Communications, 2015, 6: 6229.

[129] MOTAUNG D E, MALGAS G F, NKOSI S S, et al. Comparative study: the effect

of annealing conditions on the properties of P3HT:PCBM blends. Journal of materials Science,2013,48(4):1763-1778.

[130] CHANG L,LADEMANN H W A,BONEKAMP J B,et al. Effect of trace solvent on the morphology of p3ht:pcbm bulk heterojunction solar cells. Advanced Functional Materials,2011,21(10):1779-1787.

[131] TROSHIN P A,HOPPE H,RENZ J,et al. Material solubility-photovoltaic performance relationship in the design of novel fullerene derivatives for bulk heterojunction solar cells. Advanced Functional Materials,2009,19(5):779-788.

[132] MA W,TUMBLESTON J R,YE L,et al. Quantification of nano-and mesoscale phase separation and relation to donor and acceptor quantum efficiency,Jsc,and FF in polymer:fullerene solar cells. Advanced Materials,2014,26(25):4234-4241.

[133] RAND B P,CHEYNS D,VASSEUR K,et al. The impact of molecular orientation on the photovoltaic properties of a phthalocyanine/fullerene heterojunction. Advanced Functional Materials,2012,22(14):2987-2995.

[134] BRABEC C J. Organic photovoltaics:technology and market. Solar Energy Materials and Solar Cells,2004,83(2/3):273-292.

[135] OSAKA I,SAITO M,KOGANEZAWA T,et al. Thiophene-thiazolothiazole copolymers:significant impact of side chain composition on backbone orientation and solar cell performances. Advanced Materials,2014,26(2):331-338.

[136] TUMBLESTON J R,COLLINS B A,YANG L,et al. The influence of molecular orientation on organic bulk heterojunction solar cells. Nature Photonics,2014,8(5):385.

第8章 有机太阳能电池活性层形貌表征手段

体相异质结太阳能电池中活性层的形貌是影响有机太阳能电池器件能量转换效率的重要因素。由前面内容可知,通过溶液加工的有机太阳能电池的性能高度依赖于活性层的相分离结构。目前大量研究已经证实体相异质结是由给体富集相、受体富集相以及共混相三相组成的,其中给/受体的聚集形态、给/受体纯相与共混相的比例以及相分离结构、相区尺寸均直接影响能量转换过程中光生载流子分离、传输和收集过程。与此同时,不同光物理过程对形貌的要求是不同甚至是截然相反的,需要达到一个平衡的相态结构。例如,相分离尺寸小利于激子分离效率的提高,但是载流子传输过程中的电荷复合概率增大;相反,相分离尺寸大虽然会提高载流子收集效率,但是会导致激子无法扩散至界面而发生淬灭。因此,如何实现活性层形貌的精准表征,在此基础上使形貌与薄膜加工条件及器件性能相关联,是进一步提高器件能量转换效率的关键!

然而,有机太阳能电池给/受体材料之间的性质相似,薄膜的相分离存在多级结构,使有机太阳能电池活性层的表征充满挑战性。在本章中,按照用途将活性层的相关表征分为3类并进行简单介绍:①溶液状态表征技术,其中包括紫外-可见吸收光谱、荧光光谱、动态光散射、中子散射及中子反射技术;②薄膜形貌表征技术,其中包括:表征薄膜相分离结构的原子力探针显微术、透射电子显微术、扫描电子显微术等,表征薄膜相区尺寸及纯度的共振软X射线散射及反射技术、小角X射线散射技术等,表征分子有序聚集程度及取向的X射线衍射技术、拉曼光谱等;③成膜动力学的原位表征技术,其中包括表征薄膜厚度的激光干涉谱、椭圆偏振光谱等,表征成膜过程中分子结晶的原位紫外-可见吸收光谱、原位荧光光谱、原位X射线衍射技术等,表征成膜过程中相分离结构变化的原位小角X射线散射技术等。

8.1 溶液状态的表征

可溶液加工是有机太阳能电池相对于无机太阳能电池的突出优势,也是其可实现大面积生产的重要前提。然而,共轭分子具有溶液记忆效应,即在溶液中的分散/聚集形态直接影响成膜后薄膜的结晶性、相分离结构及尺寸等。例如,分子在溶液中缠结形成无定形聚集体,不利于其在成膜过程中的分子间有序堆叠,薄膜结晶度低;而分子在溶液中聚集形成微晶,则能够降低成膜过程中的成核势垒,利于其结晶。因此,精确控制溶液状态,是进一步实现活性层微纳结构可控调节的重要前提。在本部分内容中,将重点介绍紫外-可见吸收光谱、荧光光谱、动态光散射技术、中子散射及中子反射技术的原理及其在溶液状态表征中的应用。

1. 紫外-可见吸收光谱

紫外-可见吸收光谱是由于分子(或离子)吸收紫外或者可见光(通常 200～800 nm)后发生价电子的跃迁所引起的。由于电子间能级跃迁的同时总是伴随着振动和转动能级间的跃迁,因此紫外-可见吸收光谱呈现宽谱带。紫外-可见吸收光谱的横坐标为波长(nm),纵坐标为吸光度。在有机共轭材料中有形成单键的 σ 电子、形成不饱和键的 π 电子以及未成键的孤对 n 电子。当分子吸收紫外光或者可见光后,这些外层电子就会从基态(成键轨道)向激发态(反键轨道)跃迁,主要的跃迁方式有 4 种,即 σ→σ*,n→σ*,π→π*,n→π*。通常研究较多的为 π→π* 跃迁,它与共轭体系的数目、位置和取代基的类型有关。在有机光电子领域,主要研究紫外-可见吸收光谱的两个重要的特征——最大吸收峰位置(λ_{max})及吸收峰峰形。

共轭分子吸收光谱峰形的变化往往反映其聚集形式的变化,包括单链分子、分子内聚集及分子间聚集等。例如,聚噻吩分子在溶液中会呈现两种不同的结构:无序相,完全溶解在溶液中以 coil 构象存在;有序相,在微晶中以 rod 构象存在。在高温时,聚噻吩在溶液中溶解度高,分子类似于柔性链(coil),连接噻吩环的 σ 单键发生扭曲,共轭程度最低,光吸收蓝移,在溶液中仅能观测到 430 nm 附近的对应 coil 构象的吸收峰,如图 8-1(a)所示。而在温度逐渐降低的过程中,溶解度驱使噻吩从溶剂中析出,聚噻吩同时发生侧链和主链的无序-有序转变:主链由柔性链拉伸延展形成棒状,相邻的噻吩环采取反式平面构象,共轭长度逐渐增加。因此相应的吸收峰也逐渐发生红移至 450 nm 左右。与此同时,rod 构象分子在范德华力和高极化的 π 电子体系堆积的驱动下,形成能量更低的微晶体系,即发生有序聚集。此时,可以看到在 575 nm 处及 607 nm 处逐渐出现肩峰:575 nm 为 P3HT 分子达到有效共轭长度的吸收峰,607 nm 为 P3HT 分子间发生 π-π 堆叠后形成微晶的吸收峰。同时,峰强也在一定程度上反映了所对应物质在溶液中的含量。如图 8-1(b)所示,随着温度的降低,溶液在 607 nm 处所对应的光吸收强度逐渐增加,说明溶液中发生 π-π 堆积的分子增多,形成了更多的微晶。

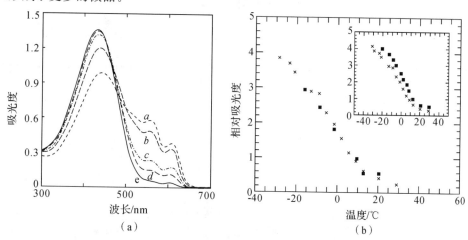

图 8-1 不同温度下 P3HT 溶液吸收光谱,e-a 过程为逐渐降温过程和 P3HT 溶液吸收光谱在 607 nm 处吸收峰强度随温度变化趋势

由共轭效应可知,当体系形成大π键时,会使各能级间的能量差减小,从而电子跃迁的能量也减小,因此吸收光谱发生红移。对于共轭高分子而言,电子跃迁所需能量与参与共轭单元的数目呈线性相关性,随着共轭程度的增加,π-π*电子吸收光带也会发生红移。Yu等利用紫外-可见吸收光谱研究了PTB7分子链链长与其聚集状态间的关系。如图8-2 (a)所示,当单体单元较少(1.5个)时,溶液吸收峰主要集中于500 nm附近,随着单体单元数量增加(3.5个),吸收峰逐渐红移至570 nm附近。此现象完全符合共轭效应,也就是说随着单体单元数量增加,分子链内共轭程度增强,从而导致能级间的能量差减小,光谱红移。当单体单元数量进一步增加至30个左右时,峰形开始发生变化,除了在630 nm附近存在对应于分子链内共轭的光吸收外,在690 nm附近还出现了一个强度更高的吸收峰。这是由于随着PTB7分子链长度的增加,分子链在达到有效共轭长度后发生折叠,形成了分子内聚集,以及分子内链段与链段间发生π-π堆叠,如图8-2 (c)所示,从而导致了吸收光谱的进一步红移。另外,对于同一种聚合物而言,其在溶液中不同的聚集状态也会导致紫外-可见吸收光谱的吸收峰发生移动。例如,对于强D-A分子N2200而言,其紫外-可见吸收存在两个峰,如图8-2 (b)所示,其中位于390 nm处的吸收峰为π→π*跃迁的吸收,位于620 nm处的吸收峰为分子链内电子给体单元和电子受体单元间电荷转移的吸收。可以看到,当溶剂为氯萘时,由于受到溶剂化作用的影响,分子呈单链线团构象,因此共轭程度差,π→π*跃迁吸收及电荷转移吸收均处于较短波长位置;当改变溶剂种类降低溶解性时,N2200分子发生构象转变并逐渐发生分子内堆叠及分子间堆叠,从而可以看到两个吸收峰均发生红移。

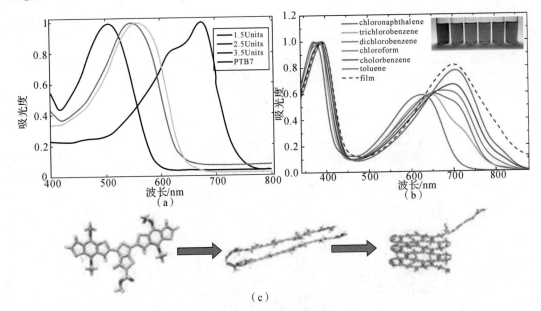

图8-2 PTB7/N2200体系溶液吸收光谱

(a) 不同单体单元数量的PTB7分子溶液的光谱吸收;(b) N2200在不同溶剂体系中的光谱吸收;
(c) PTB7共轭长度增加形成分子内聚集示意图

紫外-可见吸收光谱不仅能够表征溶液内分子聚集状态,还能够间接表征薄膜内分子聚集状态。Liu 等表征了 P3HT/PCBM 共混薄膜内部 P3HT 的自组织能力随着正十二硫醇(12-thiol)含量增加的变化情况。在如图 8-3(a)所示,位于 334 nm 处的吸收带为 PCBM 的特征吸收,而另外一个吸收带为 P3HT 的特征吸收。P3HT 的特征吸收含有 3 个峰,分别位于 520 nm,558 nm 及 607 nm 处,其中位于 558 nm 处的振动峰为固态 P3HT 分子达到有效共轭长度状态下的吸收峰,而位于 607 nm 处的振动峰源于 P3HT 分子链间堆叠所产生的吸收信号。由此可见,未加入 n-dodecylthiol 时,薄膜的三重峰并不明显;加入 n-dodecylthiol 后,三重峰逐渐出现,并随着硫醇含量的增多而更加明显。由图 8-3(b)所示,随着 n-dodecylthiol 浓度由 0 % 增加到 4.0 %,I_1 与 I_2 逐渐增加(为定量比较 P3HT 的聚集程度,笔者对 P3HT/PCBM 薄膜的吸收光谱进行了归一化,$I_1 = I_{558}/I_{520}$;$I_2 = I_{607}/I_{520}$;I_{520},I_{558},I_{607} 分别为 P3HT 位于 520 nm,558 nm,607 nm 处的吸收强度)。I_1 与 I_2 的强度变化趋势表明,加入 n-dodecylthiol 后,P3HT 分子链的共平面程度及分子链间 π-π 叠加作用得到增强。与此同时 P3HT 相应的吸收峰的强度也逐渐增强,这表明由于 P3HT 的自组织能力增强,薄膜中 P3HT 晶体数量增加,因此薄膜的光吸收系数得到了提高。

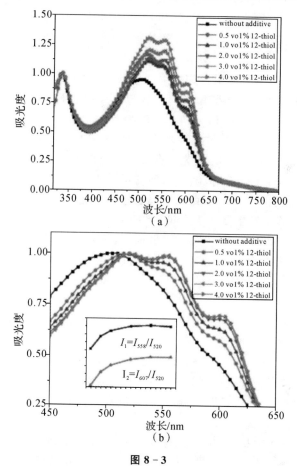

图 8-3
(a) 添加不同含量 n-dodecylthiol 的 P3HT/PCBM 薄膜吸收光谱;(b) 归一化后薄膜吸收光谱的局部放大图及峰强比值变化趋势[16]

2. 荧光光谱

荧光是辐射跃迁的一种,是物质从激发态失活到低能状态时所释放的辐射。通常荧光是一个物质的电子激发态回落到基态的过程中光发射的现象。在量子力学中,总自旋为0与总自旋为1的电子态被称为单线态和三线态。对两种类型的荧光可以通过自旋选择原则进行简单的解释[17]:①荧光是激发的单线态回落的发射光,单线态电子与基态的电子的自旋方向相反。因此,激发态回到基态是自旋允许的,通常在几纳秒的时间内发生。②磷光是激发的三线态回落的发射光,三线态电子的自旋方向与基态的自旋方向相同。由于激发三线态的衰减涉及自旋翻转,自旋翻转是自旋禁止的,因此发射寿命能够达到几秒。

在有机分子(小分子或者聚合物)中,这些电子态的转换发生在HOMO和LUMO。将电子从HOMO激发到LUMO的方式有很多种,其中光激发是最常用的方法之一。通常而言,基于光激发的荧光通常简称为荧光光谱。由前面所述的选择原则可知磷光在有机化合物中通常是非常弱的,因此,太阳能电池活性层的有机分子产生的磷光可以忽略。在紫外-可见吸收光谱中我们已经提到,当分子聚集状态发生变化时,其能级结构也会有相应的变化,从而导致荧光光谱波峰或者波形发生变化。另外,荧光淬灭会导致分子荧光强度降低。有机共轭分子的荧光淬灭机制有以下几种:链内缺陷、相区纯度低或掺杂、浓度淬灭以及由有效光诱导电荷转移引起的淬灭等。而人们正是根据荧光光谱的上述特征,实现了对样品聚集特性的表征。

荧光光谱可以用于表征共轭聚合物在溶液中的聚集形态。例如Huang等研究了溶液中不同浓度下的P3HT荧光光谱,建立了聚合物浓度与其聚集形态间的关系。如图8-4所示,当溶液浓度较低时(见曲线a和b),P3HT的荧光峰位置位于570 nm附近,且随着溶液浓度的升高,峰强逐渐增强。这说明此时溶液中P3HT分子为单链状态(P3HT分子彼此间不接触),因此不存在自淬灭现象,其荧光强度为各分子荧光强度之和。然而,当浓度进一步升高至0.02%(质量分数)以上时,随着浓度的增大光谱强度非但没有升高,反而急剧下降(见曲线c和d)。这是由于此时溶液中P3HT分子间发生接触,从而导致荧光淬灭,荧光强度降低。另外,荧光峰也发生了一定程度的红移,这主要是由于P3HT共轭程度增加导致体系能量降低。随着浓度进一步增加至1%时,荧光峰形状发生了明显变化,在640 nm和670 nm处观察两个新的荧光发射峰。这是由于高浓度下,P3HT分子在溶液中发生分子间π-π堆叠,形成了有序聚集体,从而使得体系能量进一步降低,在长波长处出现新的荧光峰。

有机光伏电池活性层中电子给体与受体间能够发生电荷转移,从而导致激子在给/受体界面处发生分离,无法进一步跃迁至基态发光。因此,利用荧光光谱还能够表征有机活性层的相分离程度。Liu等用荧光光谱荧光激发,表征了随着n-dodecylthiol含量变化P3HT/PCBM共混薄膜荧光淬灭的程度。通过图8-4(b)可以看到,随着n-dodecylthiol含量的增加,共混薄膜的荧光淬灭程度逐渐降低,暗示着越来越少的激子能够在复合之前扩散至给体/受体界面发生分离,即相区尺寸逐渐增大。

对荧光光谱进行深入解析,Liang等通过表征不同退火温度后的荧光光谱,实现了共混薄膜相分离动力学过程的表征。如图8-5(a)所示,单组分EP-PDI及p-DTS(FBTTh$_2$)$_2$单组分荧光峰分别出现在620 nm和725 nm处,未退火时p-DTS(FBTTh$_2$)$_2$/EP-PDI共混薄膜荧光淬灭非常严重,表明两种分子几乎无相分离结构。随着热退火温度的升高,EP-

PDI 及 p-DTS(FBTTh$_2$)$_2$ 荧光信号强度同时增加,表明薄膜相分离程度的增加。由于退火时间相同,最终薄膜相区尺寸则可代表分子扩散速率。EP-PDI 及 p-DTS(FBTTh$_2$)$_2$ 荧光强度相对于热退火温度如图 8-5(b)所示,两者变化曲线按照斜率大小均可以分为两段:对于 EP-PDI,退火温度低于 90 ℃,相区尺寸增加缓慢,一旦温度超过 90 ℃,则会进入快速相区尺寸增加阶段。分子扩散速率转变温度高于 EP-PDI 的熔融温度(T_m),主要受到给/受体分子间相互作用的影响,抑制 EP-PDI 分子运动。对于 p-DTS(FBTTh$_2$)$_2$,热退火温度低于 130 ℃,相区尺寸缓慢增加,一旦温度超过 130 ℃,相区尺寸进入快速增加阶段。因此结合两者曲线,可以将分子扩散速率分为以下三个阶段:温度低于 90 ℃,二者分子扩散速率均较慢,此时薄膜无明显相分离结构;当温度在 90 ℃ 到 130 ℃ 之间时,EP-PDI 进入快速分子扩散速率快阶段,而 p-DTS(FBTTh$_2$)$_2$ 仍然处于慢速分子扩散阶段,此时 p-DTS(FBTTh$_2$)$_2$ 结晶形成网络骨架结构,空间上限制 EP-PDI 分子运动范围,在冷却过程中 EP-PDI 自组织形成微晶填充于 p-DTS(FBTTh$_2$)$_2$ 结晶框架中,形成双连续结构;当温度超过 130 ℃,二者均进入快速分子扩散阶段,EP-PDI 突破 p-DTS(FBTTh$_2$)$_2$ 结晶骨架限制,薄膜相分离尺寸进一步增大。

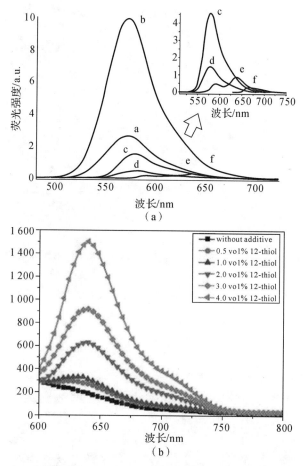

图 8-4 不同浓度 P3HT 溶液的荧光光谱图,其中 P3HT 的浓度从 a 到 f 依次增大及添加不同含量 n-dodecylthiol 的 P3HT/PCB 薄膜的荧光光谱

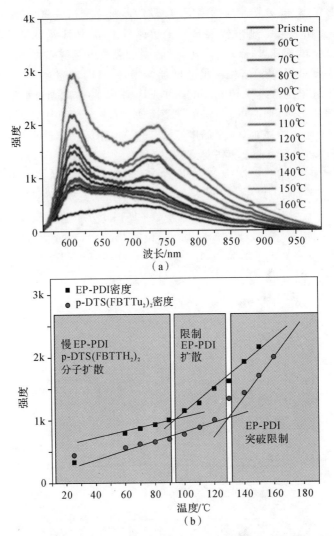

图 8-5 不同退火温度下的 p-DTS(FBTTh$_2$)$_2$/EP-PDI 共混薄膜的荧光谱图；及不同退火温度下的 p-DTS(FBTTh2)2/EP-PDI（质量分数比为 6:4）共混薄膜在 620 nm（EP-PDI）及 725 nm（p-DTS(FBTTh$_2$)$_2$）处荧光强度随退火温度变化曲线[22]

3. 动态光散射技术

光散射是光束碰撞物体后，由于反射、折射和衍射的综合作用，光束的方向和强度发生变化的现象。散射光的强度是波长、粒子尺寸、散射角、粒子的相对折射率以及粒子所在介质的函数。只有当粒子和介质的折射率存在差异时，才会出现光散射。如果满足这个条件，光散射现象在很大程度上取决于波长与粒子尺寸。当粒子的尺寸大于波长或者与波长相近时，适用于米氏理论；当粒子的尺寸小于 $\lambda/20$ 时，适用于 Rayleigh 理论。

由于聚合物分子链间相互缠结（源于分子主链间的缠结及侧链间的相互作用），导致其在结晶过程中难以进行自组织。因此，清晰而准确地掌握溶液中聚合物分子链的分散状态则显得尤为重要。Liu 等为了确定溶液中 P3HT 的聚集状态，利用动态光散射表征了

P3HT 氯苯溶液中添加 n-dodecylthiol 前后的聚集状态,如图 8-6(a)所示。结果表明,氯苯溶液中 P3HT 存在两种相态:一种为 P3HT 单链分子,另一种为 P3HT 聚集体,其力学半径分别对应于 6.5 nm 和 170 nm。结合紫外-可见吸收光谱,如图 8-6(b)所示,未在 607 nm 处发现 P3HT 分子间有 π-π 堆叠信号,因此可以确定溶液中的聚集体为 P3HT 无定形聚集体。当溶液中添加 n-dodecylthiol 后,随着烷基硫醇含量的增加,P3HT 聚集体的力学半径分别降低至 134 nm 和 75 nm;然而硫醇的加入对溶液中 P3HT 单链分子的尺寸却几乎无影响,只是其强度随烷基硫醇的含量的增加而升高。这表明加入烷基硫醇后溶液中形成了更多的 P3HT 单链分子。可见,烷基硫醇的加入降低了 P3HT 在溶液中的缠结程度,增加了 P3HT 单链分子的含量。

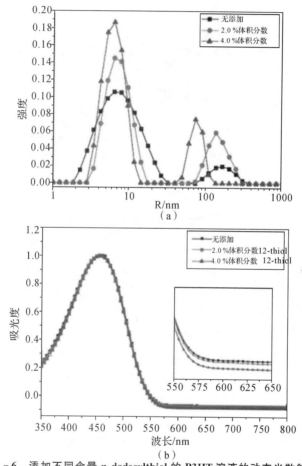

图 8-6 添加不同含量 n-dodecylthiol 的 P3HT 溶液的动态光散射(a)
及相应的紫外可见吸收光谱(b)

光散射还可以被广泛应用于表征溶液干燥过程中分子聚集形态的变化。由于测试在单一的散射角度下进行,因此计算第二维利系数和回转半径是不太可能的。然而,由于光散射来源于折射率的差异,给/受体之间的相分离会产生与波长在相同数量级的结构,而这种结构会产生光散射。因此,干燥过程时的光散射信号能够追踪湿膜中的相分离的变化。Franeker 等通过光散射原位表征了 PDPP5T/PCBM 共混体系成膜过程中相分离的变化情况,如图8-7所示。当使用氯仿作为主溶剂时,薄膜成膜的时间很短,0.8 s以内就能完全干燥,溶剂挥发初始阶段(0.6 s)就会有很强散射的信号出现,表明一开始溶液中就出现了液-液相分离。然而,当溶液中添加5%邻二氯苯(O-DCB)时,成膜时间延长,成膜过程中始终没有强的散射信号出现(在3 s左右有个突出,主要是聚合物聚集导致局部的不均一性),表明溶剂挥发过程中使用5%邻二氯苯作为添加剂的氯仿溶液没有出现大尺寸的相分离结构。因此,我们可以看出原位光散射能够很好地反映成膜过程中相分离行为的变化,有助于更好地理解相分离结构的影响因素、相分离的类型,以便能够更好地调控薄膜形貌。

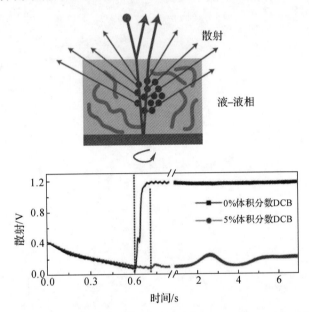

图 8-7 光散射监测液-液相分离的示意图及发生液-液相分离时光散射信号增强

4. 中子散射技术

中子为电中性,具有强穿透力和非破坏性,从而可以探测物质的内部力场信息,也有利于在复杂和集成的特殊样品环境下进行实验研究;中子与原子核的作用并不随原子序数的增加而有规律地增强,从而可以通过中子散射或成像技术更好地分辨轻元素,或者相邻的元素;中子可以准确地揭示其他手段难以给出的微观磁结构信息。现已建立的有关低能热中子的理论,为开展多学科理论预测、实验验证并完善理论提供了有效的途径。因此,中子散射已在物理、化学、材料、工程等研究领域发挥着重要作用,成为物质科学研究和新材料研发的重要手段。

中子散射技术可以实现样品微结构尺寸的测量。由于取样范围也是宏观的,因此小角散射的测量结果反映的是样品的平均信息。其散射矢量与散射角度之间的关系可以通过下式来表示:

$$Q = \frac{4\pi}{\lambda}\sin\theta$$

一般可根据颗粒平均尺寸和形状来分析颗粒体系结构,其实验测试的颗粒结构尺寸范围为1~1 000 nm。由于小角散射实质上是由体系内电子云密度起伏引起的,因此小角散射花样和强度分布与散射体的原子组成以及是否结晶无关,仅与散射体的形状、大小分布及与周围介质电子云密度差有关。

Pei等通过不同比例的邻二氯苯(o-DCB,良溶剂)与甲苯(不良溶剂)体系调控基于苯并二呋喃二酮(BDOPV)片段与联二噻吩(2T)片段共聚形成的共轭聚合物在溶液中的超分子组装结构,并利用中子散射实验表征了不同溶剂体系下的组装结构。中子散射中基本散射体为原子核,而非电子,并且不同原子具有独特的中子散射截面,不随原子序数单调变化,使得在卤代和芳香溶剂体系中,中子散射方法能够获得比传统的 X 射线散射方法更高的信噪比。实验中,为了进一步增加信噪比,降低^{1}H 的不相干散射导致的噪声信号,选用了氘代溶剂,计算结果表明聚合物 BDOPV-2T 的散射长度密度与溶剂相差一个数量级以上,保证了实验结果的可信度,也再次表明了中子散射技术在探测卤代或芳香类溶剂体系中的优势。中子散射结果表明:在 O-DCB 中,聚合物与卤代芳香类溶剂具有较强的相互作用,因此呈现出的一维棒状、主链延伸的组装体如图 8-8(e)所示。随着不良溶剂比例的增加,聚合物与溶剂相互作用逐渐减弱,其主链更倾向于折叠构象,形成由分子间较强的 π-π 相互作用主导的二维片状组装体,如图 8-8(k)(h)所示。同时,研究人员利用冻干技术和显微方法有效地将溶液中动力学不稳定的分子结构捕获至固相状态,首次直接观察到了共轭聚合物在溶液中的超分子组装结构,其结构特点与中子散射实验结果一致,更进一步证实了中子散射所获得信息的可靠性。

中子散射技术还可以进一步拓展,利用中子反射技术确定固体共混薄膜中不同组分垂直方向的分布。在有机太阳能电池中,活性层的垂直相分离结构与横向相分离结构对器件性能有着同样重要的作用。例如,某一组分富集层可以作为阻隔层而提高器件性能;垂直于表面的组分梯度可能会提高电荷向电极传输的效率。采用中子反射(Neutron Reflectometry)技术可以表征具有亚纳米分辨率的垂直组分分布图。对于 X 射线反射来说,其衬度主要来源于所表征材料的电子密度。通常情况下,有机电池材料之间的电子密度差异是比较小的,导致采用 X 射线反射表征时的衬度比较小;然而,当一种组分被氘代后,采用中子反射表征则能得到比 X 射线反射更为准确的结果。对于聚合物/富勒烯体系而言,聚合物分子和富勒烯分子之间具有较高的中子散射衬度,因此通常采用中子反射的手段来表征此类体系的垂直相分离形貌。Parnell 等采用中子反射的手段表征了 P3HT/PCBM 薄膜在不同条件下处理后 PCBM 的分布。如图 8-9 所示,刚制备的薄膜表面层的 PCBM 含量较低,而在薄膜与基底界面处的 PCBM 含量则较高;采用溶剂退火后,薄膜中 PCBM 的分布没有改变。然而,采用热退火后,薄膜表面的 PCBM 含量提高,并且与薄膜本体中的 PCBM 含量相当。

8.2 薄膜形貌的表征

活性层薄膜的形貌对有机太阳能电池的器件性能有着重要影响,它决定了激子分离、载流子迁移以及成对和非成对复合速率等器件的光物理过程。然而,对于现有的表征手段而言,活性层中给体与受体材料之间性质的差别太小,同时薄膜的相分离存在多级结构,使对有机太阳能电池活性层的表征充满挑战性。目前相关的表征技术主要分两大类,其中包括可以反映薄膜整体信息的倒易空间表征手段和反映薄膜局部信息的实场表征手段。下面对各表征技术在有机太阳能电池活性表征中的具体应用进行介绍。

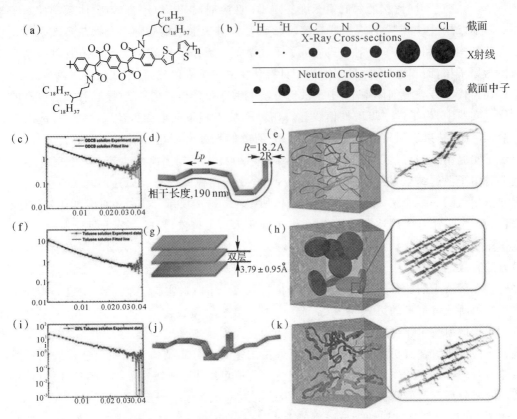

图 8-8　利用中子散射表征不同溶液体系中的超分子组装结构

(a)分子结构;(b)不同原子的 X 射线和中子散射截面;邻二氯苯溶液(c,d,e),甲苯溶液(f,g,h)与 20%甲苯/邻二氯苯溶液(i,j,k)的中子散射与溶液超分子组装结构

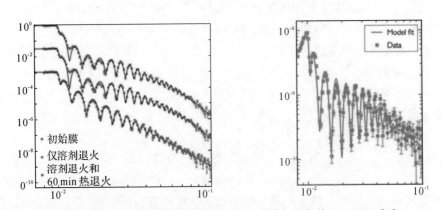

图 8-9　采用中子反射表征 P3HT/PCBM 薄膜不同条件下 PCBM 分布

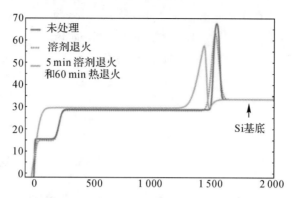

续图8-9 采用中子反射表征P3HT/PCBM薄膜不同条件下PCBM分布

8.2.1 相分离结构

有机太阳能电池中,活性层的相分离结构直接决定了载流子传输及收集效率:当形成海岛状相分离结构时,给体或者受体无法形成连续的载流子通路,导致载流子收集效率低;只有当活性层形成纳米级互穿网络结构时,才能确保载流子的成功传输及收集。原子力显微镜、透射电子显微镜及扫描电子显微镜等使空间表征技术可以提供活性层空间分辨的形象化表征,已经成为相分离结构表征的重要手段。

1. 原子力显微镜(AFM)

AFM是采用微小的探针(半径约为10 nm)"摸索"样品表面来获得信息的,其中包括表面形貌、弹性模量、电阻、表面能和玻璃化转变温度等信息。该仪器主要由检测系统、扫描系统和反馈系统构成,如图8-10所示。原子力显微镜的原理较为简单,主要是将一个对微弱力极敏感的微悬臂一端固定,另一端有一微小的针尖,针尖与样品表面轻轻接触,由于针尖尖端原子与样品表面原子间存在极微弱的排斥力,通过在扫描时控制这种力的恒定,带有针尖的微悬臂将对应于针尖与样品表面原子间作用力的等位面而在垂直于样品的表面方向

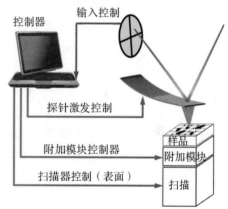

图8-10 原子力显微镜(AFM)的探针测试原理及结构图

起伏运动。利用光学检测法或隧道电流检测法可测得微悬臂对应于扫描各点的位置变化,从而可以获得样品表面形貌的信息。

原子力显微镜的工作模式是以针尖与样品之间作用力的形式来分类的,主要有以下三种操作模式——接触模式、非接触模式和敲击模式。接触模式是AFM最直接的成像模式。AFM在整个扫描成像过程中,探针针尖始终与样品表面保持紧密的接触,相互作用力是排斥力。扫描时,悬臂施加在针尖上的力有可能破坏试样的表面结构,因此力的大小范围在 $10^{-10} \sim 10^{-6}$ N。然而,如果样品表面易于吸湿(表面形成液膜)或质地柔软,则会降低图像的空间分辨率,并损坏样品,因此并不宜选用接触模式对样品表面进行成像。采用非接触

模式探测试样表面时悬臂在距离试样表面上方 5～10 nm 的距离处振荡。此时,样品与针尖之间的相互作用由范德华力控制,通常为 10^{-12} N,样品不会被破坏,而且针尖也不会被污染,特别适合于研究质地柔软物体的表面。然而,针尖与样品分离,会导致图像横向分辨率变差。敲击模式介于接触模式和非接触模式之间,测试过程中悬臂在试样表面上方以其共振频率振荡,针尖仅仅是周期性地短暂地接触/敲击样品表面。这就意味着针尖接触样品时所产生的侧向力显著降低。因此当检测质地较软的样品时,AFM 的敲击模式是最好的选择之一。一旦 AFM 开始对样品进行成像扫描,装置随即将有关数据输入系统,如表面粗糙度、平均高度、峰谷峰顶之间的最大距离等,用于物体表面分析。同时,AFM 还可以完成力的测量工作,通过测量悬臂的弯曲程度来确定针尖与样品之间的作用力。

在有机光电子领域中,由于样品表面粗糙度值较低(通常要求低于 100 nm),因此通常选用敲击模式进行测量,从而获得诸如表面结构、共轭分子聚集形态及相分离程度等信息。Liu 等利用蒸汽辅助压印的方法在 PCDTBT/PC_{71}BM 共混薄膜表面引入了表面起伏光栅。由于光栅的周期直接影响光衍射强度,因此需要准确控制其尺寸。如图 8-11(a)所示,通过 AFM 高度图,能够很清晰地看到通过蒸汽辅助压印处理后的 PCDTBT/PC_{71}BM 共混薄膜表面存在周期性高低起伏(光栅结构),进一步结合 AFM 图像处理软件进行分析可以得到光栅的周期约为 700 nm。另外,利用 AFM 可以进一步分析更小尺度上的分子聚集形态。例如,图 8-11(b)～(d)是 N2200 在不同温度下退火的 AFM 高度:由于 N2200 结晶性较强,因此常温下 N2200 呈现出规则的纤维状晶体织构;当退火温度为 180 ℃时,由于 N2200 分子运动能力增强,部分无定形分子会进一步结晶,从而可以观察到薄膜表面纤维晶更加清晰,且数量略有增加;而当温度升至 N2200 晶体熔融温度以上时,N2200 晶体融化、数量减少,从 AFM 图中也能观察到纤维状晶体几乎完全消失。另外,结合 AFM 图像处理软件,还可以对样品表面粗糙度进行分析,从而获得包括平均面粗糙度(Ra)、均方根(Root Mean Square,RMS)粗糙度及十点平均粗糙度(Rz)等在内的参数。在共混体系中,RMS 值通常与薄膜内部相分离程度相关。例如,在 P3HT/PCBM 体系中,直接旋涂的薄膜由于 P3HT 及 PCBM 结晶性较差,导致薄膜相分离程度低,RMS 值仅为 2.85 nm;当向共混体系添加 4.0%的 n-dodecylthiol 后,由于 P3HT 结晶性大幅提高,诱导形成大尺度相分离,RMS 值也随即提高至 26.67 nm。这一变化与相应的透射电子显微镜图像及荧光光谱变化规律相一致,由此可见,原子力图像的 RMS 值可以从侧面反映共混体系的相分离程度。

许多高分子材料由不均一相组成,因此研究相的分布可以给出高分子材料许多重要的信息。原子力显微镜测试过程中不同物质与针尖间的作用力不同,导致驱使悬臂振动的输入信号与悬臂振动的输出信号存在相位差,可以得到样品表面的相分布。相图反映了不同阶段的压电驱动振荡相位和 AFM 探针的实际振动的相位之间的匹配关系,直接反映了样品的弹性和黏性的属性。因此,相图可以作为高度图的补充,揭示表面的组成。图 8-12 显示了 P3HT 在 150 ℃退火前后典型的形貌图和相图。由于 AFM 的探针半径(约 10 nm)限制了形貌图的空间分辨率,因此在热退火前后样品的表面形貌没有观测到明显的变化[见图 8-12(a)(b)],但相图显示了薄膜在退火前 P3HT 呈颗粒转聚集,而热退火后 P3HT 转变形成了纤维状的网络结构[见图 8-12(c)(d)]。

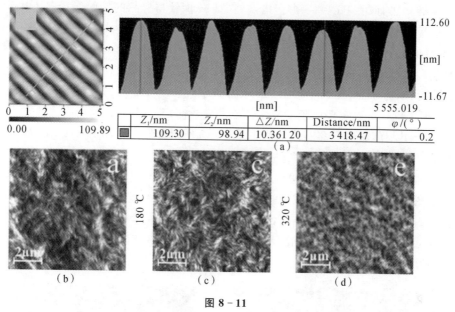

图 8 - 11

(a) PCDTBT/PC$_{71}$BM 薄膜表面起伏光栅高度图及结合 SPI 软件对局部高度的分析数据;
(b, c, d) N2200 在不同温度下退火的 AFM 高度图

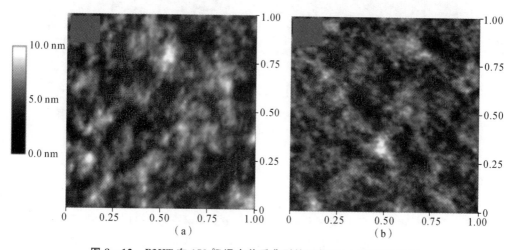

图 8 - 12 P3HT 在 150 ℃ 退火前后典型的形貌图(上)和相图(下)

AFM 能被广泛应用的一个重要原因是它具有高的开放性。在基本 AFM 操作系统基础上,通过改变探针、成像模式或针尖与样品间的作用力就可以测量样品的力学、电学等多种性质。下面介绍一些与 AFM 相联用的显微技术。

在有机光电子领域中,半导体材料占了很大的比例。导电 AFM 可以表征这些导电材料及器件的电学信息,并且空间分辨率可以达到 10 nm 左右。采用导电 AFM 表征时,金属 AFM 探针作为一个电极,置于样品底部的导体作为另一个电极,从而实现对样品体相电学性质的测试。通常情况下,导电 AFM 测试时采用接触模式,保持 AFM 探针与待表征样品间的恒定接触。然而,由于在每一个扫描点处 AFM 探针与样品的接触半径是不确定的,导致材料的电学性质不能被定量表征,仅能得到样品的定性信息。为了解决这个问题,需要在表征过程中确定 AFM 探针与样品的接触半径。PeakForce 敲击模式则可以同时测量样品的机械性能和电学性能,也就是说在每一个扫描点处都可以测量样品的力-距离曲线和电流-距离曲线。从力-距离曲线中,可以估算出 AFM 探针与样品的接触面积。因此,采用 PeakForce 敲击模式可以实现薄膜的电学性能的定量测定。Maxim 等利用这种方法确定了 P3HT/PCBM 共混体系的互穿网络结构。图 8-13 所示分别为采用 PeakForce 敲击模式测定的样品的高度图、机械性能和材料的电阻性质(图片的标尺为 2 μm×2 μm)。然而,由于空间分辨率的限制,高度图很模糊,无法观测到更细微的相分离结构。但是可以从弹性模量图和电阻率图中得到明确的相组成信息:由于 P3HT 相的弹性模量比 PCBM 相低,因此通过弹性模量图可以判定 P3HT 相与 PCBM 相的空间分布;结合电阻率图进一步定量分析可知 P3HT 区域的空穴电阻率较低,由此可以直观地观测到薄膜中空穴的传输通路,佐证了共混体系中互穿网络结构的形成。

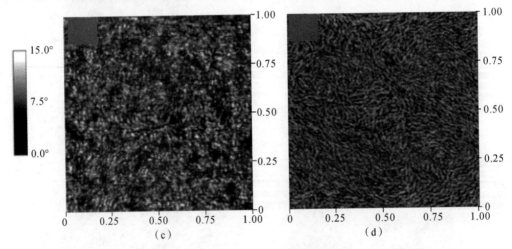

续图 8-12　P3HT 在 150 ℃退火前后典型的形貌图(上)和相图(下)

扫描光电流 AFM 是用于检测材料光电流强度分布的设备,外加一组电流放大器于纤维晶上,然后利用导电探针接触模式扫描样品表面,在取得高度信号的同时,若是样品表面有电流产生,探针也会获得此电流信号,因此可以得到样品表面的电流分布图,从而进一步分析样品特定区域的电学性能。采用光电流显微镜表征的薄膜电池不需要顶部电极,而是直接将 AFM 探针作为顶部电极。在测量过程中,AFM 探针和样品表面形成的结合点被激光照射,然后测定流过 AFM 探针和样品表面的空间分辨的短路电流。例如,Ginger 等[36]在提高针尖-样品之间结合点辐照强度的同时,将导电 AFM 和光电流显微镜结合起来,测定了 P3HT/PCBM 电池在空间分辨下的暗态空穴电流、暗态电子电流和在 532 nm 光照下的短路电流,如图 8-14 所示。暗电流由电荷的注入和迁移率决定,暗电流值大的区域是图中的明亮部分。可以看出,暗电流中电子电流大的区域是 PCBM 富集区,对应的空穴电流小;相反,暗电流中空穴电流值大的区域是 P3HT 富集区,对应的电子电流小。因此,通过电子电流和空穴电流值的分布即可分析薄膜表面的相分布,同时也能确认给体与受体均能形成连续的载流子传输通路。但在图像上看,光电流大小与电子暗电流和空穴暗电流的分布都无关。例如,对比空穴暗电流与光电流图像,当 P3HT 富集区域大时,空穴暗电流大,但光电流较小,这是由于虽然 P3HT 能够形成连续空穴传输通路,但相区尺寸过大,不利于激子分离,从而导致光电流小。因此,可以利用扫描光电流 AFM 局部区域的电学特性来剖析的共混薄膜相分离结构。

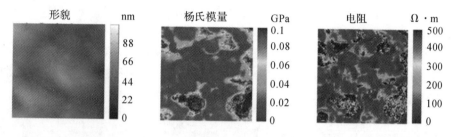

图 8-13 敲击模式测定 P3HT/PCBM 共混体系形貌图、机械性能及材料的电阻

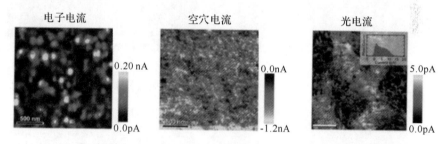

图 8-14 导电 AFM 和光电流显微镜结合测定 P3HT/PCBM 共混薄膜

表面势能扫描显微镜(SSPM)可以用来表征样品的表面势能。表面势能扫描显微镜采用非接触技术(通常情况下有 50~200 nm 的距离),通过电驱动控制悬臂震动,探针采用交流电调节,使其与样品的表面势能相匹配,从而获得样品表面势能信息。在目前的表征过程中,尚无法准确表征出样品的绝对表面势能,但可以分辨出样品表面 2~4 meV 表面势能的差异。近年来,表面能扫描显微镜已经被广泛应用于有机太阳能电池材料及器件的表征中。Berger 等研究了样品在光照、氧气和水处理后的暗态条件和照射条件下的表面势能变化,其结果如图 8-15 所示。图中十字交叉的部位是经过光照、氧气和水处理后的区域。图 8-15(a)是暗态下的表面势能图像,可以看到处理之后表面能由 -0.79 V 增加到 -0.70 V,说明老化处理改变了样品的表面组成。图 8-15(b)是照射条件下的表面势能变化,由于光照下产生光电流,会对表面势能造成影响;降解区域的表面势能变为 -0.51 V,而未经过处理区域的表面势能变为 -0.45V。这说明经由降解处理之后,薄膜对光的吸收减少,因此表面势能对光照射的敏感程度降低。同样,用光电流 AFM 表征处理前后的样品发现,降解区域的电导率大大降低,尤其是在光照射时电流值增加的幅度也远小于非降解区域,这也进一步说明了经由降解处理活性层载流子传输能力受到一定程度的破坏。

此外,Coffey 等将表面能扫描显微镜进行改良,采用共振频率作为反馈信号来探测样品的表面势能,以此来表征电池内部产生的光电流,这种表征方式是时间分辨的电子力显微镜(tr-EFM)。tr-EFM不仅能作为相分离形貌的表征手段,还能研究活性层电荷产生和分离的机制。图8-16为采用此种方法表征的F8BT/PFB共混体系的形貌和电荷比例图:首先通过比较不同组成比例F8BT/PFB的tr-EFM图像与外量子效率,建立了tr-EFM图像亮度与电荷积累速率间的关系,即图像中亮度越高区域积累电荷速率越快。通过进一步表征F8BT/PFB共混体系的tr-EFM图,发现在聚合物给体相和受体相之间的界面处,电荷产生是最慢的,反而在F8BT相中(图中黑色环状区域中心),电荷累计的速率要比周围区域的快30%~50%。通过对此现象进行分析认为这是相区不纯导致的:在F8BT的相区内部含有相当比例的PFB分子,而在界面处的F8BT富集相中所含的PFB比例反而较小,从而造成了界面处光生载流子速率低的结果。这一结果也使人们更加直观地认识到相区纯度对光电转换过程的影响。

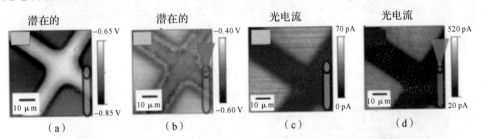

图8-15 光照、氧气和水处理后暗态条件和照射条件下表面势能变化h及光电流变化

2. 透射电子显微镜(TEM)

TEM是通过收集电子束透过样品后的信息来表征样品形貌的,仪器的结构与光学显微镜相似,包括电子枪、聚光镜、样品室、物镜、投影镜和照相室。由电子枪发射出来的电子束,在真空通道中沿着电磁透镜光轴穿越聚光镜,通过聚光镜之后将汇聚成一束尖细、均匀的光斑,照射在样品室内的样品上。透过样品后的电子束携带有样品内部的结构信息。经过物镜的汇聚、调焦和初级放大后,电子束进入下级的中间透镜和投影镜进行综合放大成像,最终被放大了的电子影像投射在观察室内的荧光屏板上,荧光屏将电子影像转化为可见光影像。电子显微镜成像过程的光路图如图8-17所示。

由于电子显微镜中电子的波长很短,当加速电压为100 kV时,λ为0.003 7 nm,近乎为光学显微镜波长的十万分之一,因此电镜的分辨率比光学显微镜高近千倍,目前可达0.5 Å。在有机光电子领域,TEM通常用于表征活性层内部的相分离结构、晶体排列及晶体内部分子排列方式等。TEM的主要操作模式包含成像模式、衍射模式及能谱模式。在成像模式下,样品被电子束照射后,可以产生吸收电子、透射电子、二次电子、背散射电子和X射线等信号。TEM是利用透射电子成像的,电子在样品中与原子相碰撞的次数愈多,散射量就愈大。若散射电子被物镜光阑挡住,则不能参与成像,即样品中散射强的部分在像中显得较暗,而样品中散射较弱的部分在像中显得较亮。在衍射模式中,当电子束经过结晶样品后会发生布拉格反射。在TEM中只要改变显微镜的中间镜电流,将中间镜励磁减弱,使其物平面与物镜后焦面重合,则中间镜便可把衍射谱投影到投影镜的物平面,再由投影镜投影到荧光屏上,便能得到样品的衍射图谱。能谱模式中,在入射电子束与样品的相互作用过程中,一部分入射电子只发生弹性散射,并没有能量损失,另一部分电子透过样品时则会与样品中的原子发生非弹性碰撞而发生能量损失,所以通过收集非弹性散射电子得到的图谱通常被称为电子能量损失谱(Electron Energy Loss Spectroscopy,EELS)。通 EELS 常被用于分析样品的化学成分及结构信息。

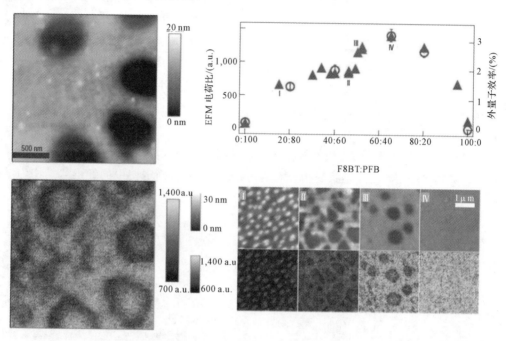

图 8-16　F8BT/PFB 共混体系形貌(黑白图片为原子力显微镜高度图,显微镜图,其中右上角为 F8BT 与 PFB 不同比例下的、电荷累积速率和外量子效率;右下图中Ⅰ、Ⅱ、Ⅲ、Ⅳ分别代表 F8BT 与 PFB 的不同比例,和电荷比例图相对应)和电荷比例图

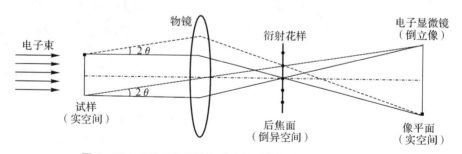

图 8-17　利用光学透镜表示电子显微镜成像过程的光路图

　　TEM 能反映样品不同区域的致密度,是表征结晶样品的有力手段。图 8-18 是 PBTTT-C14 在 240 ℃下热退火后得到的明场 TEM 图。热退火之后 PBTTT-C14 形成了纳米棒的结晶形貌。对于有机太阳能电池活性层的形貌而言,给/受体相之间的衬度通常并不明显,很难得到清晰的图像。而能量过滤 TEM(EF-TEM)则是在普通的 TEM 样品之后加一个磁棱镜来分散透射过的电子束,形成一个能量损失谱,电子透过狭缝之后被狭缝

后的棱镜重聚焦到CCD相机上。这种方法可以让等离子体响应相差很微小的不同材料形成具有高分辨率的图像,因此可以使给受体之间的衬度变得很明显。Chen等用能量过滤TEM(EF-TEM)揭示了高有机太阳能电池活性层的多尺度相分离形貌,PTB7富集区和PCBM富集区的灰度有明显差异,因此可以很容易区分给体相区及受体相区。如图8-18(b)所示,用黑色线勾勒出相分离的轮廓,PTB7富集相和PCBM富集相形成了相分离尺度为几百纳米的互穿网络结构,且相界面并不平整,有几十纳米的波动。

采用元素分辨的滤镜,可以得到元素分辨TEM图像,从而能直接解析相形貌。图8-18(c)所示为P3HT/PCBM体系在190 ℃退火后的明场TEM。退火后薄膜形成了纤维形貌,但由于薄膜厚度和局部性质变化引起的衬度变化幅度往往大于聚合物富集相和富勒烯富集相之间的固有衬度,因此仅仅依据明场TEM数据很难归属共混薄膜中的各组分分布。而采用能量过滤的手段则能够有效提高不同相区之间的衬度。由于P3HT分子中含有硫元素,而PCBM中没有硫元素,因此根据以硫元素的吸收边为窗口的能量过滤图,可以很明显地观测到含有硫元素的纤维状的相分离结构,进一步可以确定图中的纤维状结构为结晶的P3HT。

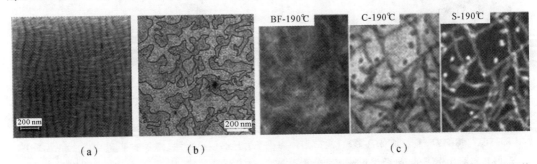

图 8-18 表征PBTTT-C14薄膜晶体形貌[50];(B)能量过滤TEM(EF-TEM)表征PTB7/PCBM共混体系相分离形貌[51];(C) P3HT/PCBM共混体系在190 ℃退火后明场及能量过滤TEM图[51]

平面TEM图可以反映样品的平面内部形貌信息,而样品的截面TEM则可以提供截面的信息作为互补。如图8-19所示,DeLongchamp等用EF-TEM观察P3HT/PCBM体系在退火过程中的相区融合和再聚集行为,可以清楚地观测到P3HT/PCBM的相界面,初始薄膜具有均匀的三层结构,中间层是P3HT,A系列上下层都是无定形PCBM,B系列上层是无定形PCBM,下层是结晶PCBM。在A系列中,随着退火(140 ℃)时间的延长,PCBM扩散进入P3HT层,在层中形成10~15 nm的小聚集区;随着扩散进入P3HT层的PCBM含量的增加,P3HT层厚度逐渐增加,相界面也渐渐变得粗糙;这表明无定形PCBM扩散能力较强,在热退火驱动下能够在P3HT相中均匀地分散。在B系列中,随着退火(140 ℃)时间的延长,上层PCBM首先扩散进入P3HT层形成微小聚集,而其厚度则逐渐变薄,P3HT层略有变厚,相界面也变模糊;但下层PCBM厚度未发生明显变化;继续退火发现,随着退火时间的延长,P3HT层变薄,而下层PCBM层逐渐变厚,最终形成P3HT/PCBM双层结构。这是由于短时间退火过程中上层PCBM逐渐扩散、溶解于P3HT层中,但随退火时间的延长,热退火将进一步驱动 PCBM 由 P3HT 层中向下继续扩散到下层结晶 PCBM 相中,最终形成双层结构。

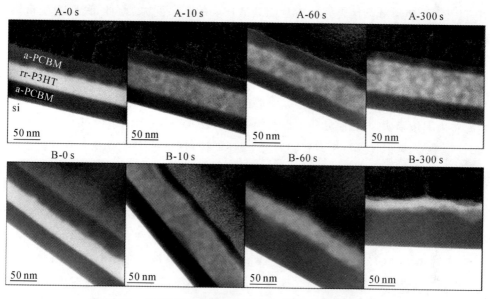

图 8-19　P3HT/PCBM 体系在 140 ℃ 热退火过程中形貌变化

电镜三维重构技术是将电子显微术、电子衍射与计算机图像处理相结合而形成的具有重要应用前景的一门新技术。其基本步骤是对在电镜中不同倾角下的样品进行拍照,得到一系列电镜图片后再进行傅里叶变换等处理,从而展现出活性层三维结构的图相。近年来,电镜技术迅速发展,目前已不仅停留在单纯的获取平面内及截面内的信息上,而逐渐发展到了由平面到空间的立体型研究。这对深入了解共混体系中给体及受体的空间相对位置和活性层多层次结构及其与器件性能间的关系,都有十分重大的意义。三维重构理论是指借助一系列沿不同方向投影的电子显微像来重构被测物体的三维构型。电镜三维重构思想的数学基础是傅里叶变换的投影与中央截面定理。中央截面定理的含义是一个函数沿某方向投影函数的傅里叶变换等于此函数的傅里叶变换通过原点且垂直于此投影方向的截面函数。因此电镜三维重构的理论基础是一个物体的三维投影像的傅里叶变换等于该物体三维傅里叶变换中与该投影方向垂直的通过原点的截面(中央截面)。每一幅电子显微像都是物体的二维投影像,倾斜试样,沿不同投影方向拍摄一系列电子显微像,经傅里叶变换会得到一系列不同取向的截面,当截面足够多时,会得到傅里叶空间的三维信息,再经傅里叶反变换便能得到物体的三维结构。Loos 等利用 Titan Krios TEM(Fei

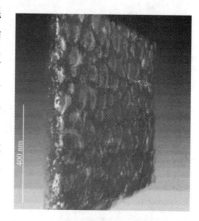

图 8-20　MDMO-PPV/PCBM 共混体系三维重构图像:颜色较暗的区域为 PCBM 的聚集区

Co., The Netherlands)对 MDMO-PPV/PCBM 体系的影像进行了重构,获得了其相应的三维结构,如图 8-20 所示。通过图像,能够很清晰地分辨出 PCBM 形成了 80~150 nm 的球形微区;同时,PCBM 微区表面被 MDMO-PPV 薄层所覆盖。由此可见,三维重构技术丰富了科研人员的表征手段,使人们能够更加清晰地观察衬度差别较小及结构尺度较为细微的共混体系形貌。

选区电子衍射(Selected Area Electron Diffraction,SAED)是一种可以提供晶胞参数及薄膜结构基本信息的方法。由电子显微镜成像的光路图可以看到,只要改变显微镜的中间镜电流,将中间镜励磁减弱,使其物平面与物镜后焦面重合,则中间镜便可把衍射谱投影到投影镜的物平面,再由投影镜投影到荧光屏上,便能得到样品的衍射图谱。这种电子衍射对于研究微小晶体的结构具有特别重要的作用。利用布拉格衍射方程,通过仪器相机长度、衍射光斑半径等数据便能得到薄膜内晶体在面内方向的晶体结构信息。例如,Liu 等将 TEM 与 SAED 相结合,研究了 P3HT 晶体取向与晶型间的关系,如图 8-21(a)所示。在选区电子衍射图案中,衍射图案比较复杂,衍射环和衍射弧同时存在。经分析,衍射环对应于 P3HT 采取晶型 I 时的(010)晶面衍射,而两个衍射弧则分别对应于 P3HT 采取晶型 II 时的(010)晶面衍射及(200)晶面衍射。这说明采取晶型 I 的晶体是各向同性排列的,而采取晶型 II 的晶体为取向排列。由此可以推测:薄膜中取向行为是由采取晶型 II 的须晶造成的,而采取晶型 I 的 P3HT 则对取向无任何贡献。除此之外,也可以根据衍射信息分析薄膜相区与相区之间晶体的取向行为。例如,DPPT-TT 和 DPPT-2T 在暗场 TEM 图像(见图 2-21)中相区结构较为模糊,无法清晰分辨。然而将 SAED 的入射光在同一区域倾斜一系列角度得到的衍射图案与暗场图像结合起来,则可以揭示平面内的晶体的取向信息。图 8-21(b)中(4)和(5)分别是 DPPT-TT 和 DPPT-2T 的分子取向。可以看出,图中不同相区之间,分子的取向相差很大,但取向方向却是逐步变化的。

值得注意的是,高能电子束(30~300 keV)顺利穿透样品是能够形成图像的前提,因此样品厚度需要在几纳米到 100 nm 范围内。另外,大多数的有机共轭分子材料为半结晶的材料,在表征过程中很容易受到电子束的破坏,因此需要采用低温测量或者调节电子束能量等保护措施减缓电子束照射对样品的破坏。总体而言,尽管制备样品比较复杂,但 TEM 可以快速提供具有高分辨率的包含化学和相分离形貌信息的数据,因此是一种表征有机太阳能电池相分离形貌的理想手段。

3. 扫描电子显微镜技术(SEM)

扫描电子显微镜的成像原理与透射电子显微镜不同,其是利用扫描电子束从固体表面得到的反射电子图像,在阴极摄像管的荧光屏上扫描成像的。从阴极发出的电子由 5~30 kV 高压加速,经过 3 个磁透镜三级缩小,形成一个很细的电子束聚焦于样品表面。入射电子与样品中的原子相互作用而产生二次电子(见图 8-22)。这些电子经过聚焦、加速(10 kV)后打到由闪烁体、光电倍增管所组成的探测器上,形成二次电子信号。此信号随着样品表面的形貌、材质等变化而变化,产生信号反差。经视频放大后等在屏幕上即可成像。其成像衬度主要有表面形貌反差、原子序数反差及电压反差,由此可以根据样品不同特性分析其微纳结构。

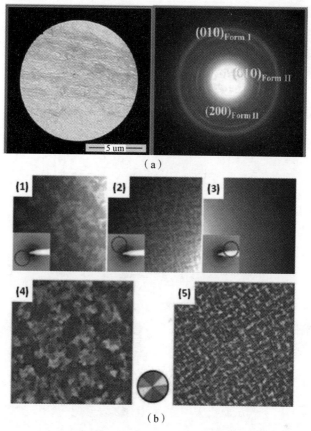

图 8-21　P3HT 各向异性区域的 TEM 图及相应的 SAED 图案 及 SAED 表征的
DPPT-TT/DPPT-2T 相区结构

在有机太阳能电池和杂化太阳能电池中，SEM 通常用于表征太阳能电池截面结构，这种技术的最大优势是具有景深，可以直接观测到不同层。因为有机太阳能电池是制作在 ITO 玻璃基底上的，活性层薄膜的截面通常涂有一层碳或者金，以确保样品表面可以导电。SEM 所得到的图像通常包含了样品的表面形貌及化学成分等基本信息。图 8-23(a)显示了活性层由给体材料 BP 及受体材料 SIMEF 所构成 p-i-n 结构的太阳能电池器件(玻璃基底：ITO/PEDOT：PSS/BP/BP/SIMEF/SIMEF)的截面结构，可以很清晰地观测到玻璃基底、ITO 层、PEDOT：PSS 层、BP 层，BP 与 SIMEF 共混层及 SIMEF 层。为了进一步确定活性层微纳结构，以甲苯为溶剂（选择性溶解 SIMEF）对活性层进行刻蚀，而并不破坏活性层中 BP 的结构。如图 8-22(b)(c)所示，可以清晰地观测到将 SIMEF 选择性溶解之后留下的由结晶性 BP 构成的柱状形貌（柱间距尺寸约为 26 nm，柱高约为 65 nm）。由此可以说明，在中间层中 SIMEF 和 BP 构成了均匀的互穿网络结构。图 8-22(d)为更大尺寸区域的表面形貌，其中颜色较深的是 BP 形成柱状形貌区域，颜色较浅的是纯 BP 的结晶。

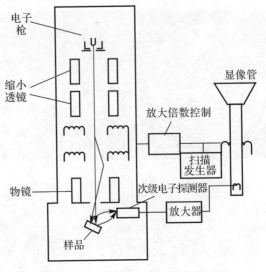

图 8-22 扫描电子显微镜结构示意图

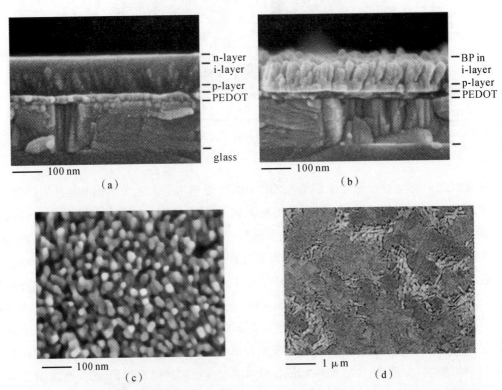

图 8-23 SEM 表征玻璃基底/ITO/PEDOT∶PSS/BP/BP/SIMEF/SIMEF 太阳能电池的截面结构(a),选择溶解掉 SIMEF 后活性层的截面结构(b),精细表面结构(c)及大区域表面结构

4. 扫描透射电子显微镜(STEM)

STEM与SEM的表征过程相似,都是汇聚电子束逐点扫描样品,在扫描的时候,同步在下方用检测器检测散射的电子。其工作原理如图8-24所示,根据散射角度的不同,可以得到明场、暗场电子显微图像和高角度环形暗场(Hign Angle Annular Dark Field, HAADF)的图像。HAADF对样品的平均原子数非常敏感,因此扫描透射电子显微镜不仅具有高的空间分辨率,而且可以区分不同的化学成分。此外,HAADF的电子是高角度散射电子,而非相干相,是原子列的直接投影,因此HAADF不仅分辨率更高,而且不会随着样品厚度和聚焦情况不同出现衬度反转的现象。

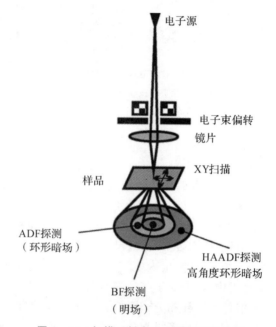

图8-24 扫描透射电子显微镜工作原理

Klein等利用扫描透射显微镜研究了P3HS/PCBM薄膜的结构。STEM对于P3HS这种含有高原子数原子Se的材料可以得到高的分辨率,因此可以获取薄膜更加精细、准确的结构。如图8-25所示,研究了不同旋涂温度及退火温度对共混薄膜中的P3HS聚集状态的影响。结果表明,直接旋涂所获得的薄膜中,均未观测到明显的微结构形貌,说明此时薄膜中P3HS自组织能力较差,未形成明显的聚集结构。而退火后,两个薄膜中出现了宽度约为30 nm的针状聚集体,且随着退火温度的升高,针状固体密度增加。这意味着退火过程增强了P3HS的自组织能力,P3HS聚集形成针状晶体。另外,在某些衬度较低的共混体系中可以通过加装光谱带通滤波器来抑制滤波伪影,获得对比度更加明显的图像[图8-25(e)~(h),分别对应于[图8-25(a)~(d)]所示的图像],处理之后对比度增强了,针状微晶也变得更加明显了。

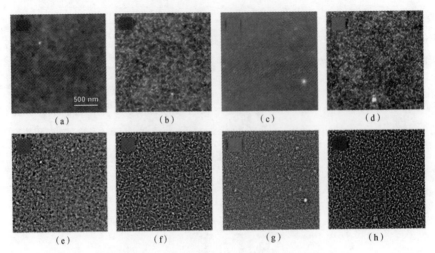

图 8-25 P3HS/PCBM 薄膜 HAADF 图像

(a)90 ℃旋涂未退火;(b)90 ℃旋涂退火;(c)100 ℃旋涂未退火(d)100 ℃旋涂退火;
(e)～(h)分别对应于加装光谱带通滤波器来抑制滤波伪影的(a)～(d)的图像

8.2.2 相区尺寸及纯度

相区尺寸决定了激子分离效率及载流子收集效率。相区尺寸减小,给/受体微区界面面积增大,可有效提高激子分离效率;然而,相区尺寸过小,将导致载流子在传输过程中双分子复合概率增大,载流子收集效率降低。因此,相区尺寸应当处于既能满足激子分离又能满足载流子收集的折中范围内。目前研究表明,相区尺寸分布在 10～20 nm 范围可有效提高光伏电池能量转换效率。另外,相区不纯、出现多级相分离是共混聚合物经过溶液加工后所普遍存在的问题。在相分离过程中,部分分子滞留在异相中,形成热力学不稳定态,从而导致多级相分离结构。同时,共混体系中异相分子降低了分子自身的自组织能力,导致结晶驱动相分离能力降低,也进一步增大了形成多级相分离结构的概率,从而降低了激子分离效率及增大了载流子传输过程中的复合概率。由此可见,相区尺寸及纯度对器件光物理过程的影响至关重要。本部分中将主要介绍表征相区尺寸及纯度的小角 X 射线散射及共振软 X 射线技术。

1. 小角 X 射线散射技术

掠入射小角 X 射线散射(GISAXS)是一种区别于掠入射广角 X 射线散射(GIWAXS)的结构分析方法。在 GIWAXS 测试中,利用 X 射线照射样品,相应的衍射角 2θ 主要分布于 5°～165°范围,而在 GISAXS 测试中,相应的 X 射线的散射角较小,主要分布于 5°～7°,如图 8-26 所示。然而,由于有机材料的散射横截面小,因此其散射信号很弱,需要经过充分的统计分析才能够表征薄膜平均信息。由于 X 射线的入射角很小,因此散射深度很大程度上受反射的影响,当 α_i 接近临界角时,对于表面全部外部反射 $\alpha_c = \sqrt{2 \times \text{Re}(1-n)} \propto \sqrt{\rho}$,其中 n 是材料的 X 射线反射系数,ρ 是电子密度,Re 为复数的实部。当 $\alpha \ll \alpha_c$ 时,散射深度只有几纳米;当 α_i 大于 α_c 时,反射深度能够快速增加到几百纳米甚至几微米。另外,根据样品和探测器之间的距离,可以研究不同范围的 q 区域,掠入射小角 X 射线散射研究的尺寸范围能够达到几百纳米。因此,可以表征物质更大尺度上的长周期结构、准周期结构及界面层结构等。在有机光电子领域中,人们通常利用 GISAXS 表征溶液及薄膜状态下共轭分子聚集体尺寸及共混体系中的相区尺寸等。

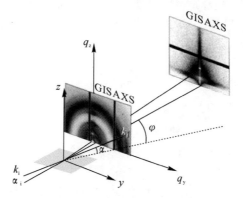

图 8‑26 掠入射小/广角 X 射线散射测量的几何图示

Han 等利用 GISAXS 研究了添加 PCDTBT 对 PTB7‑Th/N2200 共混体系相分离程度的影响,如图 8‑27(a)所示。结果表明随着 PCDTBT 含量的增加,散射峰位置由 0.53 nm^{-1} 移动到 0.73 nm^{-1},根据布拉格公式,可以计算出,两元共混体系的相分离尺寸为 12 nm 左右,当加入 15% PCDTBT 组分后,其相分离尺寸减小到 8.5 nm 左右。该结果定量说明第三组分 PCDTBT 分子的加入确实起到了减小整个共混体系相分离尺寸的作用。Wu 等同时采用 GISAXS/GIWAXS 表征了 P3HT/PCBM 共混薄膜在热退火处理后薄膜中相区尺寸的变化情况,如图 8‑27(b)所示。GISAXS 图中低 q 值(0.004~0.04 Å^{-1})范围内的散射信号对应于 PCBM 的聚集信号,其强度在退火后急剧增加,但在 150 ℃退火 60 s、600 s 和 1 800 s 时,共混薄膜的 GISAXS 曲线大体重合。这意味着在退火初期,PCBM 便快速形成聚集体,而在随后的退火过程中 PCBM 聚集体尺寸基本恒定。

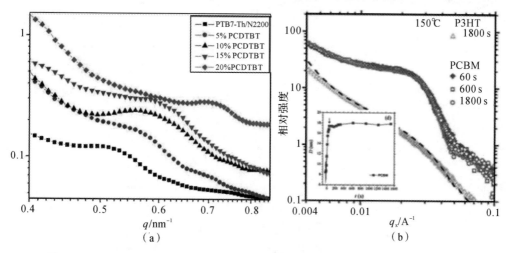

图 8‑27 不同 PCDTBT 含量下 PTB7‑Th/PCDTBT/N2200 共混体系 GISAXS 数据及 P3HT/PCBM 共混体系不同热退火温度下的 GISAXS 数据

2. 共振软 X 射线技术

对于有机物和软物质而言，传统的高能硬 X 射线散射的对比度主要来源于电子密度的差异，只有当能量接近吸收边时，信号强度才能有所提高。而共振软 X 射线技术（包括共振软 X 射线散射及共振软 X 射线反射）的对比度来源于功能基元之间的差异，因此其散射强度可以提高几个数量级，可以清晰地表征出薄膜从纳米尺度到微米尺度的形貌特征，其中包括相区尺寸、相对相区纯度及界面宽度等信息。

由于软 X 射线的低光子能量可以匹配不同原子的特征光谱跃迁能，同时，由于不同材料的光学常数存在巨大差异，因此通过选择合适的光子能量，共振软 X 射线散射（RSoXS）可以提供高度增强的散射对比度。如图 8-28(a) 所示，组分光学常数的能量依赖性导致 RSoXS 图谱的散射强度也具有较强的能量依赖性：对于 P3HT/PCBM 共混体系而言，在 284.3 eV 时 P3HT 组分和 PCBM 组分之间的散射对比度是最优的；而在 270 eV 时，P3HT 组分和 PCBM 组分之间的散射对比度急剧降低。因此，测试过程中需要根据样品光学常数选择合适的射线能量。图 8-27(b) 展示了扣除基底后在不同温度下热退火的 PFB/F8BT 薄膜散射矢量 $q = (4\pi/\lambda) \sin\theta$ 的函数图。其中 2θ 是探测器和发射光束之间的角度，λ 是光子波长。对厚度进行归一化，将曲线绘制为 $\ln(I)$ 对 q^2，以便更好地观察低 q 值处的信号相对强度。通过对曲线分析，可以得到相区间距及相对纯度两个参数：其中，特征长度（相区间距，ξ）可以通过 $\xi_{mode} = 2\pi/q_{mode}$ 计算，相区间距为 ξ_{mode} 值的一半；通过积分计算总散射强度（ISI），RSoXS 还可以揭示相对相区纯度——更高的 ISI 意味着相区纯度更高。由图 8-28(b) 可以看到在 P3HT/PCBM 共混体系中，存在两种特征长度，分别为 7 nm 及 80 nm，且随着退火温度的逐渐升高，薄膜相区纯度也逐渐升高。

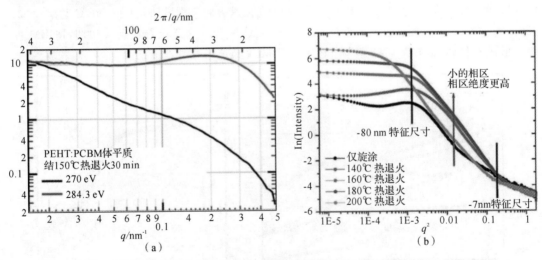

图 8-28 (a) P3HT/PCBM 共混体系 RSoXS 的能量依赖性和 PFB/F8BT 共混体系不同退火温度下的 RSoXS 图谱

此外，还可以根据 RSoXS 峰形判断复杂共混体系中的相分离情况。Ma 等[65]利用 RSoXS 表征了三元体系 PBDTTPD-HT/BDT-3TCNCOO/PC$_{71}$BM（即聚合物/小分子/

富勒烯三元共混体系)的相分离行为,如图 8-29 (a)所示。通过数据可以看到,当小分子含量为 0 时,即为聚合物/富勒烯共混体系,此时在 $q=0.019\ nm^{-1}$ 和 $q=0.15\ nm^{-1}$ 观测到两个峰,其中 $q=0.15\ nm^{-1}$ 的信号为仪器的形波因数,说明聚合物/富勒烯共混体系中发生了相分离。当小分子含量为 100% 时,即为小分子/富勒烯体系,此时仅能在 $q=0.06\ nm^{-1}$ 观测到一个共混薄膜的信号峰,因此可以确定在小分子/富勒烯体系中,两者也能够发生相分离。减少小分子含量,当小分子含量为 70% 时,q 值向高波数方向移动,然而曲线形状未发生变化(未发现新的峰),因此认为聚合物分子与小分子共混程度高,形成了合金相,此时薄膜中应包含聚合物-小分子合金相与富勒烯相。当进一步减少小分子含量至 40% 时,此时曲线在高波数区域形状未发生明显变化,但是在 $q=0.06\ nm^{-1}$ 附近出现新的峰,此信号与聚合物/富勒烯共混体系信号相近($q=0.03\ nm^{-1}$),由此推断此时聚合物含量较高,除部分与小分子形成合金外,其余已经开始与富勒烯发生相分离行为,即此时体系中包含三相——聚合物-小分子合金相、聚合物相与富勒烯相。当小分子含量进一步减少至 20% 时,共混薄膜信号形状与含量为 40% 时相似,主要差别在于低波数区峰的移动到 $q=0.04\ nm^{-1}$,说明此时薄膜中仍包含三相,只不过相应的两种相区其尺寸均进一步降低。薄膜中相分离行为的变化如图 8-29 (b)所示。

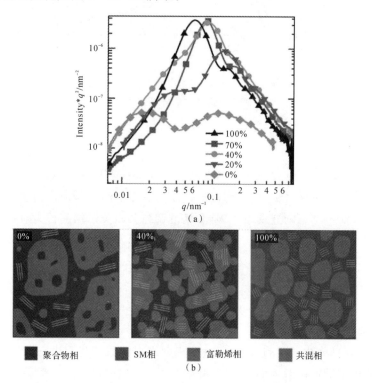

图 8-29 PBDTTPD-HT/BDT-3TCNCOO/PC$_{71}$BM 共混体系中不同含量下小分子的 RSoXS 图谱及相应相分离示意图

给体和受体的界面决定着激子的分离和复合过程,因而对有机太阳能电池的器件性能具有重要影响。通常情况下,采用传统方法是很难表征给体和受体界面的。软 X 射线则对给受体界面和表面均具有良好的灵敏性,并且大多数聚合物在软 X 射线下都具有较强的衬度,因此共振软 X 射线反射(RSoXR)可以在无氘代的情况下定量表征给受体的界面结构。如图 8-30 所示,在平面异质结体系 PFB/F8BT 薄膜中,当未采用热退火处理时,给受体具有明显的相界面,界面宽度为 0.68 nm,与通过旋膜法制备的薄膜表面粗糙度是一致的。当薄膜在 100 ℃和 120 ℃退火后,界面宽度分别增长为 0.70 nm 和 1.0 nm。随着退火温度接近或者高于聚合物的玻璃化转变温度(140 ℃)后,观测到在退火温度为 140 ℃和 200 ℃时,给受体界面宽度继续增加到 2.6 nm 和 6.7 nm。这说明活性层的界面宽度可以通过热退火、底层膜预退火和共溶剂等方式来调节。

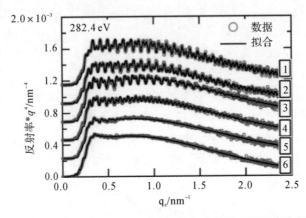

图 8-30 共振软 X 射线反射(RSoXR)技术在无氘代的情况下定量表征 PFB/F8BT 薄膜中给受体的界面结构

8.2.3 结晶性

共轭分子为半晶性材料,因此薄膜中含晶区及非晶区。由于晶区载流子迁移率远大于非晶区,因此从迁移率角度考虑,应当提高活性层内分子的结晶能力。由于共轭分子为各向异性分子,分子取向也会影响迁移率。因此,精准调控共轭分子结晶行为对提高器件性能意义重大。本部分主要介绍能够直接表征分子结晶性的 X 射线衍射技术及拉曼光谱。

1. X 射线衍射技术

1912 年,劳厄等证实了晶体材料中相距几十到几百皮米(pm)的原子是周期性排列的,这个周期排列的原子结构可以成为 X 射线衍射的"衍射光栅"。X 射线具有波动特性,是波长为几十到几百皮米的电磁波,并具有衍射的能力。当一束单色 X 射线入射晶体时,由于晶体是由原子规则排列成的晶胞组成的,这些规则排列的原子间距离与入射 X 射线波长为相同数量级,故由不同原子散射的 X 射线相互干涉,在某些特殊方向上产生强 X 射线衍射,衍射线在空间分布的方位和强度与晶体结构密切相关,分析其衍射图谱,便可获得材料的成分、材料内部原子或分子的结构或形态等信息。在有机光电子领域中,由于材料通常是由碳元素、氢元素和氧元素等轻元素组成的,导致样品的衍射信号非常弱,因此人们倾向于采用掠入射模式(GIWAXS)增强收集信号的强度,以此来研究薄膜原子尺度的凝聚态结构,包括结晶取向、结晶尺寸和结晶度等信息。

布拉格衍射方程是利用 X 射线进行晶体结构解析的基础。当 X 射线的波长与进入的晶体中的原子间距长度相似时,就会产生布拉格衍射。入射光会被系统中的原子以镜面形式散射出去,并会根据布拉格定律进行相长干涉。对于晶质固体,波被晶格平面所散射,各相邻平面间的距离为 d(晶面间距)。当被各平面散射出去的波进行相长干涉时,它们的相位依然相同,因此每一波的路径长度皆为波长的整数倍。进行相长干涉两波的路径差为 $2d\sin\theta$,其中 θ 为散射角,如图 8-31 所示。由此可得布拉格定律,它所描述的是晶格中相邻晶体平面产生相长干涉的条件:

$$2d\sin\theta = n\lambda$$

式中:n 为衍射级数,λ 为 X 射线波长。在实验中,通常利用已知波长的 X 射线来测量 θ 角,从而计算出晶面间距 d,获得晶体相关的结构信息。

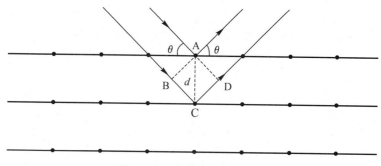

图 8-31 布拉格衍射示意图

利用 X 射线衍射图谱可以判断晶体内的分子取向。共轭聚合物为各向异性分子,其取向方式分为 3 种,如图 8-32 (a)所示:当共轭聚合物烷基侧链排列方向与基底法线方向相一致时为 edge-on 取向;当共轭聚合物分子刚性主链与基底法线方向相平行时为 flat-on 取向;当共轭聚合物分子 π 平面方向与基底方向相平行时为 face-on 取向。如图 8-32 (b)所示:当代表分子间烷基侧链堆叠的 (h 0 0) 晶面衍射信号集中于 q_z 方向,代表分子间 π-π 堆叠的 (010) 晶面衍射信号集中于 q_{xy} 方向时,此时晶体内分子为 edge-on 取向。(h 0 0) 晶面衍射信号集中于 q_{xy} 方向,(010) 晶面衍射信号集中于 q_z 方向时,此时晶体内分子为 face-on 取向。同理,当沿主链方向的 (0 0 1) 晶面衍射信号集中于 q_z 方向,而 (h 0 0) 或/和 (010) 晶面衍射信号集中于 q_{xy} 方向时,此时晶体内分子为 flat-on 取向。然而,有时晶体中晶体不止采取一种取向,如:在 q_z 方向既存在 (h 0 0) 晶面衍射信号又存在 (010) 晶面衍射信号,而在 q_{xy} 方向也存在这两种信号,则代表晶体内分子部分采取 face-on 取向、部分采取 edge-on 取向。更为复杂的是,当 (h 0 0) 或/和 (010) 晶面衍射信号无优势分布,而是形成均一的衍射环时,如图 8-32 (b)所示,代表晶体内分子取向为各向同性,即无优势取向。Friend 课题组研究了不同相对分子质量的 P3HT 晶体中分子取向情况,如图 8-32 (c)所示。结果表明当 P3HT 相对分子质量较低、规整度较高(>91%)时,薄膜中分子的优势取向为 (100) 轴垂直于薄膜,并且 (010) 轴平行于薄膜,即 edge-on 取向。相反,当 P3HT 相对分子质量较高、规整度较低(81%)时,薄膜中分子的优势取向为 (100) 轴平行于薄膜,并且 (010) 轴垂直于薄膜,即 face-on 取向。

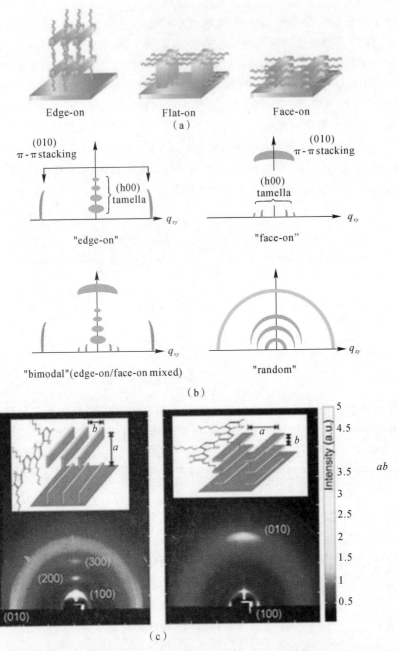

图 8-32 共轭聚合物分子取向示意图;及 GIWAXS 衍射信号分布于分子取向间关系的 P3HT 分子采取 edge-on 及 face-on 示意图及相应 GIWAXS 衍射信号

将衍射信号与谢乐公式相结合还能够计算晶体在相应衍射晶面方向的晶体尺寸。谢乐公式又名 Scherrer 公式或 Debye-Scherrer 德拜-谢乐公式,是由德国著名化学家德拜和他的研究生谢乐首先提出的,具体表达式为

$$D = \frac{2\pi K}{\Delta q}$$

式中：D 为晶体在相应衍射晶面方向的相干长度（与晶体尺寸相关），Δq 为散射峰的半峰宽，K 为常数，通常取值为 0.9。图 8-33 列出了 PTB7/PCBM 共混体系在利用不同溶剂体系成膜后的二维 GIWAXS 图谱。将峰位置和半峰宽数据代入谢乐公式，得到了不同处理条件下材料的结晶尺寸。由谢乐公式计算所得的晶体尺寸为相应衍射晶面方向的晶体尺寸，例如将(100)衍射峰半峰宽代入谢乐公式，得到的为晶体在烷基侧链方向上堆积的尺寸。无论采用何种共混溶剂，PTB7 晶体在(100)衍射晶面方向上堆叠的尺寸均为 3～4 nm，相当于两个或者 3 个 PTB7 片层的堆叠。同时，PTB7 在(010)衍射晶面方向上堆叠的尺寸大约为 2 nm，相当于 6 个 π-π 堆叠的共聚物链和 3 个 C_{60} 单元。

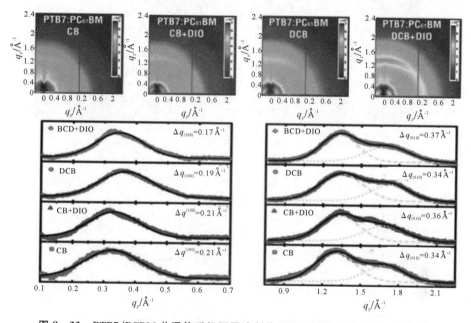

图 8-33　PTB7/PCBM 共混体系经不同溶剂体系处理后的二维 GIWAXS 图谱

另外，通过 GIWAXS 衍射信号强度变化还能够对比不同薄膜结晶性的变化趋势。Liang 等指出，对于 P3HT/O-IDTBR 共混薄膜而言，添加 1,3,5-三氯苯（TCB）后，P3HT 在面外方向（OOP）的(100)衍射信号明显增强，如图 8-33 所示。此外，P3HT 的 π-π 堆积方向的晶体尺寸由 116.3 Å 增加到 128.2 Å。同样，未加入与加入 TCB 的共混薄膜中，O-IDTBR 结晶行为变化也非常明显。加入 TCB 后，O-IDTBR 的结晶信号强度增加，同时衍射环也变得更加尖，其晶体尺寸也由 187.7 Å 大幅增加到 330.5 Å。这均表明加入 TCB 后，共混薄膜中 P3HT 及 O-IDTBR 的结晶性得到明显增强。

2. 拉曼光谱及拉曼显微镜技术

光照射到物质上发生弹性散射和非弹性散射。弹性散射的散射光是与激发光波长相同的成分，非弹性散射的散射光的波长则与激发光不同。当用波长比试样粒径小得多的单色光照射气体、液体或透明试样时，大部分的光会按原来的方向透射，而一小部分光则按不同的角度散射开来,产生散射光。在垂直方向观察时,除了与原入射光有相同频率的瑞利散射外,还有一系列对称分布着若干条很弱的与入射光频率发生位移的拉曼谱线,这种现象称为拉曼效应。拉曼光谱与分子的转动能级及分子振动-转动能级有关。当入射光子与分子发生非弹性散射,分子吸收频率为 ν_0 的光子,发射 $\nu_0-\nu_1$ 的光子,同时分子从低能态跃迁到高能态(斯托克斯线);或分子吸收频率为 ν_0 的光子,发射 $\nu_0+\nu_1$ 的光子,同时分子从高能态跃迁到低能态(反斯托克斯线),如图 8-35 所示。由于物质的振动峰对其聚集状态非常敏感,因此在有机光电子领域,可以通过拉曼光谱分析共轭分子的凝聚态结构。

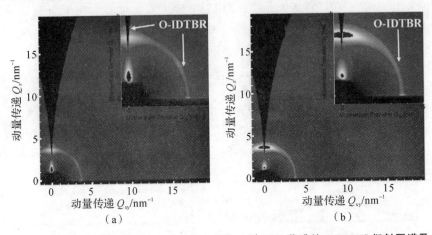

图 8-34 P3HT/O-IDTBR 共混体系未添加与添加 2% TCB 薄膜的 GIWAXS 衍射图谱及相应的面内(IP)面外(OOP)衍射信号

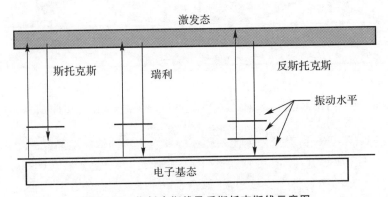

图 8-35 斯托克斯线及反斯托克斯线示意图

Keivanidis 课题组利用拉曼光谱研究了 PDI 类分子的聚集行为。他们发现,在 1604 cm^{-1} 位置的吸收峰对应苝的芳香内核的 C=C/C—C 伸缩振动以及 C=O 键非对称拉伸。该吸收峰对分子间的 π-π 相互作用(即 EP-PDI 分子的聚集)非常敏感。而在 1300 cm^{-1} 位置的吸收峰对应苝的 C—C 拉伸以及 CH 面内的弯曲振动。由于 1300 cm^{-1} 的吸收峰的振动频率不会随着分子聚集行为而发生改变。因此,以 1300 cm^{-1} 吸收峰作为内标,Li 等利用 1604 cm^{-1}/1300 cm^{-1} 拉曼强度比值来表征薄膜中 EP-PDI 分子间的聚集行为。由图 8-6 可以看到,加入添加剂后,薄膜粗糙度由 30 nm 以上降低到 5 nm 左右,但是拉曼峰强比却有增无减,即 EP-PDI 分子间仍然存在较强的 π-π 相互作用。可见,通过引入添加剂,在降低薄膜中相区尺寸的同时,EP-PDI 分子间的有序堆积并未受到影响。

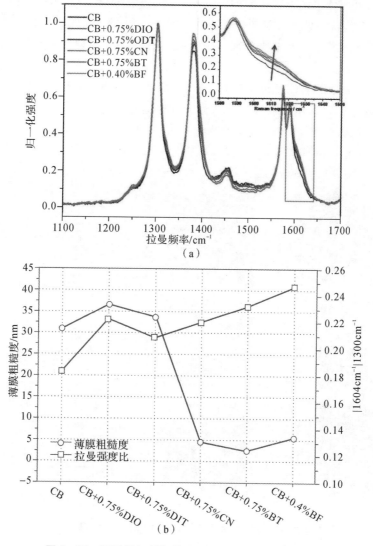

图 8-36　不同添加剂条件下 PTB7/EP-PDI 共混薄膜

(a)拉曼光谱,(b) PTB7/EP-PDI 体系中薄膜粗糙度以及 1604 cm^{-1}/1300 cm^{-1} 拉曼光谱峰强度比值与所使用添加剂之间的依赖关系图。

拉曼显微镜则是利用一束激光照射样品,与样品相互作用后发生散射,最后信号被探测器所收集成像,通常利用能量范围在 $10^{-3} \sim 10^{-1}$ eV 的分光仪作为探测器。在拉曼显微镜的图像中,数据被收集在一个网格模式中,得到一个三维模式的数据(x,y 代表位置,z 代表能量转化)。因此,拉曼显微镜可以用于相区的成像测试以及检测材料荧光的空间分辨的变化等。用于拉曼测试的样品表面要比较光滑,表面粗糙度要小于 500 nm。另外,拉曼显微镜光能量密度相对较高,通常会由于热辐射损伤使样品退化。Gery 等通过采用具有光电流成像和数据分析技术的共振拉曼显微镜进一步深入研究了 P3HT/PCBM 薄膜的微纳结构，将拉曼显微镜的应用提高了一个层次，使得 P3HT/PCBM 共混体系的聚集状态的表征更形象化，并建立了共混体系的聚集状态与光电流生成能力的联系。如图 8-37 所示，(a)(d)为退火前后 P3HT 的拉曼 C＝C 伸缩振动峰的峰强分布，(b)(e)为退火前后 P3HT 的拉曼 C＝C 伸缩振动峰聚集部分和非聚集部分峰面积的比值 R，(c)(f)为退火前后薄膜光生电流强度的分布。比较三类图可以发现，在 P3HT/PCBM 所形成的相分离形貌中，P3HT 相或聚集的 P3HT 区域光生电流较弱，而 PCBM 富集相的光生电流较强；这是由于在 P3HT 强聚集相中 PCBM 含量低，虽然能够形成载流子传输通路，但界面数量限制了光生载流子的形成。进一步，发现在 P3HT/PCBM 的界面处光生载流子的效率较低，这揭示了 P3HT/PCBM 的相结构中 PCBM 分布是空心的，即相界面处的相区纯度比每一相中心区域更高，退火之后的薄膜相分离更完全，这一现象也更严重。

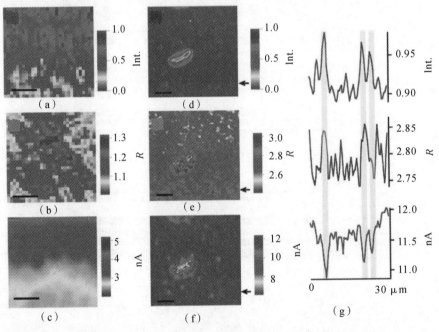

图 8-37　采用共聚焦拉曼显微镜研究 P3HT/PCBM 有机太阳能电池的相分离行为

8.3　成膜过程

　　成膜动力学是指溶液固化形成薄膜过程中结构的演变。薄膜干燥的速率可以通过溶剂挥发速率和温度进行调节。通过改变溶剂的挥发速率以及基底的温度，可以调控分子自组织时间和溶解度(凝胶和结晶的驱动力)。由于在湿润的薄膜中处于溶解状态的分子具有较高的扩散运动能力，干燥过程中分子可以扩散进行成核结晶，而结晶过程往往会引起相分离行为的变化。因此，可以通过精细控制成膜干燥过程来控制相分离形貌。成膜过程的监测是结合椭圆偏振光谱、紫外-可见吸收光谱、掠入射广角和小角 X 射线以及光散射等几种原位表征方法来跟踪溶液到薄膜的过程中溶剂含量、薄膜厚度、聚集程度、分子局部有序性以及富集相的变化,能够更加清楚地认识溶液的热力学性质对成膜动力学及薄膜形貌的影响,有助于全面理解给/受体分子在干燥过程中的聚集、结晶行为以及相分离的机理。

原位表征薄膜形成过程需要在不断挥发的溶剂氛围中进行。因此,需要真空环境的表征手段(例如,透射电镜)和需要固-固界面接触的表征技术(例如,原子力显微镜)无法用于原位成膜表征。此外,原位表征技术应具有较短的响应时间,能够在 100 ms 左右或在更短时间内收集数据。目前,成膜过程原位表征手段主要基于 X 射线和光学等表征技术。成膜时间对薄膜的厚度以及薄膜中组分的聚集生长及相分离结构均有很大的影响。原位成膜动力学的表征需要监测成膜过程中厚度的变化,以确定薄膜干燥的状态,最常用的表征手段是白光或激光反射法以及椭圆偏振光谱。原位紫外-可见吸收光谱和原位荧光光谱则能够获取成膜过程中给/受体分子的聚集和有序性的变化,掠入射广角 X 射线散射(Grazing Incidence Wide-angle X-ray scattering, GIWAXS)适用于表征成膜过程中给受体分子成核结晶的变化。激光散射和掠入射小角 X 射线散射(Grazing Incidence Small angle X-ray Scattering, GISAXS)可分别用于监测成膜过程中液-液相分离与相分离大小的变化。表征溶液到薄膜形成的动力学过程通常需要几种原位表征技术联合使用,以更加深入地理解整个成膜过程。

8.3.1 薄膜厚度

薄膜的干燥过程主要有四个阶段,在早期的干燥过程中,厚度与时间存在线性关系,符合拉乌尔定律,固体的体积分数较小,并且质量转移系数恒定。随后的溶剂挥发阶段,薄膜中溶质的体积分数逐渐增大,干燥速率减慢,厚度与时间曲线呈"膝盖"状。然后是溶剂挥发速率极其缓慢的阶段,此时薄膜的厚度几乎不变。最后,溶剂完全挥发后形成干燥薄膜。溶液到薄膜的干燥过程的三个阶段在体相异质结成膜过程中普遍存在。下面介绍利用激光干射法和椭圆偏振光谱法检测从溶液到薄膜动态变化过程的各个阶段。

1. 激光干涉法

薄膜干涉法是测量薄膜形成过程中厚度变化最常用的技术之一。在干燥薄膜时,激光在空气-薄膜和薄膜-基底界面处产生反射光发生光学干涉。通过光电二极管可以监测薄膜干燥过程中反射光的相长和相消干涉,利用折射率和薄膜厚度的知识可以计算薄膜干燥过程中厚度随时间的变化。图 8-38 是薄膜干燥过程中测试反射光的几何路径示意图。假定大气的折射系数 $n_0=1$,依据斯涅耳定律和基础几何定律、光程差以及反射光的相长干涉和相消干涉的差值可以计算薄膜的厚度,即

$$\Delta = 2d\sqrt{n_1^2 - \sin^2\alpha} \tag{8-1}$$

$$\Delta = \frac{m}{2} \cdot \lambda \tag{8-2}$$

式中:$m=1,2,3,\cdots$,是相长和相消干涉的数值,n_1 是反射系数,λ 是光的波长。由于溶剂的挥发,反射系数 n_1 并不是常数,而是组分体积分数 φ_i 的函数(s 代表固体,l 代表液体),有

$$N_1 = \sum_{i=1}^{K} \varphi_i \cdot n_1 \tag{8-3}$$

$$\Phi_s = 1 - \varphi_1 = d_{dry}/d \tag{8-4}$$

将式(8-2)~式(8-4)代入式(8-1),产生一个表达式来计算薄膜的厚度:

$$D = \frac{-B + \sqrt{B^2 - 4AC}}{2A} \tag{8-5}$$

$$A = n_1^2 - \sin^2 \alpha, \quad B = 2d_{dry}n_1(n_s - n_1), \quad C = d_{dry}^2(n_s - n_1)^2 - n^2\lambda^2/4$$

$$X_s = \left(1 + \frac{d_{dry}}{d - d_{dry}} \cdot \frac{\rho_s}{\rho_1}\right)^{-1} \tag{8-6}$$

因此,薄膜的厚度可以通过式(8-6)转化成质量分数,其中 X_s 是溶剂质量分数,ρ_i 是液体和固体成分的密度。

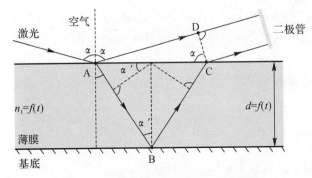

图 8-38 激光通过薄膜的光路示意图

激光以角度 α 进入薄膜,部分光以角度 α 从薄膜表面反射出来。光通过湿润薄膜由溶液的较高的折射率 n_1 引起方向的变化,这两个光束的光路差值 Δ 导致干涉的发生

图 8-39(a)表示的是 P3HT/PCBM 的邻二氯苯溶液在干燥过程中激光反射计的信号、相关厚度(干燥曲线)以及溶液组分随时间的变化规律。由数据可以看到,干燥过程分为恒定速率期(Period Ⅰ)及低速率区(Period Ⅱ)。在 Period Ⅰ 阶段(0~510 s),干燥速率由气相中溶剂的质量传递所决定,该阶段的特点为薄膜厚度随溶剂挥发的线性减小。随着溶剂持续挥发,干燥阶段进入 period Ⅱ 阶段(510~830 s),在溶剂含量较低的情况下,薄膜中的溶剂扩散在干燥过程起主导作用,并且溶剂的挥发速率呈数量级幅度的降低;在检测范围内很难观测厚度的变化[因为在特定的条件下($\lambda = 650$ nm,$\alpha = 35°$)两个干涉条纹之间的厚度变化为 100 nm],因此仅能通过最后干涉条纹与达到恒定光电压的点之间的时间间隔来估计该周期的持续时间。Janssen 等利用激光干涉法监测了添加剂对 PDPP5T:$PC_{71}BM$ 氯仿溶液体系成膜动力学的影响。尽管主溶剂氯仿的沸点很低且成膜的时间很短,但是激光干涉的测量方法的时间分辨率很高,能够快速收集信号,能够监测整个成膜过程中薄膜厚度的变化。图 8-39(b)对比了没有添加剂和有添加剂 O-DCB 溶液 2 000 r/min 旋涂过程中薄膜厚度和光散射的变化。从溶液到挥发约 0.3 s 的薄膜转变过程中干燥速率明显转变。CF 薄膜干燥在约 0.7 s 时快速停止,而 O-DCB 溶胀的薄膜的干燥时间延长,大约至 5 s 薄膜厚度才达到恒定。

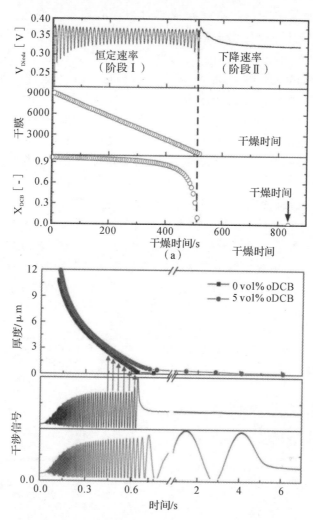

图 8-39　反射计光电二极管的电压信号、厚度、溶剂质量分数随着干燥时间的变化趋势和添加剂对 PDPP5T/PC$_{71}$BM 成膜过程中激光干涉和厚度的影响

2. 椭圆偏振光谱法

与激光反射计相比,椭圆偏振光谱法是通过分析反射偏振光的相和振幅来实现材料的一些常见性质的表征的,比如光学常数、薄膜厚度、表面粗糙度、光学各向异性和薄膜或者材料的成分变化。由于信息中包含"相位"的信息,所以椭圆偏振光谱表征技术比光谱反射法更灵敏。Wang 等利用原位椭圆偏振光谱表征了 P3HT/PCBM 氯苯溶液制备薄膜厚度随时间的变化规律,如图 8-40 所示。图 8-40(a)是薄膜干燥过程中特定波长下的椭圆偏振光谱测试的原始数据。在合适的波长范围内,利用椭圆偏振光谱的相关参数(φ,Δ)通过模型可以得出膜厚度与时间的关系[见图 8-40(b)]。第一阶段内(占据着薄膜干燥过程大部分时间),溶剂快速挥发;在第二阶段,溶剂的挥发速率突然降低,薄膜厚度随时间变化的曲线出现"拐点",此时薄膜中还残余大约 50% 的溶剂;在第三阶段,溶剂进一步挥发但挥发速率进一步降低,此时固体浓度超过 90%。可变角椭圆偏振光谱不仅能够原位表征成膜过程

中膜厚的变化,还能够表征出聚合物在成膜过程中有序性的变化。在图 8-40(c)~图 8-(f)中可以看出薄膜消光系数 k 的变化:在薄膜干燥的第一阶段,消光系数 k 光谱的形状与 P3HT 稀溶液的光谱相似,表明链间的相互作用较弱。在第二阶段,溶剂的挥发速率降低,光谱的强度增加并发生红移,此外,对应于分子间有序堆叠的峰出现并变得突出(第二阶段结束时的光谱与完全干燥的薄膜光谱相类似),意味着 P3HT 的链共轭长度增加且链间的相互作用增强。在第三阶段,光谱强度仅略微增加,表明此阶段分子聚集态变化较小。

Ye 等利用可变角椭圆光谱仪测量了 PBDT-TS1/PPDIODT 全聚合物体系在刮涂成膜过程中膜厚的变化,以便更好地理解添加剂对相分离机理的影响和其在成膜动力学过程中的作用。

如图 8-41 所示,依据溶液干燥过程中椭圆偏振光谱数据建立模型,表征了不同含量 DPE 添加剂在刮涂过程中对全聚合物共混体系薄膜厚度及成膜时间的影响。从图 8-41 中可以清楚地看到不含添加剂的溶液中,成膜过程仅包含一个干燥过程;含添加的体系中,成膜过程包含两个过程:首先主溶剂完全挥发,然后添加剂溶胀薄膜,且随着添加剂含量升高,薄膜溶胀时间延长。因此,利用椭圆偏振光谱仪可以在一定程度上揭示添加剂对成膜动力学的影响。

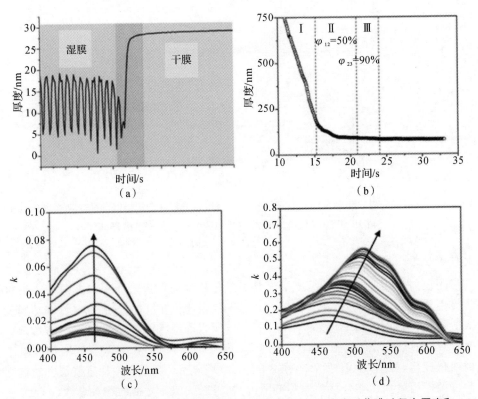

图 8-40 由椭圆偏振光谱仪测试得到的 P3HT/PCBM 氯苯溶液到薄膜过程中厚度和消光系数随时间的变化

(a)椭圆偏振原始数据;(b)薄膜厚度变化;(c)(d)不同波长的消光系数随着干燥时间的变化

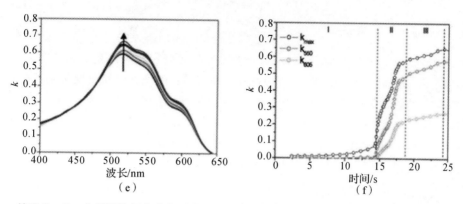

续图 8-40　由椭圆偏振光谱仪测试得到的 P3HT/PCBM 氯苯溶液到薄膜过程中厚度和消光系数随时间的变化

(e)(f) 不同波长的消光系数随着干燥时间的变化

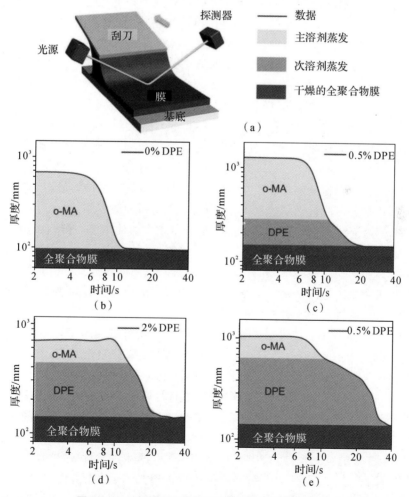

图 8-41　椭圆偏振光谱平台和刮涂设备的示意图和不同含量 DPE 的 PBDT-TS1/PPDIODT 成膜过程中厚度随时间的变化

8.3.2 分子有序堆叠程度

在溶液到薄膜的过程中,成膜过程中分子的有序性变化会对薄膜的相分离形貌产生重要的影响。溶液中的分子有序聚集结构往往会降低成核势垒,增加成膜后期成核的数量。而成核数量对相分离的相区尺寸起着重要的作用,成核越多越有利于液-固相分离或结晶诱导相分离,有利于减小相分离的尺寸。因此,表征原位成膜过程中分子有序堆叠行为有利于深入理解薄膜形貌的变化。

1. 原位荧光光谱

原位荧光测试过程比较简单,但是对原位的荧光数据需要谨慎处理。利用原位荧光光谱测试体相异质结薄膜的干燥过程,需要深入理解有机分子的发光理论和相关淬灭机制。前面已经对荧光光谱的机制进行了概述,这里不加赘述。为了更深入地理解并掌握成膜过程中荧光强度的变化机制,本节详细介绍有机共轭分子的荧光淬灭机制(链内缺陷、相区纯度低或掺杂、光化学氧化、浓度淬灭、聚集淬灭以及有效光诱导电荷转移引起的淬灭),一个材料体系中的荧光淬灭通常是几种淬灭机制同时发生并导致的结果。

(1)浓度淬灭:在理论和实践中,荧光衰减动力学与浓度相关。在充分稀释的溶液中分子(或者聚合物链)彼此之间不接触,在干燥过程中荧光信号保持恒定。此外,其他的淬灭机制(相区纯度低/掺杂,第二组分作为淬灭剂以及光化学氧化)同样也与浓度相关。浓度依赖性可以通过Stern-Volmer理论解释,这个理论认为两种最常见的淬灭形式是动态淬灭和静态淬灭。这两种淬灭形式均要求荧光团和淬灭剂两分子相互接触。动态淬灭要求淬灭剂在激发态寿命时间内扩散到荧光团中,静态淬灭是荧光团与淬灭剂形成复合物的基态非辐射释放。

(2)聚集淬灭:聚合物链聚集会产生大量的链间结构,而这种结构倾向于非辐射松弛,导致荧光淬灭。这是著名的荧光团的自淬灭机制,与荧光团的浓度相关。

(3)电荷转移淬灭:在给体及受体材料界面处会产生内建电场,能够促进激子发生电荷转移形成自由移动的载流子,从而导致荧光发生淬灭。

荧光测试体相异质结薄膜干燥的过程中,聚集淬灭、浓度淬灭及电荷转移淬灭是主要的淬灭机制。尽管荧光不能测量定量的结果,但由于其对溶液和组分的热力学性质十分敏感,因此是表征薄膜干燥过程中十分重要的方法。

Güldal等利用原位表征技术表征了P3HT/PCBM的邻二氯苯溶液刮涂成膜过程中的荧光强度的变化。如图8-42(a)所示,荧光强度变化主要分三个阶段:在200 ms～60 s过程及60～80 s过程中荧光强度快速下降,在80 s后荧光强度恒定。结合成膜过程中溶质浓度变化,可以判断在200 ms～60 s过程,溶剂的挥发导致溶质浓度急剧升高,因此在这个阶段荧光强度下降主要源于浓度淬灭。在60～80 s过程中,此时溶质浓度基本恒定,此时荧光强度的快速下降则主要源于溶质分子间的聚集淬灭。为了进一步证实此观点,笔者表征了60～80 s的荧光光谱。如图8-42(b)所示,可以看到在这个阶段荧光光谱形状发生了明显变化:在630 nm处的发射峰的强度逐渐降低,同时光谱出现红移并在750 nm处出现肩峰。这些特征均表明聚合物之间通过π-π相互作用形成了小的局部有序聚集体。

在结晶性较强的共混体系中,还能够利用原位荧光光谱表征给/受体在成膜过程中的结晶顺序。Liu 等利用荧光光谱表征了添加剂对 S－TR/ITIC 共混体系给受体结晶顺序的影响，如图 8－43 所示。未添加 CN 成膜的薄膜中，S－TR 的结晶信号位于 700 nm 处，ITIC 的结晶信号位于 773 nm 处[见图 8－43（a）]；而在添加 CN 成膜的薄膜中，S－TR 的结晶信号位于 695 nm 处，ITIC 的结晶信号位于 784 nm 处[见图 8－43（a）]；因此，可以通过分析图中各峰位信号强度的时间依赖性监测成膜过程中不同组分的聚集行为。如图 8－43（a）所示，当溶液中无 CN 时，成膜过程中在 25 s 附近时，S－TR 和 ITIC 荧光峰几乎同时增加，这表明两者几乎同时从溶液中析出，发生结晶。当向溶液中加入 CN 后，如图 8－43（b）所示，随着溶剂挥发，在 25 s 附近 S－TR 达到饱和溶解度开始析出；此时，溶剂挥发导致 ITIC 浓度增加，ITIC 也在一定程度上发生聚集，形成晶核（此时 CN 残余，且 ITIC 在 CN 中溶解度较高，抑制了 ITIC 结晶）；随着 CN 的挥发，ITIC 浓度进一步增大，在 115 s 附近时 ITIC 分子开始发生聚集，形成晶体。除给受体结晶顺序外，通过分析原位荧光光谱，还能够看到由于添加了 CN，结晶过程由未添加 CN 时的 35 s 延长至添加 CN 后的 270 s。由此可见，原位荧光光谱不仅能够反映成膜过程中局部有序结构的形成，还能够准确描述自组织时间。

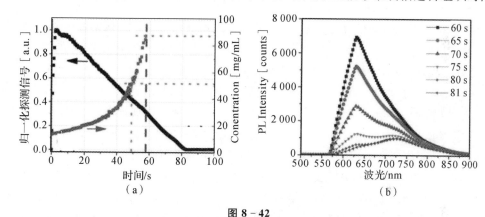

图 8－42

(a) P3HT/PCBM 共混体系薄膜干燥过程中荧光强度 PL 强度与时间关系和溶液浓度随时间的变化规律；
(b) 60～81 s 干燥过程中 P3HT/PCBM 共混薄膜荧光光谱演变[78]

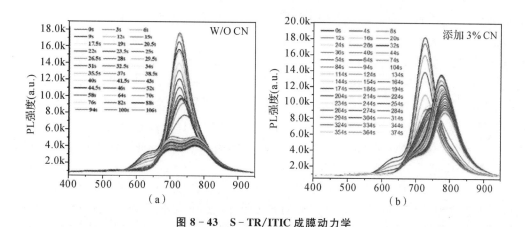

图 8－43　S－TR/ITIC 成膜动力学

(a) 未添加 CN 的 S－TR/ITIC 各时间节点荧光光谱；(b) 添加 3%CN 的 S－TR/ITIC 时间节点荧光光谱

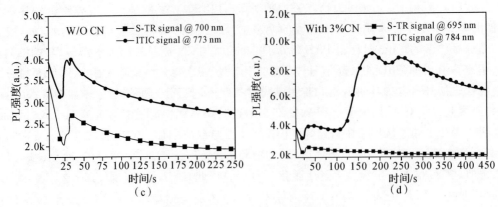

续图 8-43　S-TR/ITIC 成膜动力学

(c) 未添加 CN 的 S-TR/ITIC 溶液成膜动力学时序图；(d) 添加 3%CN 的 S-TR/ITIC 溶液成膜动力学时序图

2. 原位-紫外可见光谱

在溶液状态表征部分已经提到紫外-可见吸收光谱吸收特征与其聚集形态密切相关，而很多体系在成膜过程中分子的聚集形态会发生明显变化，因此根据特征峰强度或峰位的变化，也可以实现对成膜过程中分子聚集行为的实时监测。

Liang 等监测了 P3HT/O-IDTBR 共混体系中的 P3HT 与 O-IDTBR 吸收光谱随时间的变化，如图 8-44 所示。由紫外-可见吸收光谱发现，随着溶剂挥发，P3HT 与 O-IDTBR 的有序聚集吸收均增加。而加入 TCB 的溶液成膜所需时间更长，同时 P3HT 与 O-IDTBR 的有序聚集吸收在成膜完成后更强。为了清晰起见，Liang 绘制了 P3HT/O-IDTB 共混 CB 溶液与添加 TCB 的溶液成膜过程中 550 nm 及 600 nm 处光吸收随时间的变化。对于没有 TCB 的溶液成膜过程，可以观察到三个不同的阶段，如图 8-44（a）所示：在第 I 阶段（0～40 s，溶解状态），P3HT 和 O-IDTBR 均溶解在 CB 当中，吸收峰的峰强度没有明显变化（P3HT 和 O-IDTBR 的峰值强度分别为 0.62 和 0.42）。在第二阶段，随着 CB 继续蒸发，P3HT 和 O-IDTBR 几乎同时在 CB 中达到它们的溶解度极限。由于 P3HT 与 O-IDTBR 有序聚集峰均增强，以此判定 P3HT 和 O-IDTBR 进入结晶过程（第二阶段，40～50 s，结晶过程）。在此阶段，由于溶剂在共混体系中起到增塑剂的作用，可以增加分子的扩散速率，P3HT 和 O-IDTBR 分子在溶液中的扩散运动速率随着溶剂的蒸发而减小。由于物质的结晶需要分子的扩散和重排，因此给/受体的结晶行为受到分子扩散的制约。由于 CB 的沸点（132 ℃）较低，结晶过程相对较短（约 10 s）。一旦溶剂完全蒸发，给受体分子的扩散运动就显著减小，从而结晶过程结束。之后，P3HT 或 O-IDTBR 不再继续进行结晶或晶体生长。此时，成膜过程达到 III 阶段，给/受体有序聚集峰不再变化，薄膜此时处于玻璃态，P3HT 和 O-IDTBR 的最终峰值强度分别为 1.5 和 1.3。

加入 TCB 的共混溶液成膜过程也分为三个阶段，如图 8-44（c）（d）所示。含有 TCB 的溶液成膜过程在 550 nm 与 700 nm 处的光吸收变化趋势与不含 TCB 共混溶液成膜过程中第 I 阶段与第 III 阶段的变化趋势相似，但第 II 阶段变化较大。P3HT 在第 II 阶段（40～60 s）的吸收强度迅速增加，表明 P3HT 开始成核与晶体生长。吸收强度值达到 1.3，几乎达到了最终吸收强度,表明 P3HT 链重排结晶已基本完成。这是由于 CB 的蒸发速率比 TCB 快,CB 挥发过程引起 P3HT 结晶。在第二阶段后期(60~210 s),剩余的 TCB 作为 P3HT 分子扩散的增塑剂,使得 P3HT 分子链局部重排,延长了 P3HT 的自组织时间,导致吸收强度略有增加(达到 1.6)。然而,在第二阶段,O-IDTBR 的聚集行为不同 P3HT 的聚集行为,在 35~50 s 中,O-IDTBR 中只有一部分聚集并形成晶核,这是由于 O-IDTBR 在 TCB 中的溶解度较高(124 mg·mL^{-1}),仍溶解于 TCB 中。随着成膜时间延长,溶剂挥发,一旦 O-IDTBR 达到 TCB 的溶解度极限,O-IDTBR 晶体生长开始,导致吸收强度迅速增加(180~210 s)。

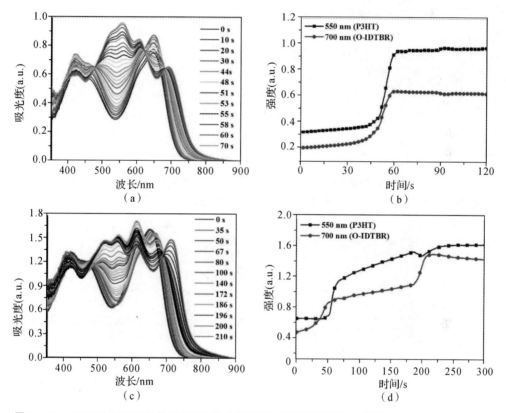

图 8-44 P3HT/O-IDTBR 共混 CB 溶液成膜过程中不同时间吸收光谱及 550 nm 与 700 nm 处吸收强度随时间的变化(a)和(b)。P3HT/O-IDTBR 共混含有 2%TCB 溶液成膜过程中不同时间吸收光谱及 550 nm 与 700 nm 处吸收强度随时间的变化(c)和(d)

3. 原位掠入射 X 广角射线衍射

掠入射 X 广角射线衍射(GIWAXS)通常用来研究原子尺度上的晶体结构,例如晶体的取向、晶体尺寸和结晶度等。然而,由于有机半导体薄膜结晶度较低,因此测量的仅是平面之间的周期性,而不是单位晶胞内的原子位置。例如,图 8-45(a)是半结晶 P3HT/PCBM 共混薄膜的典型 GIWAXS 图像,可以清晰看到 P3HT 的(010)及(100)衍射信号;图 8-45(b)中给出了相应衍射信号对应的重复单元结构,分别为分子链段间 π-π 堆叠及烷基侧链间堆叠。另外,有机光电子领域中常使用氯代试剂(如氯苯和邻二氯苯),因为其容易吸收 X

射线。例如,高能量(10 keV)的 X 射线束以 $0.1°\sim0.2°$ 角度的掠入射仅能够透过 1 μm 或者更薄的溶液到达基底,因此不太可能采集到液膜中的体相信息。鉴于此,在原位表征测试过程中溶液和液膜的厚度不能太厚,以确保仪器能够采集成膜过程中液膜体相中分子聚集行为,从而实现利用时间分辨掠入射广角 X 射线散射表征干燥过程中薄膜中分子结晶行为的目的。

原位 GIWAXS 也能够表征溶质分子在成膜过程中的结晶时间段。例如,图 8-45(c)为 P3HT 成膜过程中的结晶动力学时序图,结果表明在溶剂快速挥发阶段(Ⅱ),P3HT 结晶度增加最为明显,这主要是由于在此过程中溶剂挥发导致 P3HT 浓度急剧升高,从而从溶剂中析出结晶。在共混体系中,原位 GIWAXS 则能够表征给体分子及受体分子在成膜过程中的结晶顺序。例如,图 8-45(d)为 P3HT/PCBM 共混体系成膜过程中不同时间节点的 X 射线衍射图样:在固体的质量分数为 14% 时,P3HT 的(100)衍射峰开始出现,随着溶剂的不断挥发,固体质量分数为 50% 时 PCBM 的结晶衍射峰出现,这表明 PCBM 的聚集可能是成膜过程中 P3HT 的自组织结晶导致的——聚合物相邻链的平面化和链堆叠将 PCBM 分子推入聚合物基质的无定形区域,驱动富勒烯分子的局部浓度增加然后聚集。根据上述数据,笔者描绘了成膜过程中的三个阶段,如图 8-45(e)所示:在早期,固体浓度低于聚合物及富勒烯的开始自组织所需的浓度,给/受体均一共混;当溶剂挥发高于 P3HT 固体含量阈值时,聚合物链开始快速自组织,在溶液中形成微晶;随着溶剂进一步挥发,P3HT 晶体快速生长,同时驱动 PCBM 扩散至非晶区聚集形成微晶。

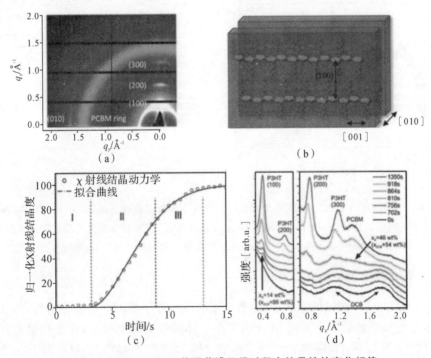

图 8-45 P3HT/PCBM 共混薄膜干燥过程中结晶性的变化规律

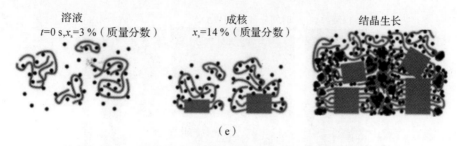

续图 8-45　P3HT/PCBM 共混薄膜干燥过程中结晶性的变化规律

(a)P3HT/PCBM 共混薄膜离位 GIWAXS 图像；(b)共轭聚合物晶体结构示意图；
(c) P3HT 归一化结晶度[(100)布拉格衍射峰强度]在成核过程中的变化；(d) P3HT/PCBM 成膜过程中
X 射线散射的演变；(e) P3HT/PCBM 共混薄膜形貌演变三阶段的示意图

Perez 利用时间分辨 GIWAXS 原位研究了含有成膜过程结晶中间相行为对薄膜结晶性的影响。以 p-DTS(FBTTh$_2$)$_2$/PCBM 共混体系为例，如果不添加 DIO，成膜过程中 p-DTS(FBTTh$_2$)$_2$ 直接形成晶相，但是结晶度较低；当使用 DIO 作为添加剂时，在试剂挥发的过程中 p-DTS(FBTTh$_2$)$_2$ 在薄膜中先形成中间相(液晶相)，然后在成膜中后期液晶相逐渐转变为晶相，薄膜结晶性提高，如图 8-46 所示。而添加剂的主要作用是在成膜过程中促进液晶相到晶相的转变。为了证实此观点，利用淬灭的方法在不添加 DIO 的情况下使 p-DTS(FBTTh$_2$)$_2$ 在薄膜中形成中间相，而后利用原位 GIWAXS 研究薄膜结晶行为随时间的变化。结果表明，随着时间的延长，液晶相也能逐渐转变为晶相，只不过这一过程要持续近 7 天，最终形成高结晶性薄膜，如图 8-46(c)所示。McDowell 等在共混体相异质结中加入了少量的聚苯乙烯(PS)，这也能够促进液晶相转变为晶相。将原位 GIWAXS 与成膜过程中薄膜厚度数据相结合，结果表明 PS 能够降低溶剂挥发的速率，使溶剂在薄膜中停留更长的时间，而残余溶剂能够起到溶剂退火的作用，加速液晶相转变为晶相，并能将薄膜厚度从 95 nm 提高到 130 nm。

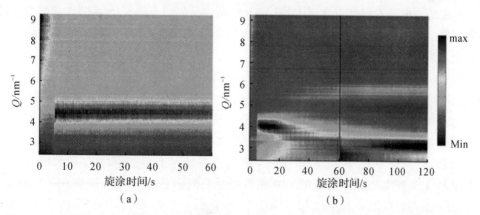

图 8-46　原位 GIWAXS 表征 p-DTS(FBTTh$_2$)$_2$/PCBM 共混体系旋涂过程中结晶行为的变化

(a)无添加剂；(b)添加 0.4% DIO

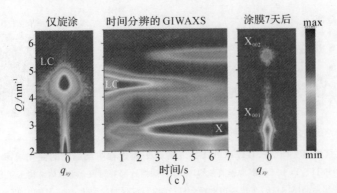

续图 8-46 原位 GIWAXS 表征 p-DTS(FBTTh$_2$)$_2$/PCBM 共混体系旋涂过程中结晶行为的变化

(c) 左侧是 p-DTS(FBTTh$_2$)$_2$ 薄膜利用淬灭方法形成液晶的 GIWAXS 图,右侧是此
p-DTS(FBTTh$_2$)$_2$ 薄膜由液晶相转变为晶相的原位 GIWAXS 图

8.3.3 相分离行为

掠入射小角 X-射线散射(GISAXS)已经成为表征薄膜和纳米结构的主要技术手段。与成像技术不同,掠入射小角 X-射线散射能够在任何样品环境中使用,并且具有高的灵敏度和统计平均值。因此,能够从动力学角度研究分析体相异质结薄膜的相分离发展过程。

将原位 GISAXS 与原位 GIWAXS 联用可以判断成膜过程中的相分离类型。例如,在 PDPP4T/PCBM 共混体系中利用 CF 为溶剂直接旋涂的薄膜,倾向于获得大尺寸的相分离形貌,器件性能仅为 1% 左右;而添加 DCB 后,薄膜相区尺寸显著降低,器件性能大幅提高(至 5%)。为了研究 DCB 在成膜过程中所扮演的角色,T. P. Russell 等利用夹缝式挤压型涂布机(slot-die)研究了成膜过程共混体系结晶性及相区尺寸的变化,如图 8-47 所示。结果表明,当 DCB 含量为 5% 时,GIWAXS 和 GISAXS 信号同步变化;当 DCB 含量较高时(20% 及 50%),可以看到共混体系 GIWAXS 结晶信号先于 GISAXS 相分离信号变化,这表明不管添加剂含量如何,共混体系应当都是由聚合物的劣溶剂 DCB 促进聚合物结晶,进而诱导相分离发生。

DeLongchamp 课题组和 Amassian 课题组结合 SE、GIWAXS 和 GISAXS 等表征手段原位表征了不同种类添加剂对成膜过程结晶及相分离行为的影响(选择性添加剂 ODT 或者是非选择性添加剂 CN)。对于 P3HT/PCBM 共混体系而言,ODT 可选择性溶解 PCBM,而 CN 对两者均具有较好的溶解度。结果表明,在不含添加剂情况下,P3HT 结晶发生在成膜阶段末期,且晶体主要呈 edge-on 取向,意味着此过程主要是 P3HT 界面成核。另外,P3HT 结晶度仅为纯 P3HT 薄膜的 1/2,由此可见共混体系中 PCBM 确实在一定程度上抑制了 P3HT 结晶。GISAXS 变化与 GIWAXS 变化的一致性表明,P3HT 结晶诱导相分离发生,在 P3HT 结晶后 PCBM 开始聚集。使用添加剂 CN 后,可以发现形貌变化规律明显不同。最初的干燥速率很快,这与没有添加剂的溶液一致。但是当 CB 溶剂挥发完全后,剩余低蒸气压的 CN 干燥的速率变得十分缓慢,但是此过程中 P3HT 结晶信号持续增强,表明添加剂不仅促进了早期 P3HT 有序堆叠,也延长了成膜的时间,利于 P3HT 进一步结晶。

GISAXS信号强度在CN挥发过程中持续增强,然而相分离尺寸变化并不明显,表明聚合物网络的形成限制了相分离尺寸的变化,信号强度的变化是由于结晶成核形成了新的有序的相区。使用添加ODT薄膜厚度的变化规律与CN相似,CB试剂快速挥发然后ODT极其缓慢地挥发。但是添加ODT(P3HT的劣溶剂),在更早的阶段,P3HT有序结构便开始形成。在ODT挥发阶段,GIWAXS衍射峰表征的结晶度及GISAXS表征的相结构持续地变化:P3HT的结晶度持续增加,但相分离尺寸随着时间的增加而减小,这表明在ODT挥发过程中P3HT形成的结晶网络结构在持续塌缩。

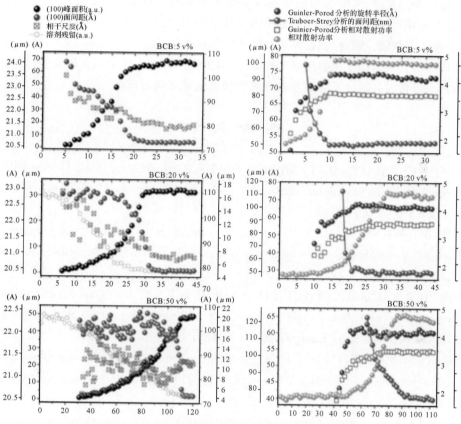

图8-47　CF:O-DCB混合试剂溶液制备的PDPP4T/PCBM-71 BHJ薄膜不同溶剂残余量下形貌信息变化趋势

8.4　小　　结

本章主要介绍了在有机光电子领域中常见的关于溶液状态、薄膜形貌及成膜过程的表征技术的基本原理及方法。在溶液状态表征中,利用紫外-可见吸收光谱、荧光光谱、动态光散射及中子散射等技术,实现了共轭分子在溶液中分子构象(coil构象及rod构象)、分子缠结程度及分子聚集行为(无序缠结聚集体及微晶)的表征。在薄膜形貌表征部分,主要介绍了用于表征相分离结构的实空间表征技术,包括原子力显微镜、透射电子显微镜及扫描电子显微镜等,同时还介绍了一些在原子力扫描探针显微镜的基础上进一步拓展功能的导电原子力显微镜、光电流原子力显微镜及表面电势显微镜技术等。同时,也介绍了倒易空间表征技术,用于表征薄膜的相区尺寸、相区纯度及给受体结晶性,其中包括X射线散射及反射技术、小角X射线散射技术、软X射线散射技术及X射线衍射技术等。原位表征技术赋予了上述表征技术的时间分辨功能,可以用于表征溶剂挥发过程中溶液中分子聚集行为的变化。在原位表征中,详细介绍了用于表征液膜厚度变化的激光干涉谱及椭圆偏振光谱,由此可判断薄膜成膜过程各个阶段以及表征成膜过程中,分子结晶及相分离结构变化的原位紫外-可见光谱、原位荧光光谱、原位X射线衍射及小角X射线散射技术等。随着表征技术的发展,人们将会发现并绘制更复杂的、尺度更小的活性层结构,为建立活性层结构与器件光物理过程间的关联奠定基础。同时,在各种表征技术联用的基础上进一步提高表征手段的时间分辨率,实现对活性层结构变化的实时监控,实现对分子结晶动力学及相分离演变过程的在线观测,为进一步拓展共轭分子结晶及相分离原理提供坚实的后盾。

参 考 文 献

[1] [1] WESTACOTT P, TUMBLESTON J R, SHOAEE S, et al. On the role of intermixed phases in organic photovoltaic blends. Energy & Environmental Science, 2013, 6 (9): 2756 - 2764.

[2] HE M, WANG M, LIN C, et al. Optimization of molecular organization and nanoscale morphology for high performance low bandgap polymer solar cells. Nanoscale, 2014, 6 (8): 3984 - 3994.

[3] PIVRIKAS A, NEUGEBAUER H, SARICIFTCI N S. Influence of processing additives to nano-morphology and efficiency of bulk-heterojunction solar cells: A comparative review. Solar Energy, 2011, 85 (6): 1226 - 1237.

[4] SHAO B, VANDEN BOUT D A. Probing the molecular weight dependent intramolecular interactions in single molecules of PCDTBT. Journal of Materials Chemistry C, 2017, 5 (37): 9786 - 9791.

[5] NORIEGA R. Efficient charge transport in disordered conjugated polymer microstructures. Macromolecular Rapid Communications, 2018, 39 (14): 1800096.

[6] STEYRLEUTHNER R, SCHUBERT M, HOWARD I, et al. Aggregation in a high-mobility n-type low-bandgap copolymer with implications on semicrystalline morphology. Journal of the American Chemical Society, 2012, 134 (44): 18303 - 18317.

[7] NEWBLOOM G M, HOFFMANN S M, WEST A F, et al. Solvatochromism and conformational changes in fully dissolved poly (3 - alkylthiophene)s. Langmuir, 2015, 31 (1): 458 - 468.

[8] RUGHOOPUTH S D D V, HOTTA S, HEEGER A J, et al. Chromism of soluble polythienylenes. Journal of Polymer Science Part B Polymer Physics, 1987, 25 (5): 1071 - 1078.

[9] FAUVELL T J, ZHENG T, JACKSON N E, et al. Photophysical and morphological implications of single-strand conjugated polymer folding in solution. Chemistry of Materials, 2016, 28 (8): 734.

[10] GROSS Y M, TREFZ D, TKACHOV R, et al. Tuning aggregation by regioregularity for high-performance n-type p(ndi2od-t2) donor-acceptor copolymers. Macromolecules, 2017, 50 (14): 5353-5366.

[11] JESPERSEN K G, BEENKEN W J D, ZAUSHITSYN Y, et al. The electronic states of polyfluorene copolymers with alternating donor-acceptor units. The Journal of Chemical Physics, 2004, 121 (24): 12613-12617.

[12] GIUSSANI E, BRAMBILLA L, FAZZI D, et al. Structural characterization of highly oriented naphthalene-diimide-bithiophene copolymer films via vibrational spectroscopy. The Journal of Physical Chemistry B, 2015, 119 (5): 2062-2073.

[13] LIU J, SUN Y, ZHENG L, et al. Vapor-assisted imprinting to pattern poly(3-hexylthiophene) (P3HT) film with oriented arrangement of nanofibrils and flat-on conformation of P3HT chains. Polymer, 2013, 54 (1): 423-430.

[14] LIANG Q, JIAO X, YAN Y, et al. Separating crystallization process of p3ht and o-idtbr to construct highly crystalline interpenetrating network with optimized vertical phase separation. Advanced Functional Materials, 2019, 29 (47): 1807591.

[15] ZHU C, NIU X, FU Y, et al. Strain engineering in perovskite solar cells and its impacts on carrier dynamics. Nature Communications, 2019, 10 (1): 815815.

[16] LIU J, SHAO S, WANG H, et al. The mechanisms for introduction of n-dodecylthiol to modify the P3HT/PCBM morphology. Organic Electronics, 2010, 11 (5): 775-783.

[17] ZHANG X, RICHTER L J, DELONGCHAMP D M, et al. Molecular packing of high-mobility diketo pyrrolo-pyrrole polymer semiconductors with branched alkyl side chains. Journal of the American Chemical Society, 2011, 133 (38): 15073-15084.

[18] HUANG W Y, HUANG P T, HAN Y K, et al. Aggregation and gelation effects on the performance of poly(3-hexylthiophene)/fullerene solar cells. Macromolecules, 2008, 41 (20): 7485-7489.

[19] LIU J, CHEN L, GAO B, et al. Constructing the nanointerpenetrating structure of PCDTBT:PC70BM bulk heterojunction solar cells induced by aggregation of PC70BM via mixed-solvent vapor annealing. Journal of Materials Chemistry A, 2013, 1 (20): 6216-6225.

[20] LIU J, LIANG Q, WANG H, et al. Improving the morphology of pcdtbt:pc70bm bulk heterojunction by mixed-solvent vapor-assisted imprinting: inhibiting intercalation, optimizing vertical phase separation, and enhancing photon absorption. The Journal of Physical Chemistry C, 2014, 118 (9): 4585-4595.

[21] ZHANG R, YANG H, ZHOU K, et al. Optimized domain size and enlarged D/A

interface by tuning intermolecular interaction in all-polymer ternary solar cells. Journal of Polymer Science Part B: Polymer Physics, 2016, 54 (18): 1811-1819.

[22] SILPAWILAWAN W, KUROSAKI K, OHISHI Y, et al. FeNbSb p-type half-Heusler compound: beneficial thermomechanical properties and high-temperature stability for thermoelectrics. Journal of Materials Chemistry C, 2017, 5 (27): 6677-6681.

[23] FRANEKER J J, TURBIEZ M, LI W, et al. A real-time study of the benefits of co-solvents in polymer solar cell processing. Nature Communications, 2015, 6:6229.

[24] CUI Y M, WEN Y M, LIANG X, et al. A tubular polypyrrole based air electrode with improved O-2 diffusivity for Li-O-2 batteries. Energy & Environmental Science, 2012, 5 (7): 7893-7897.

[25] RENAUD G, LAZZARI R, LEROY F. Probing surface and interface morphology with Grazing incidence small angle x-ray scattering. Surface Science Reports, 2009, 64 (8): 255-380.

[26] LI Y C, ZHENG L F, GU S W. Impurity states in a polar-crystal slab. Physical Review B Condensed Matter, 1988, 38 (6): 4096.

[28] YU C, ZHANG P, WANG J, et al. Superwettability of gas bubbles and its application: from bioinspiration to advanced materials. Advanced materials, 2017, 29 (45): 1703053.

[31] CHENG J, WANG S, TANG Y, et al. Intensification of vertical phase separation for efficient polymer solar cell via piecewise spray assisted by a solvent driving force. Solar RRL, 2020, 4 (3): 1900458.

[32] PARNELL A J, DUNBAR A D F, PEARSON A J, et al. Depletion of PCBM at the Cathode Interface in P3HT/PCBM Thin Films as Quantified via Neutron Reflectivity Measurements. Advanced Materials, 2010, 22 (22): 2444-2447.

[33] LEE H, PARK C, SIN D H, et al. Recent advances in morphology optimization for organic photovoltaics. Advanced Materials, 2018, 30 (34): 1800453.

[34] CHEN Y, ZHAN C, YAO J. Understanding solvent manipulation of morphology in bulk-heterojunction organic solar cells. Chemistry-an Asian Journal, 2016, 11 (19): 2620-2632.

[35] LI L, NIU W, ZHAO X, et al. Recent progress in nanoscale morphology control for high performance polymer solar cells. Science of Advanced Materials, 2015, 7 (10): 2021-2036.

[36] GROVES C, REID O G, GINGER D S. Heterogeneity in polymer solar cells: local morphology and performance in organic photovoltaics studied with scanning probe microscopy. Accounts of Chemical Research, 2010, 43 (5): 612-620.

[37] LI M, LIANG Q, ZHAO Q, et al. A bi-continuous network structure of p-DTS (FBTTh2)2/EP-PDI via selective solvent vapor annealing. Journal of Materials

Chemistry C, 2016, 4 (42): 10095 – 10104.

[38] LIU J, TANG B, LIANG Q, et al. Dual Förster resonance energy transfer and morphology control to boost the power conversion efficiency of all-polymer OPVs. RSC Advances, 2017, 7 (22): 13289 – 13298.

[39] ZHOU K, ZHAO Q, ZHANG R, et al. Decreased domain size of p – DTS (FBTTh2)2/P(NDI2OD – T2) blend films due to their different solution aggregation behavior at different temperatures. Physical Chemistry Chemical Physics, 2017, 19 (48): 32373 – 32380.

[40] CASALINI R, CHALOUX B L, ROLAND C M, et al. Ion and chain mobility in a tetrazole proton-conducting polymer. J. Phys. Chem. C, 2014, 118 (13): 6661 – 6667.

[41] NICOLET C, DERIBEW D, RENAUD C, et al. Optimization of the bulk heterojunction composition for enhanced photovoltaic properties: correlation between the molecular weight of the semiconducting polymer and device performance. Journal of Physical Chemistry B, 2011, 115 (44): 12717.

[43] RIVNAY J, JIMISON L H, NORTHRUP J E, et al. Large modulation of carrier transport by grain-boundary molecular packing and microstructure in organic thin films. Nature Materials, 2009, 8 (12): 952 – 958.

[44] NIKIFOROV M P, DARLING S B. Improved conductive atomic force microscopy measurements on organic photovoltaic materials via mitigation of contact area uncertainty. Progress in Photovoltaics Research & Applications, 2013, 21 (7): 1433 – 1443.

[45] SENGUPTA E, DOMANSKI A L, WEBER S A L, et al. Photoinduced degradation studies of organic solar cell materials using kelvin probe force and conductive scanning force microscopy. J. Phys. Chem. C, 2011, 115 (40): 19994 – 20001.

[46] COFFEY D C, GINGER D S. Time-resolved electrostatic force microscopy of polymer solar cells. Nature Materials, 2006, 5 (9): 735 – 740.

[47] ZHAO F, WANG C, ZHAN X. Morphology control in organic solar cells. Advanced Energy Materials, 2018, 8 (28): 1703147.

[48] GASPAR H, FIGUEIRA F, PEREIRA L, et al. Recent developments in the optimization of the bulk heterojunction morphology of polymer: fullerene solar cells. Materials, 2018, 11 (12): 2560.

[49] GURNEY R S, LIDZEY D G, WANG T. A review of non – fullerene polymer solar cells: from device physics to morphology control. Reports on Progress in Physics, 2019, 82 (3): 36601.

[50] LEE M J, GUPTA D, ZHAO N, et al. Anisotropy of charge transport in a uniaxially aligned and chain-extended, high-mobility, conjugated polymer semiconductor. Advanced Functional Materials, 2015, 21 (5): 932 – 940.

[51] CHEN W, XU T, HE F, et al. Hierarchical nanomorphologies promote exciton

dissociation in polymer/fullerene bulk heterojunction solar cells. Nano Letters, 2011, 11 (9): 3707 – 3713.

[52] KOZUB D R, VAKHSHOURI K, ORME L M, et al. Polymer crystallization of partially miscible polythiophene/fullerene mixtures controls morphology. Macromolecules, 2011, 44 (14): 5722 – 5726.

[53] HERZING A A, HYUN WOOK R, SOLES C L, et al. Visualization of phase evolution in model organic photovoltaic structures via energy-filtered transmission electron microscopy. Acs Nano, 2013, 7 (9): 7937 – 7944.

[54] AND X Y, JOACHIM L. Toward high-performance polymer solar cells: the importance of morphology control. Macromolecules, 2007, 40 (5): 1353 – 1362.

[55] CHOCKALINGAM M, DARWISH N, LE S G, et al. Importance of the indium tin oxide substrate on the quality of self-assembled monolayers formed from organophosphonic acids. Langmuir, 2011, 27 (6): 2545 – 2552.

[56] MATSUO Y, SATO Y, NIINOMI T, et al. Columnar structure in bulk heterojunction in solution-processable three-layered p-i-n organic photovoltaic devices using tetrabenzoporphyrin precursor and silylmethyl[60]fullerene. Journal of the American Chemical Society, 2009, 131 (44): 16048 – 16050.

[57] KLEIN M F G, PFAFF M, MÜLLER E, et al. Poly(3-hexylselenophene) solar cells: Correlating the optoelectronic device performance and nanomorphology imaged by low-energy scanning transmission electron microscopy. Journal of Polymer Science Part B Polymer Physics, 2011, 50 (3): 198 – 206.

[58] RIVNAY J, MANNSFELD S C B, MILLER C E, et al. Quantitative determination of organic semiconductor microstructure from the molecular to device scale. Chemical Reviews, 2012, 112 (10): 5488 – 5519.

[59] RAUSCHER M, SALDITT T, SPOHN H. Small-angle x-ray scattering under grazing incidence: The cross section in the distorted-wave Born approximation. Physical Review B Condensed Matter, 1995, 52 (23): 16855.

[61] WU W R, JENG U S, SU C J, et al. Competition between fullerene aggregation and poly(3-hexylthiophene) crystallization upon annealing of bulk heterojunction solar cells. Acs Nano, 2011, 5 (8): 6233 – 43.

[62] LIAO H C, TSAO C S, LIN T H, et al. Quantitative nanoorganized structural evolution for a high efficiency bulk heterojunction polymer solar cell. Journal of the American Chemical Society, 2011, 133 (33): 13064 – 13073.

[63] GANN E, YOUNG A T, COLLINS B A, et al. Soft x-ray scattering facility at the advanced light source with real-time data processing and analysis. Review of Scientific Instruments, 2012, 83 (4): 972 – 975.

[64] SWARAJ S, WANG C, YAN H, et al. Nanomorphology of bulk heterojunction photovoltaic thin films probed with resonant soft x – ray scattering. Nano letters,

2010, 10 (8): 2863-2869.

[66] KANG H, UDDIN M A, LEE C, et al. Determining the role of polymer molecular weight for high-performance all-polymer solar cells: its effect on polymer aggregation and phase separation. Journal of the American Chemical Society, 2015, 137 (6): 2359-2365.

[67] JIMISON L H, SALLEO A, CHABINYC M L, et al. Correlating the microstructure of thin films of poly[5,5-bis(3-dodecyl-2-thienyl)-2,2-bithiophene]with charge transport: Effect of dielectric surface energy and thermal annealing. Physical Review B, 2008, 78 (12): 125319.

[68] WU T M, BLACKWELL J, CHVALUN S N. Determination of the axial correlation lengths and paracrystalline distortion for aromatic copolyimides of random monomer sequence. Macromolecules, 1995, 28 (22): 7349-7354.

[69] LILLIU S, AGOSTINELLI T, PIRES E, et al. Dynamics of crystallization and disorder during annealing of p3ht/pcbm bulk heterojunctions. Macromolecules, 2011, 44 (8): 2725-2734.

[70] LILLIU S, AGOSTINELLI T, VERPLOEGEN E, et al. Effects of thermal annealing upon the nanomorphology of poly(3-hexylselenophene)-pcbm blends. Macromolecular Rapid Communications, 2011, 32 (18): 1454-1460.

[72] sirringhaus h, brown p j, friend r h, et al. Two-dimensional charge transport in self-organized, high-mobility conjugated polymers. Nature, 1999, 401 (6754): 685-688.

[75] GAO Y, MARTIN T P, THOMAS A K, et al. Resonance raman spectroscopic and photocurrent imaging of polythiophene/fullerene solar cells. Journal of Physical Chemistry Letters, 2015, 1 (1): 178-182.

[76] KIEL J W, MACKAY M E, KIRBY B J, et al. Phase-sensitive neutron reflectometry measurements applied in the study of photovoltaic films. Journal of Chemical Physics, 2010, 133 (7): 4533.

[77] YAN H, WANG C, GARCIA A, et al. Interfaces in organic devices studied with resonant soft x-ray reflectivity. Journal of Applied Physics, 2011, 110 (10): 1332.

[79] JONES D P, SMITH R E. A new solid state dynamic pupillometer using a self-scanning photodiode array. Journal of Physics E Scientific Instruments, 1983, 16 (12): 1169-1172.

[80] WANG T, DUNBAR A D F, STANIEC P A, et al. The development of nanoscale morphology in polymer:fullerene photovoltaic blends during solvent casting. Soft Matter, 2010, 6 (17): 4128-4134.

[81] LONG Y, YUAN X, LI S, et al. Precise manipulation of multilength scale morphology and its influence on eco-friendly printed all-polymer solar cells. Advanced Functional Materials, 2017, 27 (33): 1702016.

[82] NIINOMI T, MATSUO Y, HASHIGUCHI M, et al. Penta(organo)[60]

fullerenes as acceptors for organic photovoltaic cells. Journal of Materials Chemistry, 2009, 19 (32): 5804 - 5811.

[83] RIVNAY J, STEYRLEUTHNER R, JIMISON L H, et al. Drastic control of texture in a high performance n-type polymeric semiconductor and implications for charge transport. Macromolecules, 2011, 44 (13): 5246 - 5255.

[85] SCHMIDTHANSBERG B, SANYAL M, KLEIN M F, et al. Moving through the phase diagram: morphology formation in solution cast polymer-fullerene blend films for organic solar cells. Acs Nano, 2011, 5 (11): 8579 - 8590.

[86] SUMBOJA A, FOO C Y, WANG X, et al. Flexible and free-standing reduced graphene oxide/manganese dioxide paper for asymmetric supercapacitor device. Advanced Materials, 2013, 25 (20): 2809 - 2815.

[87] XIAO M, ZHU J, FENG L, et al. Meso/macroporous nitrogen-doped carbon architectures with iron carbide encapsulated in graphitic layers as an efficient and robust catalyst for the oxygen reduction reaction in both acidic and alkaline solutions. Advanced Materials, 2015, 27 (15): 2521 - 2527.

[88] MCDOWELL C, ABDELSAMIE M, ZHAO K, et al. Synergistic impact of solvent and polymer additives on the film formation of small molecule blend films for bulk heterojunction solar cells. Advanced Energy Materials, 2015, 5 (18): 1501121.

[89] LIU F, FERDOUS S, WANG C, et al. Fast printing and in-situ morphology observation of organic photovoltaics using slot-die coating. Advanced Materials, 2015, 27 (5): 886 - 891.

[90] TODOROV T K, TANG J, BAG S, et al. Beyond 11% efficiency: characteristics of state-of-the-art Cu2ZnSn (S, Se) 4 solar cells. Advanced Energy Materials, 2013, 3 (1): 34 - 38.

[91] RICHTER L J, DELONGCHAMP D M, BOKEL F A, et al. In situ morphology studies of the mechanism for solution additive effects on the formation of bulk heterojunction films. Advanced Energy Materials, 2015, 5 (3): 1400975.

第9章 有机太阳能电池的稳定性

9.1 有机太阳能电池的稳定性原理

发展可再生清洁能源技术是21世纪环境保护的主题,太阳能是绿色、无污染、可再生的能源。作为第三代太阳能电池技术之一的有机太阳能电池具有成本低、质量轻、可折叠、可大面积加工等优点,在绿色环保和光电领域内具有广阔的应用前景。随着有机太阳能电池光伏性能的不断提升,单个器件能量转换效率已经超过11%,串联电池的能量转换效率达到12%,这一效率已达到了商业化的效率标准,但有机太阳能电池较差的稳定性和较短寿命已经成为限制其商业化的重要因素。因此,如何提高器件的稳定性和寿命是目前亟待解决的主要技术问题。

有机太阳能电池的稳定性问题源于不同种类的有效层、电极和界面修饰层的性质退化。光照强度、环境湿度、温度等多种因素都会影响器件的稳定性与寿命。近年来,研究者对于器件稳定性的研究也愈加深入和广泛,有机太阳能电池材料与器件的主要退化机制包括化学退化、物理退化和机械退化。具体而言,器件稳定性的影响因素可以分为本征因素和非本征因素。本征因素指的是有效层、有效层/电极界面和电极材料的性质退化,非本征因素指的是器件封装、天气条件、材料对水氧的敏感性以及在高温、高湿度催化下的加速反应引起的性能退化。器件中不同层之间的化学反应以及各层与水、氧、光、热的相互作用都会导致器件的退化与失效。表9-1总结了有机太阳能电池中常见的退化机制与退化类型。

表9-1 有机太阳能电池中常见的退化机制与退化类型

退化机制	退化类型
机械	分层、电极失效、封装失效
温度	加速、分层、形貌变化、扩散
光:光谱响应、总强度	光化学氧化、光漂泊、变黄、机械失效
氧:水、湿度	给体/受体氧化、电极氧化、电荷提取、迁移率变化、透明导电薄膜刻蚀、界面失效
耦合效应:水-机械耦合、光-机械耦合	互联失效
电学:电池、库仑电荷	局域发热、短路

9.1.1 亚稳态形态和电极扩散

有效层是有机太阳能电池的重要组成部分,通常包含两种或三种相(给体、受体和给体受体混合相),有机材料具有较强的流动性,这使得其处于亚稳态形态。研究者通过采用微聚焦掠入射小角 X 射线衍射探究聚合物/富勒烯的亚稳态形态并提出了一种形态退化的模型,研究不同因素对于其形态变化的影响,如图 9-1 所示。尽管在有效层形成过程中使用高沸点的溶剂可以有效地提升器件能量转换效率,但是由于在有效层形成过程中,其形态变化不稳定导致器件稳定性衰退很快。研究者对于器件稳定性的研究也更加深入,如 Park 课题组对比使用 DIO(沸点为 332 ℃的有机溶剂)和未使用 DIO 溶剂制备的有机太阳能电池器件,发现在空气下存放 300 h 后,使用高沸点有机溶剂 DIO 的器件的能量转换效率下降至 39%,而未使用高沸点有机溶剂的器件能量转换效率保持 61%的初始能量转换效率。造成这一现象的主要原因是 $PC_{71}BM$ 在 DIO 溶剂中分解导致形态变化不稳定,进而引起器件性能大幅衰退。

图 9-1 有机太阳能稳定性影响因素示意图

与给体材料和受体材料一样,电极和缓冲层也具有较强的扩散性作用,如图 9-2 所示,ITO 中的金属铟能够扩散至 PEDOT:PSS 层甚至扩散至有效层。若是 Al 金属电极,则 Al 将会扩散至 PEDOT:PSS 层和有效层。当金属电极扩散至缓冲层,会改变其能级和功函数,并且产生陷阱,增加电荷复合作用,进而导致有机太阳能电池器件性能的稳定性下降。

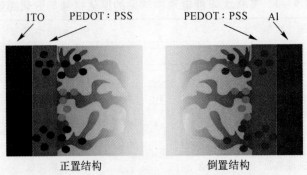

图 9-2 电极扩散和缓冲层扩散的原理示意图

9.1.2 氧气和水的影响

氧气和水对于器件性能的稳定性具有重要的影响。一些功函数比较低的金属会被氧气氧化，进而在电极和缓冲层中间形成一层绝缘的金属氧化物层，或者在电极和有效层之间形成传输势垒，进而导致器件性能的下降。给体材料和受体材料的光氧化作用也具有较强的氧渗透作用。这种氧渗透作用会使得给体材料和受体材料结构发生改变，进而导致其光吸收、能级以及电荷载流子迁移率的改变。除此之外，氧气渗透进有效层会增大空穴的浓度，进而导致深能级缺陷浓度增大以及填充因子（FF）和开路电压（V_{oc}）的降低。水分的渗透作用对于器件性能的稳定性也具有重要的影响。由于 PEDOT:PSS 的吸水性，水分更容易扩散进入器件，进而导致器件稳定性下降。水也可以作为氧化剂破坏低功函数的金属电极，尤其是对于 Al 金属电极，这种作用更加明显。当水分渗透在有效层和电极之间时将会形成一层绝缘的金属氧化层，这一层金属氧化层将导致有效层与电极之间接触的有效面积减小，这层金属氧化物层不利于电荷的激发。同时，当水分扩散进有效层后，会导致 $PG_{71}BM$ 发生移动并聚合，很大程度地相分离会导致给体/受体界面接触的减少，进而不利于激子分离，同时引起器件性能的大幅降低。事实上，氧气和水基本是同时扩散进入器件并影响器件的稳定性，其扩散原理如图 9-3 所示。研究者对于氧气和水等因素采用不同的环境条件进行测试，以进一步验证其对器件稳定性的影响。

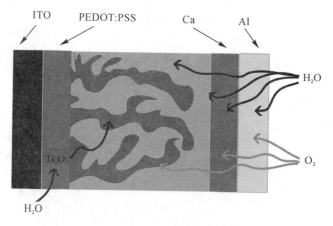

图 9-3 氧气和水扩散原理示意图

9.1.3 光照影响

太阳能电池是一种将光能转换为电能的器件，但是大部分有机太阳能电池在光照下是不稳定的。例如，MDMD-PVV/$PC_{61}BM$ 结构的有机太阳能电池在持续光照 22 h 后，其效率只能保持初始效率的一半。类似地，P3HT/$PC_{61}BM$ 和 PCDTBT/$PC_{71}BM$ 结构的有机太阳能电池在持续光照 500 h 后，均表现出较差的稳定性。除此之外，有机太阳能电池在不同波长和不同强度的光照下也都表现出较差的稳定性。在光照条件下，器件不稳定的主要原因是在有效层、缓冲层以及有效层和电极的界面处发生光化学降解和光物理降解反应。

光化学降解主要是在有效层发生的光氧化反应，这种氧化作用发生于给体材料和受体材料。这些光氧化反应也不利于器件性能的稳定。给体材料和受体材料结构的变化会导致光吸收的减少,而这也导致了激子的减少。同时,这种氧化反应会使得材料亚带隙能级产生,而这种亚带隙能级会使得有效层形态变化更加复杂,且空穴迁移率的减小引起缺陷空间电荷区的建立,进而导致器件性能的下降。另外,这些氧化反应也会引起给体材料和受体材料的能级变化,这是由于氧化反应对于给体材料和受体材料的反应时间和速率是不同的,进而造成其能级的不同。这一差异也是器件性能稳定性下降的原因之一。总之,在光照下,有机太阳能电池的不稳定是有效层的光氧化作用、富勒烯受体材料的光聚合作用以及给体材料的光分解作用造成的。光氧化作用也会发生在缓冲层和有效层/金属电极的界面处。

除了光化学降解外,光物理降解反应对于材料结构的影响也具有重要的影响。对于有机太阳能电池,光诱导电荷积聚也是光物理降解的一个重要原因。当在有效层和阳极界面形成欧姆接触时,V_{oc} 取决于受体材料的最低分子轨道和给体材料的最高分子轨道的差。在持续 8 h 光照后,光诱导电荷载流子在缺陷中累积,引起能带弯曲程度变缓,进而导致 V_{oc} 降低。

9.1.4 温度因素

在大多数情况下,有机太阳能电池器件处于工作状态,其器件温度由于连续的光照会达到一个相对较高的温度。尽管器件的工作温度很高,但仍远远低于使其有效层分解的温度,因此,物理降解是温度引起衰退的重要机制。温度是引起给体材料和受体材料物理降解的一个重要因素。聚合物给体材料具有一定的流动性,尤其是当工作温度高于玻璃化转变温度时更是如此。同时,有研究表明,器件工作的温度也会对有效层的形态产生影响。图 9-4 所示为不同的温度对于 PCDTBT/PC$_{71}$BM 薄膜的影响,PCDTBT 的玻璃化转变温度为 100～145 ℃,当温度低于玻璃化转变温度时,其形态基本没有变化。当退火温度达到 155 ℃,会导致薄膜产生相分离。因此,当工作温度高于聚合物的玻璃化转变温度时,有效层的形态更加不稳定。

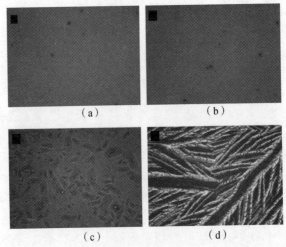

图 9-4 光学形态表征
(a)未加热;(b)退火温度 130 ℃;(c)退火温度 155 ℃;(d)退火温度 200 ℃

当温度高于玻璃化转变温度时,聚合物的流动性也会增加,这不仅会促进聚合物团聚,同时也会影响薄膜的结晶化。薄膜的成核情况和生长情况与温度有关。薄膜的生长速率随着温度的升高以指数形式变化,同时成核速率也是在 150～170 ℃ 达到最大值,因此 $PC_{61}BM$ 在此温度下的结晶速率也达到最大。除此之外,富勒烯结晶化程度和退火时间也有关,如图 9-5(d)～(f)所示,在 150 ℃高温下退火 5 min,薄膜出现富勒烯团聚现象,随着退火时间的延长,团聚数目和尺寸也逐渐增多和增大。高温引起许多大尺寸的团聚,能够大幅降低有机太阳能电池的性能。这是由于无效的激子分离和给体与受体材料界面处电荷传输的减少,除了有效层,温度引起的衰减也会发生在有效层和电极之间,或者发生在缓冲层。

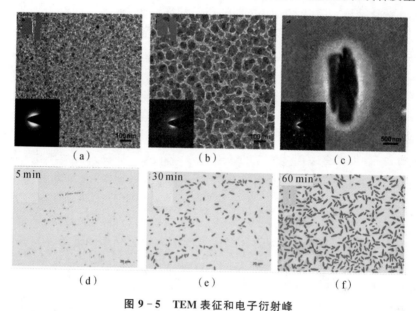

图 9-5 TEM 表征和电子衍射峰

(a) 原始样品;(b) 退火温度为 130 ℃;(c) 退火温度为 150 ℃;(d) 退火 5 min(150 ℃);
(e) 退火 30 min(150 ℃);(f) 退火 60 min(150 ℃)

9.1.5 机械应力因素

有机太阳能电池的循环寿命过程中总会有机械应力的存在,但是大部分有机太阳能电池在机械应力的影响下是不稳定的。如图 9-6 所示,机械应力能够引起有效层、缓冲层以及有效层和缓冲层界面的退化。施加在器件上线性的张力会引起有机材料发生形变。例如:在施加 20% 的机械应力时,$P3HT/PC_{61}BM$ 结构的有机太阳能电池保持初始能量转换效率的 50%。当机械应力施加不足以使膜分裂时,会产生相分离过程,引起有效层和缓冲层的退化。这种退化机制和水的渗透机制类似。较高的湿度和高温会加速有机太阳能电池的退化。同时,有效层的退化

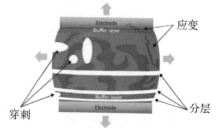

图 9-6 有机太阳能电池在机械应力下的原理示意图

也会在相对低的机械应力下发生,这是有效层和缓冲层较低的结合能以及有效层和缓冲层低的黏附能导致的。除了在机械应力下有效层和缓冲层的退化,电极的退化也是有机太阳能电池性能衰退的主要原因之一。

9.2 提高有机太阳能电池稳定性的途径

本节主要讨论提高有机太阳能电池稳定性的途径。目前,提高有机太阳能电池稳定性的途径主要有有效层材料组分设计、有效层器件的界面工程、采用反型结构、缓冲层的优化、稳定的金属电极及封装。有机太阳能电池在工作状态下同时受多种因素的影响。为了进一步研究有机太阳能电池的稳定性,对应力、空气、光照、温度等因素都要考虑。

9.2.1 有效层材料组分设计

有效层材料用于吸收太阳光,是有机太阳能电池的核心。有效层材料主要由给体材料和受体材料构成。给体材料主要分为有机小分子材料和高分子材料。有机小分子材料具有结构确定和易纯化等优点,有利于提高材料的稳定性,但其通常同时具有溶解度较低和成膜性较差等缺点,所以加工多采用高能耗的蒸发方法。高分子材料具有溶解度好和易成膜等优点,因此多采用湿法进行加工。然而高分子结构不单一,同时比较难以纯化,因此高分子材料一直存在稳定性较差的缺点。通过合理设计给体材料组分比例,能够有效提高有机太阳能电池的稳定性,如取代易被氧化的材料、控制聚合物的结晶质量、调整聚合物的柔性特性,进而实现聚合物自组装或增加聚合物的聚合度。同时进一步验证给体材料的组分比例对器件光电特性的重要影响。

通过取代易被氧化的材料,能够极大程度地提高器件在光照和空气下的稳定性,避免不稳定的双键、单键或者可分裂的键的产生,而采用具有芳香环稳定的聚合物,能够有效地提高器件在空气下的稳定性,如用 DTT 有机物代替 BDT 作为给体材料制备有机太阳能电池,其器件在空气中具有良好的稳定性。经过稳定性测试,其器件能量转换效率仍保持为原始效率的 80%[11]。

提高给体聚合物材料的结晶质量也是提高光化学稳定性的一个重要途径。在聚合物结晶过程中,电子和空穴的分离会减小陷阱复合的可能性。同时,非晶聚合物包含很多混合相,距离较近的电子和空穴也会引起复合的增加。和结晶态的聚合物不同,非结晶态给体聚合物也可作为提高有机太阳能电池机械稳定性的备选材料,给体材料的结晶度减小,能提高给体材料的力学稳定性。

除了给体材料的结晶度的减小,增加结构的柔性也是提升力学稳定性的重要手段之一。如图 9-7 所示,在 DPPT-TT/$PC_{61}BM$ 薄膜上施加一个 20% 的应变,其力学稳定性相比 P3HT/$PC_{61}BM$ 薄膜变差。因此基于这种结构的有机太阳能电池在施加大应力的情况下,其能量转换效率只能保持原始效率的 20%[12]。

聚合物链的柔性特性不仅影响其力学稳定性,同时也会影响其热学稳定性。较硬的给体聚合物具有更稳定的化学结构,进而导致其玻璃化转变温度升高,因此其热学稳定性更好。

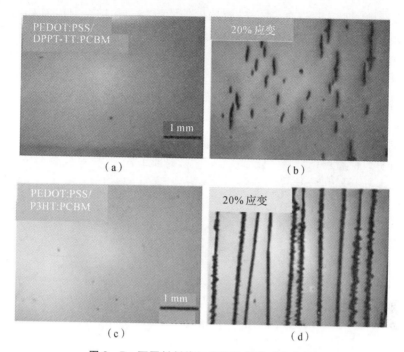

图 9-7 不同材料施加应变前后的形貌表征
(a)未施加应变(DPPT-TT/PCBM);(b)施加20%的应变(DPPT-TT/PCBM);
(c)未施加应变(P3HT/PCBM);(d)施加20%的应变(P3HT/PCBM)

9.2.2 有效层器件的界面工程

界面材料是有机太阳能电池中不可缺少的,通常要求界面材料与电极形成良好的欧姆接触,以降低串联电阻、提高短路电流、避免载流子的复合。同时,有机太阳能电池的有效层、给体材料和受体材料等对其性能具有重要的影响,也是目前的研究热点。目前三元的有机太阳能电池更受到研究者关注,因为相比于二元有机太阳能电池其具有更高的能量转换效率。除了提高有机太阳能电池的能量转换效率,选择三元的有机材料作为有效层材料也可以提升有机太阳能电池的热学、力学、光学及空气中的稳定性。在有效层材料中,采用交联剂作为第三种组分材料,能够提升器件的热学稳定性。在聚合物和富勒烯或者富勒烯和富勒烯之间的交联剂也能够稳定有效层的形态,这是由于界面处的交联剂可以防止富勒烯扩散且形成较大的晶粒,例如,在 PTB7/BABP/$PC_{61}BM$ 有机太阳能电池器件中加入 2% 的 BABP,经过 16 h 的加热,其依旧可以保持为初始能量转换效率的 79%。相反,PTB7/$PC_{61}BM$ 结构的有机太阳能电池在稳定性测试后其能量转换效率急速下降至初始效率的 16%,如图 9-8 所示。

富勒烯衍生物也可作为交联剂或被用作第三种组分材料,增强有效层的热学稳定性。例如,在 P3HT/$PC_{61}BM$ 结构的有机太阳能电池中,采用富勒烯衍生物(PCBS)作为第三种组分材料,在 PCBS 的微粒间发挥其交联作用,这也避免了 PCBM 的移动。图 9-9 为 P3HT/$PC_{61}BM$ 薄膜在 150 ℃加热 25 h 后发生分离的 SEM 图,从图中可以看到 P3HT/

PC$_{61}$BM薄膜发生了明显的分离,进而导致器件性能下降。相反,P3HT/PCBS/PC$_{61}$BM薄膜仍保持着很好的连贯性,有效层也具有良好的形态,因此P3HT/PCBS/PC$_{61}$BM结构的有机太阳能电池的能量转换效率在经稳定性测试后仍保持为初始效率的95%。相反,P3HT/PC$_{61}$BM结构的有机太阳能电池的效率从4.1%降至0.7%[14]。富勒烯衍生物可以作为交联剂,同时也可以作为有效层的第三种组分材料,既可以起到促进富勒烯受体材料结晶的作用,也可以提高器件的热稳定性。

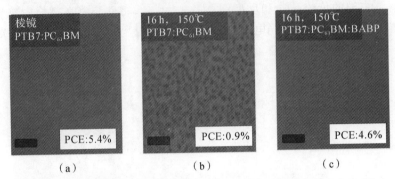

图9-8 不同结构稳定性测试后有机太阳能电池的效率和光学形貌表征

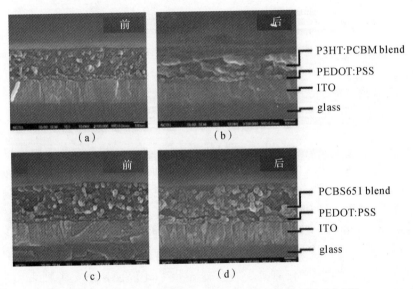

图9-9 不同结构的有机太阳能电池在退火前后的SEM图

9.2.3 采用反型结构

有机太阳能电池采用传统的结构和低功函数的金属电极,这种结构比较容易受到水分和氧气的影响,同时水分和氧气与裸露在外的有效层发生反应,进而导致器件性能下降。为了解决这一问题,采用反型结构可以有效地提高有机太阳能电池器件的稳定性。例如,采用ITO/ZnO/P3HT/PC$_{61}$BM/PEDOT:PSS/Ag反型结构有机太阳能电池远比采用ITO/PE-

DOT:PSS/P3HT/PC$_{61}$BM/ZnO/Ag 传统结构的有机太阳能电池稳定。反型结构的有机太阳能电池在空气中放置 1 h 仍能保持初始效率的 95%,而传统结构的有机太阳能电池只能维持初始效率的 20%。更重要的一点是,在经过 48 h 的老化试验后,传统结构的有机太阳能电池的器件效率衰退了 100%。相反,采用反型结构的电池器件效率只衰退了 5%。反型结构远远比传统的结构稳定,这是因为电极与氧气和水不易反应。

研究者对于反型结构和传统结构在空气下稳定性的研究也更加深入,图 9-10 给出了 SubPc/C$_{60}$ 平面电池的传统结构和反型结构的电荷传输特性随着在空气中放置时间的变化。随着放置时间的延长,瞬态光电子的变化情况与缺陷态导致的电荷复合相关。相反,对于反型结构,缺陷态引起的电荷复合明显减小。

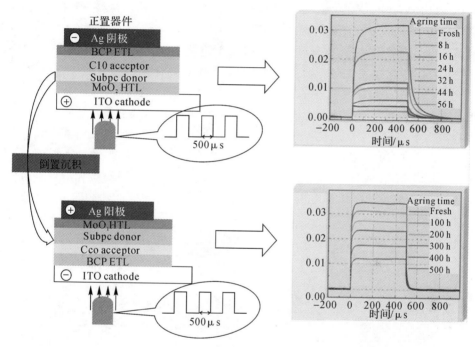

图 9-10 瞬态光电子传输特性随在空气中放置时间的变化
(a)传统结构;(b)反型结构

9.2.4 缓冲层的优化

PEDOT:PSS 材料是一种被广泛用作空穴传输层的材料,然而它在空气和机械应力的条件下却不稳定。除此之外,PEDOT:PSS 还具有很强的酸性(pH=1～2),也会腐蚀 ITO 电极,增大金属铟扩散的概率。采用改良的 PEDOT:PSS、金属氧化物、氧化石墨烯聚合物材料代替 PEDOT:PSS 作为空穴传输层,能够有效地提高器件的稳定性。改良的 PEDOT:PSS 材料混有其他聚合物材料,能够有效地增加器件在空气中的稳定性。例如:在 PEDOT:PSS 材料中加入 PS NPs 材料可以形成三维连续的晶体,通过单层的自组装层形成 60 nm 的 PS NPs。PEDOT:PSS 层加入 PS NPs 仍具有良好的导电性以及连续的空穴传输层。因此,采用改良的 PEDOT:PSS 材料作为空穴传输层的有机太阳能电池在放置

120 h 后仍具有 86% 的初始能量转换效率;相反,普通的 PEDOT:PSS 材料作为空穴传输层,放置 120 h 后其器件能量转换效率仅为初始效率的 65%。如图 9-11 所示,PEDOT:PSS 制备成带状并加入适量的 DMSO,在承受 20% 的应变情况下,依然保持了良好的性能和力学稳定性。当然除了改良的 PEDOT:PSS 材料外,采用金属氧化材料代替 PEDOT:PSS 材料作为空穴传输层也可以有效地提高器件在空气中的稳定性。常用的金属氧化物如氧化钼(MoO_x)、氧化镍(NiO_x)、氧化钒(V_2O_5)、氧化钨(WO_x)、氧化铜(CuO)和四氧化三铁(Fe_3O_4)。由于氧化物良好的疏水性以及抗氧化性,因此能够保证有机太阳能电池器件在空气中长期良好的稳定性。在长时间的稳定性测试和老化测试后,其器件依然能保持相对较好的能量转换效率。

氟化锂(LiF)和氧化锌(ZnO)两种材料被广泛用作电子传输层材料,不管是在传统结构还是反型结构中,都具有广泛的应用。LiF 由于在空气中易与氧气和水发生反应,进而导致器件的不稳定。同样,ZnO 在空气和光照下也很不稳定。因此,为了提高器件的稳定性,应该选择更加稳定的金属氧化物、聚合物材料、改良的 ZnO 作为电子传输层。例如,采用氧化铬(CrO_x)作为电子传输层代替 LiF,能够有效地提高器件的稳定性,这是因为氧化铬可以有效地避免水和氧气的扩散渗透作用。在空气中放置 12 h,其能量转换效率仍能保持初始效率的 69%。LiF 通常被用在传统结构中,而 ZnO 被用在反型结构中并具有良好的空气稳定性。改进 ZnO 的方法:通过采用乙二硫醇处理 ZnO 薄膜的表面,有效去除氧化锌表面的羟基,进而抑制其表面与氧气和水的反应。因此采用氧化物的电荷传输层能够有效提高器件的稳定性,保持有机太阳能电池良好的特性。

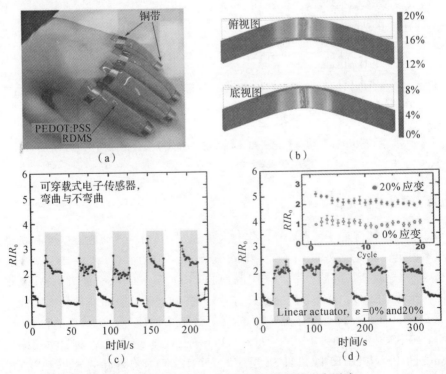

图 9-11 PEDOT:PSS 作为空穴传输层的应变测试

9.2.5 稳定的金属电极

有机太阳能电池的主要优点是柔性可折叠,然而,目前传统 ITO 电极与柔性衬底黏合性较差,而且衬底在高温退火时容易发生形变,ITO 容易从衬底上剥落,导致表面方阻增加,从而影响太阳能电池器件的性能。因此,开发具有柔性可折叠性能的透明电极一直是研究的热点。ITO 金属和金属铝被广泛用于有机太阳能电池中的透明金属电极或背电极。但是由于金属电极在空气、光照、机械应力等条件下不稳定。用透明材料(金属合金、金属纳米线、石墨烯、聚合物等)代替 ITO 或用稳定的金属代替铝,能够有效地提高有机太阳能电池的稳定性。石墨烯和 PEDOT:PSS 也可以被用作透明电极来提高器件的机械稳定性。例如,在有机太阳能电池器件制备中将石墨烯代替 ITO 作为透明电极,经过 1 000 次的循环测试后,表现出良好的稳定性。石墨烯是一种新型二维材料,基于其具有高导电性,许多科学家开展了对石墨烯电极的研究并取得了重要的研究进展,基于石墨烯电极的有机太阳能电池能量转换效率也超过 10%。碳纳米管是一种具有相对较长研究历史的碳材料,金属性的碳纳米管是性能优异的电极材料,因此被广泛应用于有机太阳能电池的研究。银纳米线和金属网格也是新型导电材料,并且已经开始走向产业化。除了力学稳定性,通过采用稳定的透明电极还可以提高光学稳定性及空气稳定性。采用银作为透明电极代替 ITO,器件在光照 1 000 h 后,其能量转换效率仍能保持初始效率的 96%,相反,用 ITO 作为透明电极的有机太阳能电池器件在光照 1 000 h 后,其能量转换效率只能保持为初始效率的 20%。

如图 9-12 所示,除了选择稳定的透明电极(如采用石墨烯、金属纳米层、聚合物或者改良的 ITO)可以提升器件的稳定性,选择稳定的金属背电极(如采用银、金、铜等)代替铝电极,也能够有效地提高器件的空气稳定性。由于金属银对于水分和氧气反应不明显,因此,采用银作为电极的器件稳定性更好。在空气下放置 170 h 后,其器件能量转换效率仍能保持初始效率的 96%。相反,采用金属铝作为电极的器件效率只能保持初始效率的 75%。相比金属银,金的稳定性更好,器件效率保持稳定。

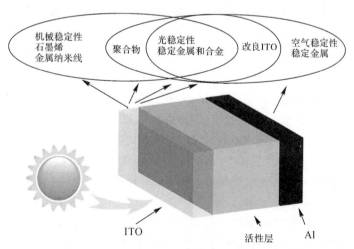

图 9-12 稳定金属电极原理示意图

9.2.6 封装

采用有机材料、无机材料、有机-无机杂化材料去封装有机太阳能电池,对于器件空气稳定性的提高具有重要的意义。将有机材料作为封装材料,采用环氧树脂封装有机太阳能电池,可以验证其器件性能(在经过 1 000 h 之后仍能保持初始效率的 90% 以上)。由于有机材料间有相似的热膨胀系数,所以在不同层之间其黏附性较好,进而保证了其良好的稳定性。此外,无机材料在封装方面也具有广泛的应用。例如,氧化钼和氟化镁的混合物作为有机太阳能电池的封装材料,能够有效地隔绝氧气和水分的影响,保证器件在空气下良好的稳定性。器件在空气中放置 3 500 h 后,其能量转换效率仍能保持初始效率的 60%。相反,其他结构的有机太阳能电池在相同条件下,其器件性能已经完全退化。除了上述两种材料外,有机-无机杂化材料也是很好的备选材料。有机太阳能电池的封装环氧树脂和玻璃是很好的组合,这种材料制备简单且价格便宜。采用环氧树脂和玻璃封装的有机太阳能电池器件在空气中具有良好的稳定性。但是这种材料的封装也会导致器件受到额外的应力,同时环氧树脂的溶剂会破坏有效层材料。为了解决这一问题,也会采用其他的一些有机-无机杂化材料去封装电池器件。例如,在器件表面先旋涂一层 ZnO,然后再旋涂一层环氧树脂,这样能够使器件在空气下放置 636 h 后仍能保持初始能量转换效率的 80%,相反,未封装的器件全部失去性能。

9.3 有机太阳能电池稳定性的测试

对于有机太阳能电池的稳定性测试,目前国际上认可的是 ISOS 国际标准,其测试级别分为初级、中级、高级。其中初级、中级两种测试级别是由无机材料领域长期的经验积累总结而制定的,也是目前使用最多的。然而对有机太阳能电池复杂结构的研究分析要不同于传统无机太阳能电池的方法。因此,研究者们基于国际上多个实验室的研究分析结果建立了一套国际认可的标准。这一标准规定了如何在室内和室外的环境下完成有机太阳能电池的稳定性测试以及如何描述测试结果等。目前常规测试包括暗态测试、户外环境测试、室内环境测试、模拟光照、应力测试和热稳定性测试等。在每一种测试中,都需要考虑温度、湿度、空气、光照和电荷负载等因素。三种不同的测试级别对应不同的实验室条件,初级测试面向广大的实验室和课题组,其包括了一整套基本的测试仪器以及相关的样品信息。中级测试面向大多数的科研实验室和课题组,其标准包括更多先进的测试仪器。高级测试面向先进的实验室和国际公认的实验室,满足 ISOS 国际标准。

稳定性测试是指在规定的条件下,模拟太阳光,定期进行有机太阳能电池器件的性能测试。同时,对于器件的放置环境也有规定,根据不同的需求,一般放置在干燥器或者氮气箱等设备中,保证器件所处环境的湿度和温度。为了和其他实验室的结果对比,要求温度和湿度处于两种条件:69 ℃/85% 和 85 ℃/85%。室外环境测试一般分为两种方法:第一种方法是将样品放置在室外环境一段时间进行老化,并定期将样品在校准后的太阳光模拟器下进行测试,这种测试方式属于初级测试。第二种方法就是将样品持续不断地放置在室外的太阳光照下,并连续不断测试每一段时间样品的性能,这种测试方法属于中级测试。对于高级测试,则要求样品的放置和表征都是在室外条件下,同时要定期地测试器件的性能。虽然室外测试条件最方便,但是也受到了其他因素的影响,不可避免地需要考虑温度、湿度、光照以及季节变化等因素的影响。此外,器件的稳定性也和不同的气候、纬度和海拔等地理位置相关,考虑这些因素也是为了便于在不同的地理位置之间进行比较。当然,这也需要更加精密的仪器和更有效的方法来对有机太阳能电池的性能进行分析和描述,还需要其他一些辅助设备,如天气监控器、太阳辐射以及风速和温度等。

室外测试条件是指在太阳光模拟器下,光照老化对器件性能的影响。光照的光谱对于有机太阳能电池器件的衰减速率有明显的影响,尤其是紫外光对于器件的衰减更是致命的。因此,标准的测试要求光源要接近 AM 1.5G。显然,这样的测试设备会使得测试成本变高。对于室内环境测试的初级测试,目前常用脉冲氙灯,氙灯的光谱分布从总的情况来看比较接近日光,但在 0.1~0.8 μm 有红外光,且比太阳光大几倍,因此通常需要加入滤光片滤除,现代精密的太阳光模拟器大部分都是用氙灯作为光源,主要原因是其光谱比较接近日光,只要加上不同的滤光片就可以获得 AM0 或 AM 1.5 等不同的太阳光谱。

热稳定性测试是为了模拟室外条件季节的变化。初级测试方法就是将样品放置在热台上,设置一个温度变化区间,例如,从较高的温度(65 ℃/85 ℃)到室温,测试器件在不同的温度条件下性能的稳定性。中级循环测试的方法是类似的,相比初级,需要更精密的测试设备。例如,精密热板随着时间的推移,可以自动改变温度,在循环的周期内逐渐精确循环温度(温度可以从 85 ℃ 循环到 45 ℃),整个循环过程中可以进行精确控制。典型的循环测试是在暗态下进行的,但实际的测试也可以在光照下进行。由于有机太阳能电池具有独特的性质,在低强度的光照条件下(如室内照明)其器件仍具有良好的器件性能。这也说明有机太阳能电池具有广泛的应用。因此,为了规范在这一强度光照条件下的测试方法,因此需要对其测试制定合理的协议规范。由于室内照明的光源和真实的太阳光有很大的不同,用于室内环境测试的光源也应该和室外测试的光源不同。对于室内应用,常用的光源有荧光灯、白炽灯和 LED 灯。在这些光源中,荧光灯是作为低强度的常用光源。器件稳定性报告也是规范协议的重要部分。在光电领域,描述器件稳定性的一个重要参数到 T_{80},其表示器件的性能衰退到初始性能的 80% 所经历的时间。由于有机太阳能电池的动态特性,稳定性曲线的行踪可以采取多种形式,但是这样会导致对 T_{80} 定义不够准确,而且仅仅 T_{80} 这一个参数并不能将器件的衰退特性描述出来,还要包括击穿特性、衰变特性等。

9.4 有机太阳能电池稳定性的发展

本章前面讨论了不同物理和化学因素对有机太阳能电池稳定性的影响。稳定性决定了有机太阳能电池的实际应用,在器件的制备和测试过程中,通过分析器件有效层的亚稳定形态、电极扩散、缓冲层以及外界的环境因素(如氧气、水分、温度、光照、机械应力等)来分析其对器件稳定性的影响。有机太阳能电池能量转换效率不断提高,已经达到商业化的要求。因此,提高有机太阳能电池的稳定性将是促进该技术产业化的关键。有机太阳能电池的阴极和阳极通常由低功函数与高功函数共同组成。高功函数的材料(如银、ITO 等)通常稳定性较高,而低功函数的材料(如铝、钙)则容易被氧化而稳定性较差。提高电极的稳定性是得到稳定太阳能电池的重要条件。界面层材料种类不一,同样存在稳定性的问题,例如,PE-DOT:PSS 空穴传输层通常具有酸性,会影响太阳能电池的稳定性。其他有机界面材料也存在被氧化的可能性。有效层是一个动力学稳定的亚稳态,受熵热的影响,两相三维贯穿的形貌将逐渐分离成大尺寸的两相,降低太阳能电池的效率。为了提高有效层形貌的稳定性,许多科学家都对其稳定性的发展作出了重要贡献。Watkins 等利用分子间氢键,使得给体材料和受体材料形成稳定的相分离结构,从而提高了电池的稳定性。南昌大学陈义旺课题组则在 P3HT 末端引入可以热交联的双键,显著改善了有效层形貌,并提高了太阳能电池性能的稳定性。

器件结构是影响有机太阳能电池性能的主要因素,对新型器件结构的研究有利于继续提高有机太阳能电池的性能,推动其产业化进程。目前对于器件结构研究主要有两个方向:一是双层异质结太阳能电池,虽然目前双层异质结有机太阳能电池材料转换效率较低,但是该器件结构稳定性好,有利于提高太阳能电池的使用寿命。二是三元或者多元太阳能电池的研究,目前的研究结果表明第三组分的引入有利于提高有机太阳能电池的能量转换效率和稳定性,但是对其相关机理还需进一步探究,进一步开发新的体系有利于太阳能电池的稳定性发展。除此之外,有机太阳能电池的制备工艺对其稳定性也具有重要的影响,是其产业化发展的重要基础。目前,有机太阳能电池制备工艺主要包括旋涂、刮片涂布、狭缝型挤压式涂布、丝网印刷、凹版印刷、喷墨打印和卷对卷工艺。旋涂工艺主要应用于实验室研究,有利于形成厚度均一和可重复性高的薄膜。然而,对于大规模、大面积生产,旋涂法难以被广泛应用,因此需要发展高效与低成本的有机太阳能电池加工工艺。近年来,被成功应用于柔性有机太阳能电池的加工工艺主要为丝网、凹版和卷对卷印刷工艺。丝网印刷工艺是将溶液通过一个丝网掩膜版喷涂到衬底上而形成固定的图案,该技术可应用于喷涂和刮片技术中。该工艺加工简单,但材料浪费多、精度较差。凹版印刷工艺是一种适合快速大面积生产柔性器件的商业化技术,但是目前产出的太阳能电池的能量转换效率较低。卷对卷工艺具有成本优势,其结合现代加工技术,能够实现其柔性衬底的精准定位,是有机太阳能电池产业化的核心技术,也是研究的重点。丹麦技术大学 Krebs 教授团队,在该领域取得了一系列研究成果。该团队从材料、打印技术、封装技术、使用寿命等各个因素出发,对柔性有机太阳能电池进行了详细的研究,极大地促进了有机太阳能电池的产业化应用。

为了提高有机太阳能电池的稳定性,主要考虑以下几个方面。

(1) 提高有机太阳能电池在光照条件下的稳定性:在聚合物材料上采用对空气和光照更加稳定的材料;提高聚合物的结晶质量,降低富勒烯的结晶度;降低有效层中的缺陷态和陷阱态;减少氧气在有效层中的渗透。

(2) 提高有机太阳能电池在空气中的稳定性:降低氧气和水分在有效层中的扩散作用;使用稳定的金属电极且与空气和水分基本不发生反应;采用具有很好的抗氧化性、低吸水性和中性 pH 的电子传输层;选择合适的器件结构,以有效增加器件的稳定性。

(3) 提高有机太阳能电池的热稳定性:降低富勒烯的结晶度;提高聚合物的玻璃化转变温度;采用交联性较好的聚合物/富勒烯或者添加一层交联剂去除残留在有效层的溶剂;优化界面工程,进而优化给体/受体材料的界面或者优化有效层与电极之间的界面,均可有效地提高器件稳定性。

（4）提高有机太阳能电池的机械稳定性：提高聚合物的柔性和黏附性，同时降低聚合物的结晶度；形成一层稳定的给体/受体材料的界面；增加层与层之间的黏附性；提高封装材料的柔性和扩展性。

为了进一步实现高性能、高稳定性的有机太阳能电池的工业化和商业化，对于有机太阳能电池的研究也将更加深入和广泛。对于提高有机太阳能电池稳定性的研究主要围绕以下几个方面展开。

（1）更加深入地探究有机太阳能电池受氧气、水分、光照、温度和机械应力等因素影响的衰退机理，并针对这些因素对器件材料和结构做出相应的优化和改进，进而提高器件的稳定性。

（2）建立和统一有机太阳能电池的稳定性测试标准，规范测试条件和实验结果的描述，形成国际化的标准，并不断完善和改进相关的协议。

（3）设计更加优异的给体聚合物材料，使其具有合适的结晶度和合适的硬度、柔性等，这些优异的特性能够有效提高有机太阳能电池器件在光照、空气、温度和应力条件下的稳定性。

（4）采用非富勒烯的受体材料代替PCBM或者采用具有良好稳定性的聚合物材料，能够得到稳定性更好的有机太阳能电池；采用先进的封装材料，改变有机太阳能电池的封装方式，提高器件在空气中的稳定性。

参 考 文 献

[1] [1] HUNG J, CARPENTER J H, LI C Z, et al. Highly efficient organic solar cells with improved vertical donor-acceptor compositional gradient via an inverted off-center spinning method. Advanced Materials, 2016, 28(5): 967-974.

[2] BINMOHD Y A R, KIM D, KIM H P, et al. A high efficiency solution processed polymer inverted triple-junction solar cell exhibiting a power conversion efficiency of 11.83%. Energy & Environmental Science, 2015, 8(1): 303-316.

[3] BRABEC C J, GOWRISANKER S, HALLS J J, et al. Polymer-fullerene bulk-heterojunction solar cells. Advanced Materials, 2010, 22(34): 3839-3856.

[4] SCHAFFER C J, PALUMBINY C M, NINEDERMEIER M A, et al. A direct evidence of morphological degradation on a nanometer scale in polymer solar cells. Advanced materials, 2013, 25(46): 6760-6764.

[5] KIM W, KIM J K, KIM E, et al. Conflicted effects of a solvent additive on PTB7: PC71BM bulk heterojunction solar cells. The Journal of Physical Chemistry C, 2015, 119(11): 5954-5961.

[6] NORRMAN K, MADSEN M V, GEVORGYAN S A, et al. Degradation patterns in water and oxygen of an inverted polymer solar cell. Journal of the American Chemical Society, 2010, 132(47): 16883-16892.

[7] BALDERRAMA V, ESTRADA M, HAN P, et al. Degradation of electrical proper-

ties of PTB1: PCBM solar cells under different environments. Solar Energy Materials and Solar Cells, 2014, 125: 155 – 163.

[8] VOROSHAZI E, CARDINALETTI I, CONARD T, et al. Light-induced degradation of polymer: fullerene photovoltaic devices: an intrinsic or material-dependent failure mechanism? Advanced Energy Materials, 2014, 4(18): 1400848.

[9] WANG T, PEARSON A J, DUNBAR A D, et al. Correlating structure with function in thermally annealed PCDTBT: PC70BM photovoltaic blends. Advanced Functional Materials, 2012, 22(7): 1399 – 1408.

[10] JO J, KIM S S, NA S I, et al. Time-dependent morphology evolution by annealing processes on polymer: fullerene blend solar cells. Advanced Functional Materials, 2009, 19(6): 866 – 874.

[11] RYU T I, YOON Y, KIM J H, et al. Simultaneous enhancement of solar cell efficiency and photostability via chemical tuning of electron donating units in diketopyrrolopyrrole-based push-pull type polymers. Macromolecules, 2014, 47(18): 6270 – 6280.

[12] LIPOMI D J, CHONG H, VOSGUERITCHIAN M, et al. Toward mechanically robust and intrinsically stretchable organic solar cells: evolution of photovoltaic properties with tensile strain. Solar Energy Materials And Solar Cells, 2012, 107: 355 – 65.

[13] DERUE L, DAUTEL O, TOURNEBIZE A, et al. Thermal stabilisation of polymer-fullerene bulk heterojunction morphology for efficient photovoltaic solar cells. Advanced Materials, 2014, 26(33): 5831 – 5838.

[14] CHENG Y J, HSI C H, LI P J, et al. Morphological stabilization by in situ polymerization of fullerene derivatives leading to efficient, thermally stable organic photovoltaics. Advanced Functional Materials, 2011, 21(9): 1723 – 1732.

[15] HAO X, WANG S, SAKURI T, et al. Improvement of stability for small molecule organic solar cells by suppressing the trap mediated recombination. ACS Applied Materials & Interfaces, 2015, 7(33): 18379 – 18386.

[16] SAVAGATRUP S, CHAN E, RENTERIA S M, et al. Plasticization of PEDOT: PSS by common additives for mechanically robust organic solar cells and wearable sensors. Advanced Functional Materials, 2015, 25(3): 427 – 436.

[17] KAM Z, WANG X, ZHANG J, et al. Elimination of burn-in open-circuit voltage degradation by ZnO surface modification in organic solar cells. ACS Applied Materials & Interfaces, 2015, 7(3): 1608 – 1615.

[18] GALAGAN Y, MESCHEL A, VEENSTERA S C, et al. Reversible degradation in ITO-containing organic photovoltaics under concentrated sunlight. Physical Chemistry Chemical Physics, 2015, 17(5): 3891 – 3897.

[19] YEOM H R, HEO J, KIM G H, et al. Optimal top electrodes for inverted poly-

mer solar cells. Physical Chemistry Chemical Physics, 2015, 17(3): 2152-2159.
[20] LEE H J, KIM H P, KIM H M, et al. Solution processed encapsulation for organic photovoltaics. Solar Energy Materials And Solar Cells, 2013, 111: 97-101.
[21] CHENG P, ZHAN X. Stability of organic solar cells: challenges and strategies. Chemical Society Reviews, 2016, 45(9): 2544-2582.
[22] LIN Y, LIM J A, WEI Q, et al. Cooperative assembly of hydrogen-bonded diblock copolythiophene/fullerene blends for photovoltaic devices with well-defined morphologies and enhanced stability. Chemistry of Materials, 2012, 24(3): 622-632.
[23] YIN J, ZHOU W, ZHANG L, et al. Improved glass transition temperature towards thermal stability via thiols solvent additive versus DIO in polymer solar cells. Macromolecular Rapid Communications, 2017, 38(20): 1700428.
[24] 黄辉. 有机太阳能电池的发展, 应用及展望. 工程研究: 跨学科视野中的工程, 2017, 9(6): 547-557.